친환경 수소연료 전지차

정용욱·정구섭 공저

도서출판 GS인터비전

머 리 말

화석 에너지 자원의 고갈, 지구 온난화와 환경오염은 현 세기 인류가 직면하고 있는 심각한 문제로써 다각적인 방법으로 해결책 모색이 불가피하다. 과학기술의 측면에서는 에너지 이용 효율을 혁신적으로 향상시키면서 동시에 공해 문제를 해결할 수 있는 새로운 에너지 기술의 개발과 이용이 필연적 과제로 인식되고 있다.

친환경자동차에 전기를 공급하는 방법은 무엇이 있을까? 방법은 연료전지와 배터리 두 가지이다. 최근 들어 미래의 에너지 문제와 공해 문제를 해결할 수 있는 하나의 대안으로 연료전지가 손꼽히고 있다. 실제로 요즘 매스컴에 자주 등장하는 연료전지 전기자동차는 미래의 무공해자동차로 주목받는 제품이다. 과연 연료전지가 무엇이기에 미래의 신에너지로 각광받는 것일까?

외부로부터 전기를 충전, 저장해야 하는 배터리방식은 수백 파운드의 무거운 배터리팩이 필요한데다 운행거리에 제한이 따르고 3～6년에 한 번씩 배터리를 교환해야 하며, 교환할 때 많은 돈이 든다. 그래서 자동차 업계에서는 연료전지 방식의 전기자동차에 더 주목하고 있다. 특히 수소연료전지는 배터리에 비해 싸고 가벼우며 빠른 시간에 재충전된다는 것이 장점이다. 또 수증기만을 방출하기 때문에 가장 깨끗한 미래형 동력원이 될 것으로 여겨진다. 이에 본 교재에서는 이러한 수소연료전지자동차 기술에 대응하기 위하여 필요한 기본적인 사항을 주로 다루었다.

제1장에서는 친환경자동차의 개요와 전망에 대하여 설명하였고, 제2장, 3장에서는 친환경자동차 종류 및 개발현황에 대하여 설명하였다. 제4장, 5장 및 6장에서는 연료전지자동차 개요, 구조, 연료전지의 종류 등에 대하여 기술하였다. 제7장에서는 연료전지 자동차 개발동향 등에 대하여 간략하게 기술하였다.

이와 같이 만들어진 이 교재는 수소연료전지자동차의 관련기술을 필요로 하는 공학도들이 기본 지식을 습득하는데 보탬이 되었으면 한다.

본 교재를 개발함에 있어 수차례 내용을 검증하였음에도 불구하고 미비한 점이나 오류가 다수 있으리라 생각되므로 독자 여러분의 계속적인 지도 편달을 바라며, 계속적인 보충·보완을 할 것을 약속하는 바이다. 또한 교재의 출판되기까지 많은 보탬을 준 본 대학 기계자동차공학과 학생 여러분과 정성을 들여서 만들어 주신 출판사 여러분께 진심으로 감사를 드린다.

2019년 8월

저자

차 례

1

친환경 자동차 개요

자동차는 생활에 편리함을 주는 필수품이기도 하지만 도시와 같은 인구 밀집 지역에서는 배기가스에 의한 공기 오염, 주행 중 발생하는 소음과 같은 심각한 환경 문제를 발생시키고 있다. 이에 석유를 태우는 자동차는 대기오염의 주범으로 찍힌 지 오래다.

대기오염으로 신음하는 세계의 주요 도시들이 앞 다투어 자동차 배기가스와의 전쟁을 선포하고 나섰다. 미세먼지 급증의 원인으로 지목된 경유차를 규제하는 것은 물론 일부 대도시와 국가에서는 일정연도 이전에 등록된 승용차의 도심 진입이 금지되거나 아예 휘발유차나 경유차의 운행을 금지하는 방안까지 논의되기 시작했다. 세계 각지에서 차량통행에 대한 규제가 갈수록 엄격해지면서 '배출가스 제로'의 벽을 넘기 위한 글로벌 자동차 업계의 경쟁도 치열해질 것으로 전망된다.

유럽 각국은 오는 2025년부터 아예 현재의 휘발유나 경유를 연료로 하는 순수 내연기관 자동차 판매를 금지키로 했다. 일본의 도요타도 2025년부터 전 세계에서 판매하는 전 차종에 하이브리드 차량(HEV)이나 전기자동차(EV) 등 전기 구동 방식을 채택할 것이라고 밝혔다. 내연기관 엔진 자동차를 더 이상 생산하지 않겠다는 뜻이다. 전 세계가 '가솔린·디젤 시대'의 종언과 함께 전기자동차, 수소연료전지자동차 등 친환경차 보급 확대에 시동을 걸었다.

그림 1-1 자동차 배기가스 대기오염

[표 1-1 주요국 내연기관차 판매금지 시점]

2025년	2030년	2032년	2040년
노르웨이	네델란드, 아일랜드 슬로베니아, 이스라엘 인도	스코틀랜드	프랑스 영국 대만

*중국은 2019년부터 내연기관차 신규공장건설금지
*도요다 2025년부터 HEV, BEV만 판매

현대차와 일본차가 주도하고 있는 수소연료전지자동차는 수소충전소 등 인프라 확대라는 난제가 있지만 배출청정도나 저탄소, 주행거리, 충전시간 등에서 가장 '궁극의 친환경차'로 꼽히고 있다.

1-1 개요

친환경 자동차는 화석연료를 사용치 않아 배출가스, CO_2 등이 발생하지 않는 무공해 동력 시스템의 활용 또는 장착, 이에 준하는 개선으로 기존 내연기관 대비 연비가 높고 배출가스나 CO_2 배출량도 적은차량을 말한다.

현재 추진되는 적용 기술의 내용을 보면 클린 디젤자동차와 같이 기존의 내연기관에 엔진기술과 후처리기술을 개선하는 신 내연기관기술과 수소연료, 바이오연료와 같은 대체연료기술이 있으며 마지막으로 연료전지자동차, 전기자동차 및 복합동력원을 사용하는 하이브리드(Hybrid) 자동차와 같은 대체에너지기술로 대별된다.

현재 친환경자동차 시장에는 하이브리드자동차를 비롯해 전기자동차, 플러그인 하이브리드, 클린디젤, 연료전지 등 다양한 유형이 나타나고 있다. 하지만 각각의 장단점으로 모두를 압도하는 주도적인 모델은 아직 나타나지 않고 있다.

[표 1-2 친환경 자동차의 구분]

구분	비고
클린디젤차	일반 디젤차보다 배출가스를 현저하게 줄이면서도 동급 가솔린차 대비 20~30% 효율이 높은 초고효율 디젤 시스템 장착
하이브리드 자동차(HEV)	내연기관과 전기모터 두 종류의 동력을 조합·구동하여 기존 내연기관 자동차보다 고연비·고효율 실현
플러그인 HEV(PHEV)	가정용 전기배터리에 충전해서 쓸 수 있는 하이브리드 자동차
전기자동차(BEV)	배터리와 전기모터의 동력만으로 구동하는 자동차
연료전지 자동차(FCEV)	수소탱크를 통해 수소와 산소를 반응시켜 전기를 생성하는 연료전지가 내연기관을 대체한 자동차

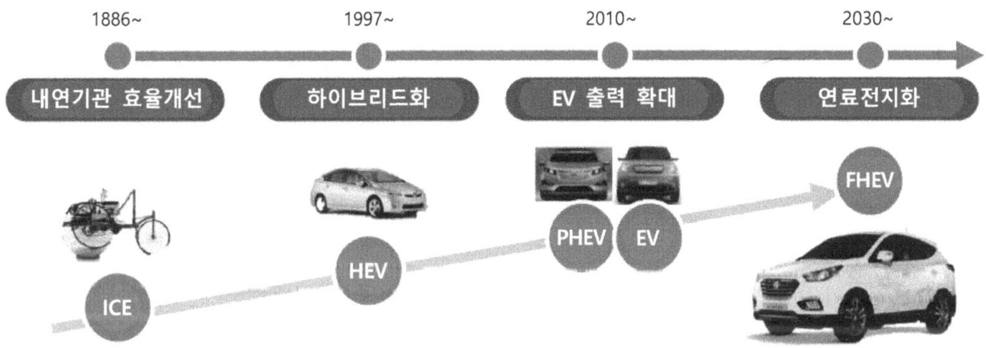

그림 1-2 친환경차·고연비 친환경차 기술발전 방향

전기자동차는 자동차의 엔진구조가 기존 엔진과 같이 연소로부터 에너지를 얻는 구조가 아닌 전기에너지를 통해 구동되는 엔진이 설치된 자동차이다. 전기로 에너지원을 얻기 때문에 배기가스나 환경오염이 없으며, 소음도 작다는 장점을 가지고 있다.

전기로 가는 자동차는 폭발행정의 과정이란 없는 관계로 소음이 없게 된다. 다만 동력을 발생시키는 힘이 전기의 힘이므로 동력 전달과정에서 차륜을 회전시킬 때 날 수 있는 정도이므로 기름을 태워서 폭발행정을 거치는 폭음의 연속과정이 생략되므로 인해서 조용할 수밖에 없다. 전기의 새로운 충전과 발전과정이 연속적으로 충전되어져야 할 것이다. 그래서 전기의 힘이 충분하도록 운행 중에도 충전이 되도록 하는 기술이 중요하다.

선진 각국에서는 전기자동차의 조기 실용화를 위하여 정부 차원의 대규모 투자와 아울러 강제 보급 정책을 추진하고 있다. 우리나라도 세계적인 추세에 부응하여 대형 국가과제로 선정하여 지원하고 있으며, 자동차 제작회사들도 이에 적극 참여하고 있으므로 전기자동차의 개발 및 실용화 전망은 밝다고 할 수 있다.

더불어 순수한 전기자동차의 단점을 보완하기 위한 즉, 완벽한 전기자동차의 전 단계라고 할 수 있는 하이브리드 전기자동차(HEV : Hybrid Electric Vehicle), 플러그인 하이브리드 전기자동차(PHEV : Plug-in HEV) 등에 대한 연구도 활발히 진행되고 있다. 하이브리드 전기자동차는 전기자동차와는 달리 주행거리에 제한을 받지 않으며, 엔진의 효율이 가장 좋은 회전속도에서 발전기를 회전시킴으로써 생성된 에너지를 축전지에 충전하고, 도심지에서는 전기자동차 모드로 주행하기 때문에 대도시의 대기오염을 줄일 수 있는 장점이 있다.

내연기관 자동차(ICV : Internal combustion vehicle)와 전기자동차(EV : Electric vehicle)의 대표적인 차이는 에너지원으로부터 출발한다. 내연기관 자동차는 탄화수소계 연료를 엔진의 내부에서 압축, 발화, 폭발, 팽창 시켜서 나오는 에너지를 이용하는 것이다. 에너지의 변환을 아주 간단하게 표현하자면 석유상태에서의 화학적 에너지가 산화(연소) 시키면서 발생되는 열, 압력, 소리 등의 에너지 중 압력에너지를 바퀴가 구를 수 있게 하는 운동에너지로 변환한다.

이에 대해 전기자동차는 축전지에 축전되어 있는 화학에너지를 방전될 때의 전기에너지로 변환하여 모터를 구동시키는 운동에너지로 변환한다.

실제로 내연기관 자동차는 에너지 변환단계가 더 복잡하게 표현된다. 좀더 넓게 본다면 연료전지 자동차(FCV : fuel cell vehicle)나 태양전지자동차도 모터에 전기를 공급한다는 것은 동일하다. 단 이 경우에는 전기가 연료전지나 태양전지 내부에 화학적 에너지 형태로 축전되는 경우가 아니라 알코올이나 수소 등의 연료 또는 태양광이나 태양열 같은 에너지원으로부터 생산되는 경우이다.

배터리에 축적된 전기로 모터를 회전시켜서 자동차를 구동시키는 전기자동차는 가솔린 자동차보다 먼저 제작되었으나, 배터리의 무거운 중량, 충전에 걸리는 시간 등의 문제 때문에 활성화되지 못했다. 그래도 구조가 간단하고 내구성이 크며 운전하기가 쉬운 점 등이 있어 주로 여성용으로 미국에서 1920년대 중반까지 소량 생산되었다. 최근 공해문제가 심각해지면서 다시 활발히 개발되고 있다.

양산된 전기자동차 1호는 미국 캘리포니아 주 지역에서 시판되었든 고성능 전기자동차 GM EV1이다. GM은 90년대 들어 적극 개발해 온 전기자동차를 96년부터 시판하였다. 이 전기자동차는 한번 충전으로 최장 208㎞까지 최고 시속 150㎞로 달릴 수 있다.

이후 포드 레인저, 도요다 RAV4, 혼다 EV Plus 등이 시판되었다. 그러나 기존의 전기자동차들은 배터리 충전에 8시간 이상 걸리고 주행거리가 짧아 아직 실용성이 많이 떨어진다. 기술적 한계로 인해 가솔린이나 디젤엔진을 탑재한 자동차에 밀렸다.

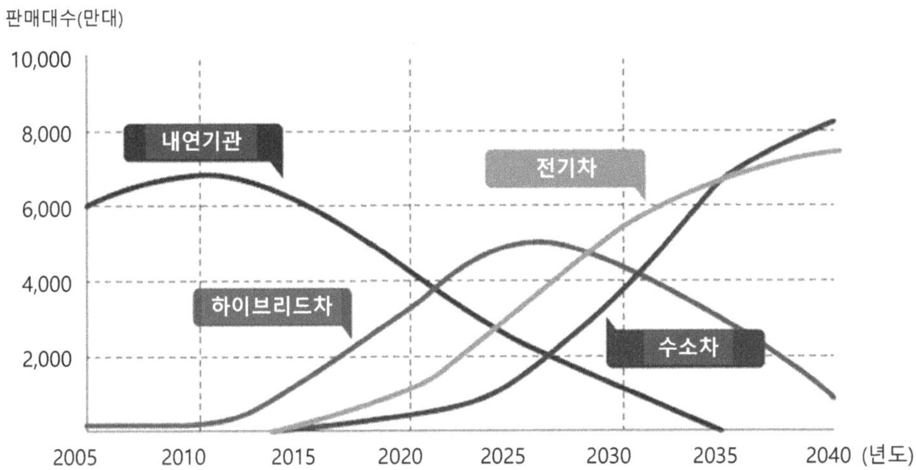

그림 1-3 친환경 자동차의 시장전망

전기자동차가 최근 들어 각광을 받는 것은 미국과 유럽 등을 중심으로 배기가스 규제가 높아지고 있으며, 유가가 급등하고 있기 때문이다. 특히 환경에 대한 인식이 높아지면서 화석연료를 사용하는 기존 차량보다 친환경적인 전기자동차에 대한 인식이 높아지고 있다. 배터리와 구동 모터 등이 주요 부품인 전기자동차는 기계공학보다 전자공학 등 IT 비중이 높다. 그렇기 때문에 기술의 발전도 내연기관 자동차와 달리 급속도로 성장하고 있다.

물론 전기자동차도 단점이 있다. 충전하는데 시간이 오래 걸리고, 전용 충전 시스템도 필요하다. 한번 충전으로 갈 수 있는 주행거리가 짧다는 점, 배터리를 주기적으로 교체해야 하는 점이나 안정성도 해결해야할 문제이다.

그림 1-4 쉐보레 전기자동차 볼트(BOLT)

그림 1-5 닛산 전기자동차 리프

그림 1-6 테슬라 모델 3

전기자동차가 가솔린이나 디젤엔진을 탑재한 현재의 차량처럼 시속 100㎞까지 가속이 수초만에 가능하고, 폭발적인 힘을 내기까지는 기술력이 부족하지만, 출퇴근과 간단한 볼일을 보기 위한 일반적인 이동수단의 용도라면 상용화가 바로 눈앞에 와있다. 일부에서는 전기자동차가 구현되기에는 아직 시기가 이르다고 주장하고 있지만, 1년에 두 배씩 성장하는 IT부문 성장세를 대입해보면 현실은 훨씬 빠르게 다가오고 있다.

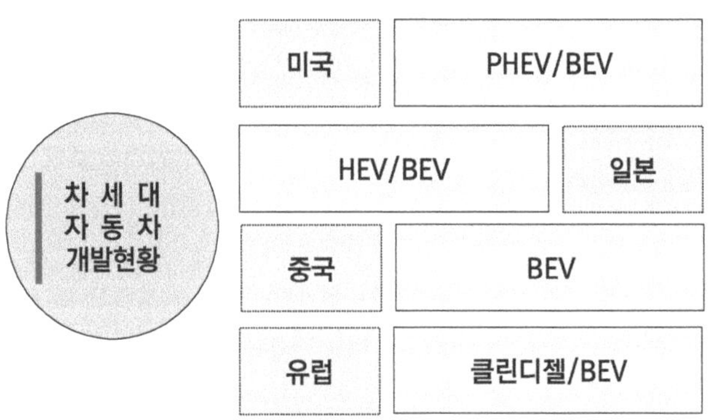

그림 1-7 세계 각국의 차세대자동차 집중 개발현황

자동차 대국이라 불리던 미국 빅 3업체들의 경쟁력이 약화되면서 생존을 위해 들고 나온 전략이 소형차와 플러그인 하이브리드 전기자동차이며, 단일국 자동차 수요로는 이미 세계 1위에 올라선 중국도 뒤쳐진 자국 자동차산업의 도약을 위해 배터리 베이스의 전기자동차를 집중 지원할 태세다. 일본의 경우 하이브리드 전기자동차 상용화 10년에 따른 기술축적 노하우, 압도적인 하이브리드 전기자동차 점유율 등을 고려해 볼 때 가장 선도적인 지위를 보유하고 있는 것으로 평가받고 있지만 시장의 상황은 어떤 에너지원의 자동차가 표준이 될지, 언제 시장이 폭발적으로 성장할지 아직 미지수여서 차세대 자동차 타입별 기술개발과 시장별 대응에 소홀할 수 없는 환경이다.

현재의 전기자동차 성능은 주행거리, 주행성능 등에서 기존의 가솔린 자동차에 많이 뒤지며, 가격 및 유지보수 시스템에서 불리한 위치에 있으므로 대중적 보급에 어려움이 많다. 그러나 컴퓨터의 발달과 전력전자장치의 발전에 힘입어 전기자동차는 더욱 보편적인 교통수단으로 발전할 것이다. 특히 정보통신 시대의 도래로 인하여 한정된 도로에서 최대의 교통량을 관리하기 위한 교통체계(ITS; Intelligent Transportation System)와 관련하여서도 전기자동차의 연구는 더욱 가속화될 것이다.

전기자동차란 내연기관 대신에 축전지에 저장된 전기에너지로 전동기를 작동시켜 동력을 발생시키고, 이를 동력전달장치를 통해 차륜을 회전시켜 주행하는 차량으로 1830년 프랑스에서 개발되어 19세기 중반에 실용화되어 교통수단으로 사용 된지가 1세기를 넘게 되었다. 전기자동차는 배기가스가 없어 무공해이며, 내연기관의 폭발음이 없어 저소음이고, 또한 에너지 이용 효율이 좋은 등 많은 장점이 있다.

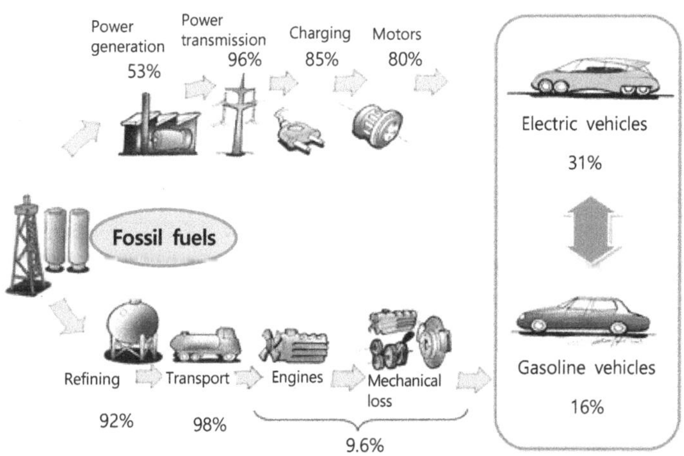

그림 1-8 가솔린차와 전기자동차의 에너지효율 비교

1970년대의 오일쇼크 이후 에너지적인 문제에서 미국, 일본 등에서 본격적으로 개발을 하였고, 현재는 환경적 측면에서 개발의 필요성이 증대되고 있는 실정에 있다. 특히 전기자동차는 내연기관 자동차에 비해 1회 충전주행거리가 짧고, 전동기 및 각종 부품의 소형, 경량화 및 고효율화가 어려우며, 소량생산으로 인해 가격이 기존의 차들에 비해 2∼3배 비싸며, 충전시간이 6∼8시간으로 길고, 서비스 시스템 부족으로 그 보급이 미미하고, 현재로서는 주로 우유 배달차, 업무 연락차, 특수지역용(공원, 호텔, 강연장)등 제한적으로 사용하고 있는 실정이어서 대량보급의 가능성은 적은 것으로 예상된다.

그러나 최근 환경오염(대기오염), 에너지 절약 대책의 일환으로 전기자동차 개발, 성능향상, 보급추진의 중요성이 증대되고 있다. 이중 2003년부터 미국의 캘리포니아 주에서는 대기보전법이 발효되어 무공해 자동차(ZEV: Zero Emission Vehicle) 일정 비율 판매를 의무화하고 있다.

한편, 전기자동차 기술은 전지, 전기, 전자, 재료, 차량 등 복합기술로 지금까지는 선진각국이 기술을 보유하고 있고, 기술 개발 경쟁이 심화됨에 따라 주요기술의 이전기피 등 기술정보의 차단의 벽은 높아지고 있다. 이에 우리나라 정부는 전기자동차 기술개발을 핵심과제로 선정하여 핵심요소기술을 집중개발 할 계획을 갖고 있다.

연료전지는 수소와 산소의 전기화학반응에 의해 직접 전기를 얻기 때문에 기존의 내연기관이 갖는 열역학적인 제한을 받지 않아 자동차의 평균 운전영역에서 내연기관자동차보다 2~3배의 높은 효율을 갖고 있다.

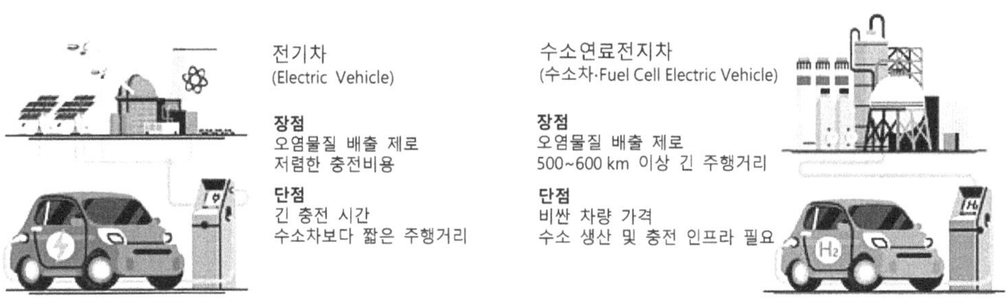

그림 1-9 전기자동차와 수소연료전지자동차의 장단점 비교

[표 1-3 동력원에 따른 효율 비교]

구분	Well to Tank 연료생산효율(%)	Tank to Wheel 차량효율(%)	Overall Efficiency 총괄효율(%)
가솔린 내연기관	88	18	16
디젤 내연기관	89	22	20
하이브리드 자동차	88	30	26
전기자동차	26	80	31
연료전지자동차	75	48	36
연료전지자동차(목표)	70	60	42

또한 연료전지는 수소를 이용하는 기술이기 때문에 내연기관차와 비교해 유해물질은 물론 지구온난화의 주범인 이산화탄소를 전혀 배출하지 않는 무공해자동차로 분류되는 미래 이상적 자동차이기도 하다.

기술개발 측면에서 연료전지자동차 기술은 연료전지 스택기술 발전과 수소저장기술 발전으로 구분할 수 있다. 최근 연료전지 스택의 초기성능, 즉 출력밀도는 크게 향상되었고 -20℃의 냉시동이 확보되는 등 연료전지자동차의 실용화에 한층 더 근접되었다고 평가되고 있다.

그러나 연료전지자동차의 궁극적 목표인 상용화를 위해서는 연료전지시스템의 가격절감과 내구성 향상의 기술적 노력이 배가되어야 할 것이다. 향후 연료전지자동차가 보편화되어 양산체계가 갖추어질 경우 상당부분 가격절감이 이루어지겠지만 이것만으로는 상용화 목표를 달성하기 어렵다는 것이 현재 연료전지자동차 개발이 앉고 있는 문제점이다.

한 국가, 더 나아가서 세계적으로도 자동차산업이 갖는 의미는 매우 크며 미래에는 더욱 큰 의미를 가질 것으로 예측된다. 고유가 지속에 의한 에너지 위기론, 화석연료의 고갈, 기후변화 등에 의한 국제적 환경규제의 위협에 놓여 있는 현 상황에서 새로운 에너지사회로의 전환은 필연적이다.

이의 중심에 서있는 자동차산업의 미래 또한 새로운 패러다임에 발맞추어야 한다고 볼 때, 새로운 자동차산업 기술의 육성은 국가적으로 매우 중요한 의미를 갖는다고 할 수 있다.

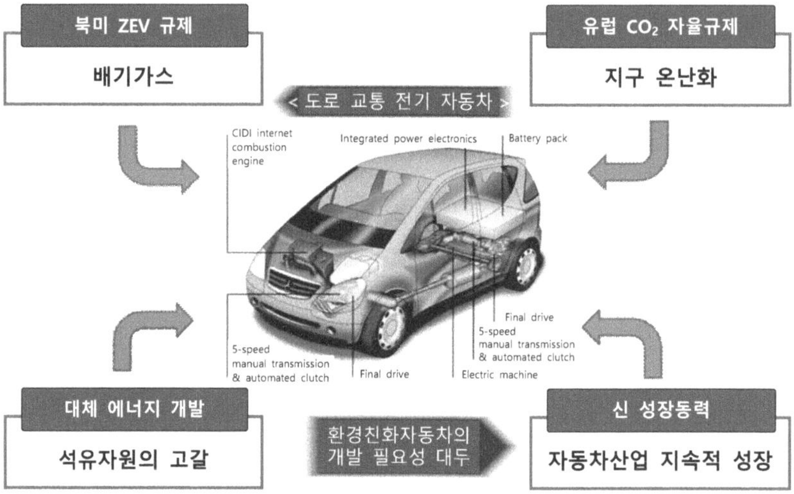

그림 1-10 친환경 자동차의 필요성

커넥티드카 차세대 자동차 핵심으로 부상

- 커넥티드 카(Connected Car)란 자동차와 IT기술을 융합해 상시 네트워크에 연결된 차량을 의미하며, 외부 네트워크와의 연결성에 기반한 '커넥티드 카(Connected Car)'에 대한 운전자들의 관심과 수요가 크게 늘고 있다. IT 및 전기·전자 산업과 융합한 커넥티드 카가 자동차 산업의 신성장동력으로 부상한 것이다. 이 분야에서 주도권을 잡기 위한 자동차 업체들의 경쟁도 더욱 가속화될 전망이다.

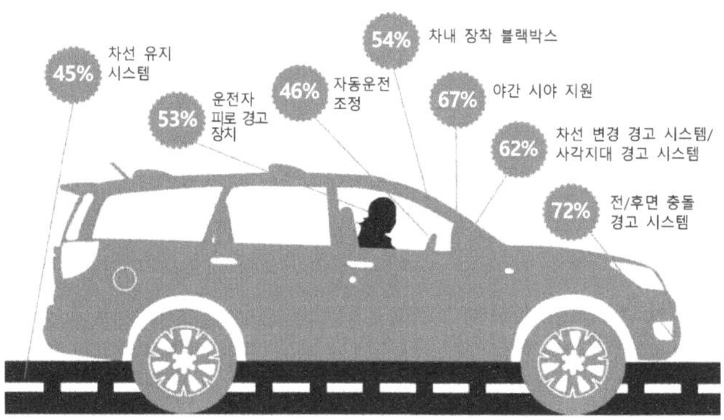

커넥티드 카

1-2 등장 배경

최근 자동차 산업의 가장 큰 화두는 친환경 자동차라고 할 수 있다. 2008년 유가 급등으로 각국의 모터쇼에서 대부분의 주제가 친환경 자동차 일색으로 변화했다. 특히 석유자원의 고갈, 지구온난화라는 전 세계적 과제와 더불어 자동차업계의 신성장 동력 및 차세대 패권을 차지하기 위한 이해관계가 맞물리면서 더 이상 미래 일로 치부할 수 없는 현재진행형 과제가 되고 있다.

1-2-1 석유자원의 고갈

석유자원 고갈의 논리적 토대는 1956년 미국 지질학자 킹 허버트 박사의 피크 오일(Peak oil) 이론이 유명한데, 석유 생산량이 기하급수적으로 확대되었다가 특정 시점을 정점으로 급격히 줄어드는 현상을 말한다. 피크오일은 석유 소비의 급증에 비해 새로운 유전 발견이 부진하거나, 정유시설의 미흡한 투자, 전쟁 등으로 석유 생산이 한계에 부딪혔을 때에 나타난다. 즉 석유의 부족 보다는 공급량이 정해져 있기 때문에 발생한다고 보고 있다. 허버트 박사는 95년 피크 오일을 예측하였으나 1, 2차 석유파동에 의한 석유 절감 효과로 빗나갔다. 그러나 국제 에너지기구는 그 이후에도 중국, 인도의 경제성장으로 에너지 수요가 증가하는 반면, 석유공급량은 한정되어 있어 심각한 석유 수급 불균형을 겪을 것으로 내다보았다. 수요량 대비 석유공급량이 2010년 85%에서 2020년 66% 수준으로 낮아질 것으로 전망한 바 있다.

석유자원의 부족 여부, 피크 오일의 시기 예측이 중요하다기 보다는 더 이상 석유가격이 싸지 않은 시점이 도래했다는 것이며, 이로 인해 대체연료와 연료저감이 중요해진 이유라는 점을 간과해서는 안될 것이다.

2015년 기준 전 세계 하루 석유소비량이 9501만 배럴인 것을 감안하면 지구인 모두가 앞으로 1만7892일 정도를 소비할 수 있는 물량이 확인되어 있다. 해로 따지면 약 49년에 해당되는 물량이다. 에너지전망보고서는 특히 최근 30년간 석유 확인매장량이 연평균 2.5%의 성장률을 보이며 증가세를 보인다고 분석했다. 40여 년 전에도 앞으로 40년 후면 석유 피크오일이 올 것이라는 주장이 제기되었지만 현재도 매년 석유 확인매장량은 증가하고 있고 앞으로 최소한 40년 이상 사용할 석유 매장이 확인되고 있다.

석유자원이 유한하다는 점을 고려하면 언젠가는 바닥을 드러낼 수밖에 없다. 다만 피크오일 시점은 석유개발 기술의 진화로 뒤로 늦춰지고 있다는 것이 최근에는 정설이 되고 있다. 에너지전망보고서에 따르면 지역별 석유매장량은 중동이 여전히 1위로 47퍼센트를 기록 중이다. 하지만 1990년 기준 중동 매장량 비중이 64.2퍼센트를 기록했던 것을 감안하면 세계 석유시장에서의 지배력은 확연하게 약화되고 있는 모습이다.

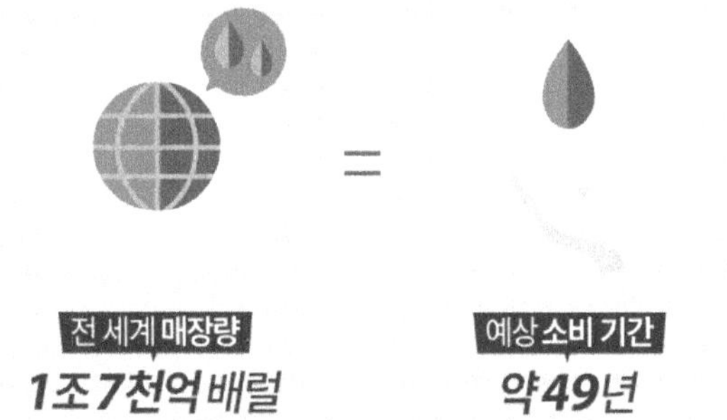

그림 1-11 석유의 매장량

유한한 자원, 언젠가 바닥 드러낼 수 밖에 없지만…

- 피크오일 개념이 변화해야 하는가?
- 이에 관련해 '피크오일(peak oil)'에 대한 개념이 변화하고 있다는 주장까지 제기되고 있다. '피크오일'은 탄화수소 즉 석유매장량이 부족해지는 시점으로 판단하는 것이 아닌, 석유를 채굴하기 위한 소위 '피크 기술(peak technology)'이 한계에 도달하는 시점으로 판단해야 한다는 것이다.
- 실제로 미국이 주도하는 셰일오일의 경우 과거에는 기술이나 경제성의 한계로 무시되어 오던 것이 채굴기술 개발로 양산되고 있다. 셰일오일은 땅속 퇴적암 사이사이에 산재해 있는 원유인데 지하 깊은 곳에 시추관을 뚫어 화학약품이 섞인 물을 고압으로 분사, 암석을 분쇄하고 물과 기름을 분리해 원유를 채취하는 복잡한 과정을 거친다.
- 캐나다 앨버타 주의 노천에 널려 있는 오일샌드 역시 원유가 섞인 모래를 채굴해 분쇄하고 물과 혼합해 기름을 분리하는 방식으로 채취한다. 원유가 매장되어 있는 거대한 지하공에서 뽑아 쓰는 전통 개발방식에 비해 채굴기술은 복잡하고 비용은 더 많이 소요될 수밖에 없지만 비전통 원유 채굴기술이 속속 개발되고 생산비용이 낮아지면서 피크오일의 개념을 바꾸고 있는 것이다.
- 셰일오일 생산 과정 등에서 사용되는 수압파쇄법이 환경을 오염시킨다는 비난을 받고 있기는 하지만 채굴기술의 진화는 자원의 유한성을 극복하고 연장시킨다는 측면에서 새로운 주목을 받을만한 가치가 있는 것은 분명해 보인다.

세계 최고 자원 부국과 자원 빈국에 축복이란?

- 에너지 전망 보고서에서 '석유 확정 매장량(oil proved reserves)'이 발표되는 국가는 총 49개국에 불과하다. 우리나라는 동해 가스전에서 천연가스와 더불어 초경질원유인 콘덴세이트가 생산되고 있지만, 극소량에 불과해 석유 생산국으로 명시되어 있지는 않다. 우리나라는 석유자원만 놓고 보자면 매우 가난한 나라인 셈이다.
- 우리나라와 대조적으로 세계 최고의 석유 매장량을 보유한 국가는 베네수엘라다. 세계 원유 수급과 가격을 쥐락펴락하는 사우디아라비아보다도 더 많다. 지난해 말 기준으로 확인된 베네수엘라의 석유 매장량은 3,009억 배럴로 전 세계 매장량의 17% 수준에 달한다.

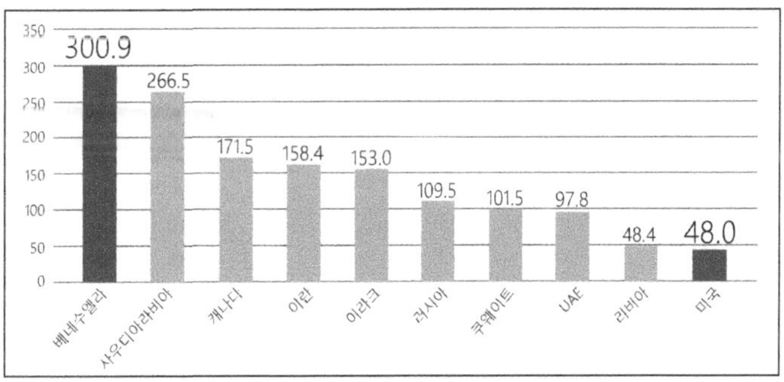

세계 국가별 석유매장량(단위/십억배럴/2016)

- 하지만 베네수엘라는 세계 최고 자원 부국이면서도 극심한 경제난을 겪으며 국가 부도 위기에 내몰려 있다. 최근에는 야당의 반대에도 불구하고 마두로 대통령이 '제헌의회'를 출범시키면서 정치적으로도 대중적 항거 몸살을 앓고 있다. 양을 가늠할 수 없을 정도로 넘쳐나는 석유의 힘만 믿고 자생적인 산업 육성은 외면하며 대부분의 생필품과 공산품을 수입에 의존해 왔고, 오일머니를 앞세운 지도층의 퍼주기식 복지 포퓰리즘 정책에 길들여진 베네수엘라는 유가가 폭락하면서 그간의 게으름의 대가를 톡톡히 치르고 있다.
- 그 사이 석유 자원 한 톨 없는 대한민국은 세계 10위 경제 대국으로 성장하고 있으니, 자원의 부유함은 성장의 한 요소는 될망정 축복 그 자체는 아니었던 셈이다.

1-2-2 환경 규제

자동차관련 환경규제는 미국, EU, 일본 등 선진국을 중심으로 규제가 강화되고 있으며 한국, 중국 등 주요 자동차 생산국들도 기술변화에 뒤쳐지지 않기 위해 규제강화에 동참하고 있다.

자동차 시장이 성숙한 나라에서는 여러가지 의미로 자동차 배출가스 규제를 갖고 있다. 이른바 잘사는 선진국일수록 환경 보호에 관심이 많기 때문에 규제가 엄격할 수도 있다. 하지만 그 뒤에 숨겨져 있는 것은 이러한 배출가스 규제가 환경을 보호한다는 명목 하에 기술적 장벽으로 작용하여 자국의 자동차 산업을 보호하는 수단이 될 수도 있는 것이다.

기존에는 HC, CO, NOx 등 인체에 해로운 3가지 배출가스에 대하여 규제를 해왔었지만, 최근에는 온실가스에 관심이 높아지면서 유럽을 시작으로 CO_2배출량 또한 규제가 되고 있다. 실제 우리나라에서도 그 흐름에 맞춰 자동차에 붙는 에너지 소비 효율 등급 스티커에 CO_2배출량도 표시하고 있다.

그림 1-12 자동차별 온실가스 배출량 비교(1 km당)

그림 1-13 주요국 CO_2 배출증가율

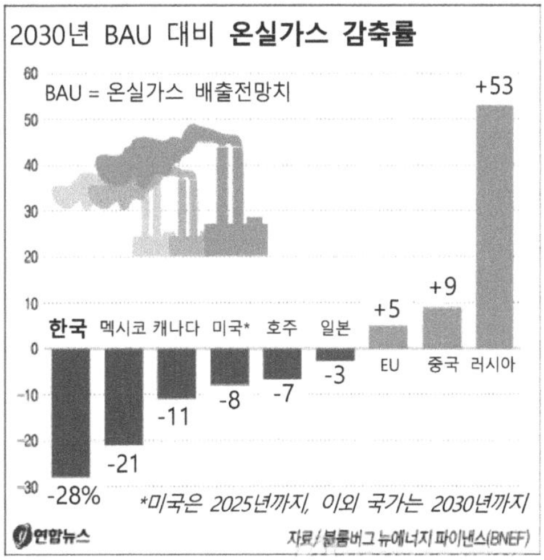

그림 1-14 2030년 BAU대비 온실가스 감축율

아무리 연료가 완전 연소가 된다고 해도 배출되는 가스에는 CO_2와 H_2O가 포함되어 있기 마련이다. 그러므로 CO_2를 규제한다는 것은 최소한의 연료를 태우는 방법 밖에 없으며, 이것은 결국 연비와 직결되는 문제이다. CO_2를 규제한다는 것은 연비, 결국 엔진의 총체적인 기술에 대한 기술적 장벽이 하나 생기는 것이다.

현 시점에서의 환경 규제는 크게는 파리협정을 중심으로 한 이산화탄소를 중심으로 한 온실가스와 질소산화물을 중심으로 한 입자상 물질, 즉 미세먼지 저감이다. 유럽은 이산화탄소에 대한 규제가 더 강하고 미국과 일본은 입자상 물질(PM) 규제가 더 강한 것이 지금까지의 추세였으나 앞으로는 그 차이가 줄어들 것으로 전망된다.

이산화탄소 규제는 파리협정을 중심으로 전 세계적으로 이루어지고 있다. 2017년 미국 트럼프행정부가 탈퇴를 선언하면서 혼선이 예상되었지만 큰 틀에서의 변화는 없을 것으로 보인다. EU는 2030년까지 온실가스 배출량을 1990년보다 40%, 일본은 2013년보다 26% 낮춘다는 목표를 설정하고 있다. 10년 후인 2040년에는 일본은 80%, EU는 80~95% 저감한다는 계획이다.

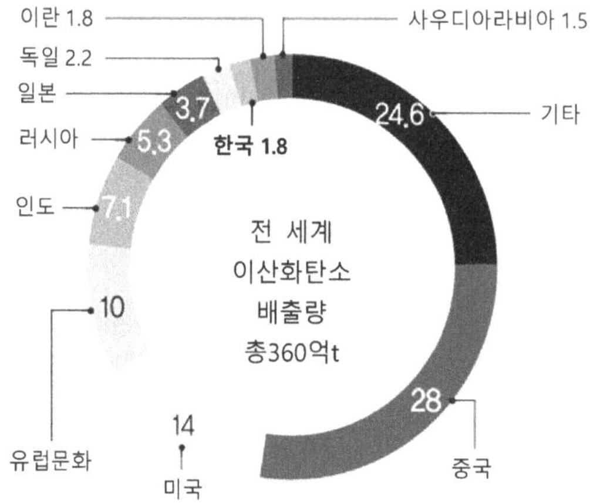

그림 1-15 이산화탄소 배출국가별 현황(2013)

무엇보다 주목을 끄는 것은 중국의 움직임이다. NEV(New Energy Vehicle)규제의 향방이 중국이 정부차원에서 시행하고 있는 전동화 전략에 크게 영향을 미칠 것으로 보인다. 중국에서는 ZEV(Zero Emission Vehicle) 규제와 비슷한 NEV규제가 2019년 도입되었다. 이는 생산대수에 따라 일정 비율의 전동화차를 의무화한다는 것이다. 지금 각 자동차회사들이 전동화를 추진하고 있는 것은 결국 이런 규제에 대응하기 위함이다. 언제나 그렇듯이 규제가 기술 발전을 유도하고 있다.

1-3 친환경 자동차의 구분

친환경 자동차는 기존의 내연기관을 대신하여 전기를 동력원으로 움직이는 차량을 말한다. 전기모터나 내연기관을 동시에 사용하는 엔진이 둘 이상인 하이브리드 전기자동차(Hybrid EV : HEV), 동력원으로는 전지에 저장한 전기만을 사용하고 필요에 따라 충전을 시켜줄 수 있는 조그만 내연기관을 가진 플러그인 하이브리드(Plug-in Hybrid EV : PHEV), 그리고 전기자동차는 Battery로만 가는 전기자동차(Battery Electric Vehicle : BEV), 연료전지 자동차(Fuel cell Electric Vehicle : FCEV) 등 크게 4 종류로 나눌 수 있다. 이하에서의 친환경자동차는 HEV, PHEV, BEV, FCEV를 통칭한다.

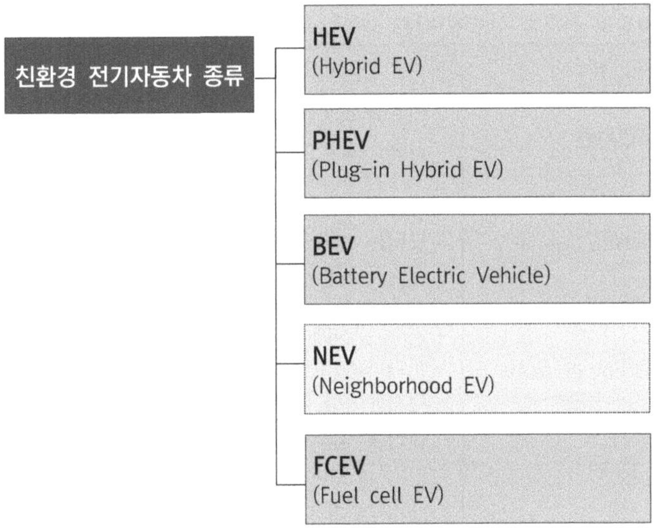

그림 1-16 전기자동차 종류

친환경 자동차의 구분은 자동차 동력원으로써 전기화의 정도로 구분해 볼 수 있다. 즉 전기에너지 사용률에 의해

① 기존의 엔진과 변속기를 동력원으로 사용하는 내연기관(Internal Combustion Engine)

② 정지 시 엔진이 정지되어 연료를 저감하는 Micro(Mild) HEV

③ 기존 엔진에 모터로 보조하는 Soft(Power assist) HEV

④ 전기 모터가 출발과 가속 시에만 역할을 하는게 아니라 주행에 주된 역할을 하는 Hard(Full) HEV

⑤ 기본적으로 전기모터로 움직이지만 배터리 범위를 넘어서는 거리는 엔진을 이용해 발전기를 돌리는 방식인 Plug-in HEV

⑥ 순수 배터리로만 운행하는 EV 또는 수소연료전지를 이용하는 FCEV 등의 순서로 구분이 가능하다.

[표 1-4 동력원의 전기화 정도에 따른 구분]

<table>
<tr><th colspan="2">구 분</th><th>특 징</th><th>비 고</th></tr>
<tr><td colspan="2">내연기관</td><td>· 기존의 엔진과 변속기를 동력원으로 사용</td><td>· 엔진</td></tr>
<tr><td rowspan="3">HEV</td><td>Micro(Mild) HEV</td><td>· 공회전시 엔진이 정지
· 모터는 보조(재시동)역할만 하는 단순시스템</td><td>· 엔진+모터(보조미비)</td></tr>
<tr><td>Soft(Power assist) HEV</td><td>· 기존 엔진에 모터로 보조
· 전기 주행모드가 없다.
· 재시동이나 가속순간에만 모터가 엔진을 보조</td><td>· 엔진(주) + 모터(보조)</td></tr>
<tr><td>Hard(Full) HEV</td><td>· 전기 모터가 출발과 가속시에만 역할을 하는게 아니라 주행에 주된 역할
· (저속시)전기주행모드가 있다.
· 하이브리드의 주류가 될 것</td><td>· 모터(주) + 엔진(보조)</td></tr>
<tr><td colspan="2">Plug-in HEV(PHEV)</td><td>· 기본적으로 전기모터로 움직이지만 배터리 범위를 넘어서는 거리는 엔진을 이용해 발전기를 돌리는 방식</td><td>· 모터(주)+엔진 (배터리 충전)</td></tr>
<tr><td colspan="2">BEV
(Battery Electric Vehicle)</td><td>· 순수 전기로만 움직이는 자동차.</td><td>· 모터(배터리)</td></tr>
<tr><td colspan="2">FCEV
(Fuel cell Electric Vehicle)</td><td>· 연료전지를 통해 얻어지는 순수 전기로만 움직이는 자동차.</td><td>· 연료전지 + 모터</td></tr>
</table>

하이브리드 전기자동차는 엔진과 모터와 같이 두 개 이상의 동력원을 가진 자동차로 정의될 수 있고, 전기자동차는 순수 배터리를 사용하는 자동차로 정의될 수 있다. 특히 전기자동차는 배기가스가 전혀 배출되지 않으며, 내연기관에 비해 부품수가 현저히 감소하고 낮은 속도에서도 더 높은 토크를 낼 수 있다. 궁극적으로는 하이브리드 전기자동차가 전기자동차의 과도기적 성격을 지니고 있다는 점에서 전기자동차를 하이브리드 전기자동차를 포함한 넓은 의미로 쓰기도 한다.

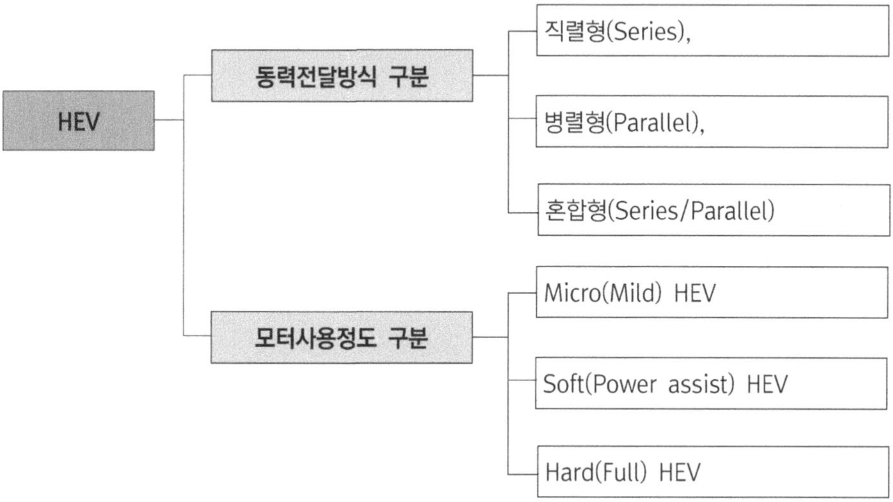

그림 1-17 하이브리드 전기자동차(HEV)의 구분

하이브리드 전기자동차의 경우, 두가지 이상의 동력원을 사용하기 때문에 전기자동차에 비해 여러 가지로 분류가 되는데 동력전달 방식에 따라 직렬형(Series), 병렬형(Parallel), 혼합형(Series/Parallel)이 있으며, 모터 사용정도에 따라 Micro(Mild) HEV, Soft(Power assist) HEV, Hard(Full) HEV로 분류된다.

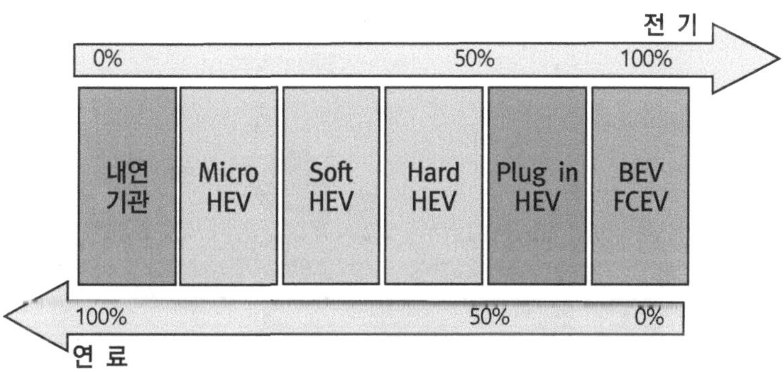

그림 1-18 에너지 사용률에 의한 분류

1-4 메커니즘 및 문제점

가솔린차의 구동력은 엔진에서 나오지만 전기자동차는 모터에서 나온다. 엔진은 회전수와 출력은 액셀 패달로 조절한다. 모터는 이 기능을 위해 컨트롤러를 부착해야 하는데 이것이 간단한 문제가 아니다.

모터에는 직류모터와 교류모터가 있다. 직류모터는 고정자의 전극을 마이너스와 플러스로 바꿔주기 위해 브러시가 필요하다. 교류모터는 브러시가 필요 없으나 교류의 타이밍을 모터로 얻고 싶은 토크나 회전수에 맞춰 조정하는 것이 어려워 효율이 낮았었다. 요즘에는 회전자와 고정자의 위치관계를 정확히 알아서 교류전류를 흘리는 방식이 개발돼 마치 브러시가 없는 직류모터와 같은 성능을 낼 수 있게 됐다. 그리고 모터에 걸리는 전압은 회전수와 전류 양쪽에 관계된다. 전기자동차로 평지를 달리며 속도를 높이려면 전압을 올리면 되고 고갯길에서 같은 속도로 달리고 싶으면 전압을 올리고 회전수를 유지한 채 전류를 증가시키면 된다.

컨트롤러는 전지에서 얻은 직류전압을 조정하는 장치로 컨버터라고 부른다. 교류모터의 경우는 직류전압을 교류전압으로 바꿔주며 전압을 조절해야 하며 이것을 인버터라고 부른다. 직류전압을 손쉽게 조절하는 방법은 저항을 만들어주는 것이나 에너지손실이 많아 보다 효율이 높은 반도체 소자가 개발되고 있다.

그림 1-19 전기자동차 구조

인버터는 컨버터와 같은 작용을 하면서 직류를 교류로 변환시키는 기능을 해야 한다. 직류를 교류로 만들기 위해 변조기가 사용된다. 그래서 인버터는 컨버터에 비해 구조가 복잡하다. 자동차용 모터는 토크와 회전수를 조절하기 쉽고 전체적으로 가벼운 것이 이상적이다. 현재는 직류분권식이 주류를 이루고 있으나 브러시에 의한 전압강하와 기계적 손실로 효율이 떨어지는 결점이 있다. 이 때문에 최근에는 브러시리스 DC모터라고 불리는 유도식 교류모터가 개발돼 각광을 받기 시작했다.

전기자동차의 에너지 소비를 줄여 주는 데 있어 매우 중요한 역할을 하는 것이 회생 브레이크다. 전기 자동차에 사용되는 모터는 발전기와 구조가 같아 전류를 흘리면 회전하고 반대로 밖에서 힘을 걸어 회전시키면 발전기가 된다. 차를 감속시키거나 제동을 할 때 그 힘으로 모터를 회전, 전기를 발전시켜 축전지로 보내는 장치를 만들면 전기소모량을 많이 줄일 수 있다. 일반적으로 엔진차를 전기자동차로 개조하는 경우에는 엔진 위치에 모터를 장착하고 트랜스미션과 디퍼렌셜기어를 그대로 사용하는 일이 많다. 그러나 전기 자동차에 사용되는 모터들은 저속에서 고속까지 무단으로 부드럽게 변환시킬 수 있기 때문에 반드시 변속기와 감속기가 필요하지는 않다. 실제로 최근에 오리지널 전기자동차로 개발된 차들은 바퀴를 각각 하나씩 돌리도록 여러 개의 모터가 장착돼 있다.

가솔린차와 달리 현재의 전기 자동차는 주행거리가 짧기 때문에 가솔린차의 감각으로 운전하다가는 길거리에서 멈추기 십상이다. 그래서 남아 있는 전력량을 아는 일이 매우 중요하다.

보통 배터리액의 비중 또는 전압을 측정하는 두 가지 방식이 있다. 그런데 배터리 중 주위 온도에 따라 남아 있는 전력량이 달라지는 것도 있어 계기를 만드는 일이 쉽지 않다.

전기자동차 탈수록 주행거리 짧아져 최대 단점

- 쉐보레 전기자동차 볼트(Bolt) EV의 주행거리가 최대 143마일(230 km)까지 줄어들 수 있는 것으로 확인돼 주목된다. 해외 자동차 전문 매체 블로그는 쉐보레 전기자동차 볼트 EV가 배터리 보증 기간인 8년 동안 전지 용량이 최대 40% 줄어든다고 전했다. 이는 GM이 '쉐보레 볼트 EV 오너 매뉴얼'에 직접 기술한 부분인 것으로 확인됐다.
- GM은 볼트EV 오너 매뉴얼를 통해 "다른 모든 배터리처럼 고압추진배터리의 용량은 시간과 마일리지에 따라 감소될 수 있다"며 "이용방법에 따라, 전지 용량은 보증 기간 동안 최소 10%에서 최대 40% 가량 줄어들 수 있다"고 설명했다.
- 쉐보레 볼트 EV의 1회 완충 시 최대 주행거리는 238마일(383 km)이다. 전지용량이 40% 가량 줄어들 경우, 8년 뒤 쉐보레 볼트 EV로 달릴 수 있는 거리는 143마일(230 km)정도에 불과하다. 다만, GM이 어떤 방식으로 '최대 40%'라는 계산을 도출했는지는 전해지지 않았다.

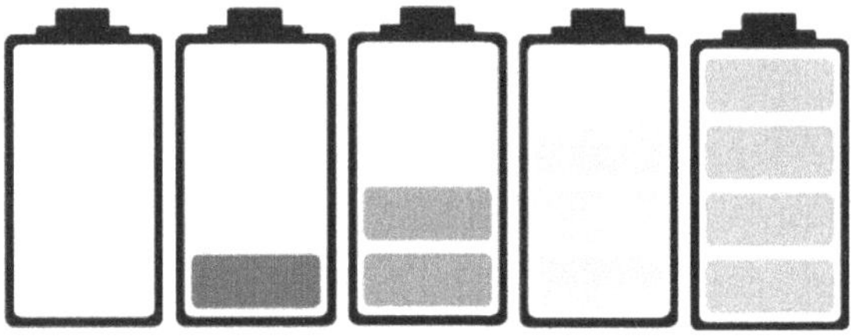

배터리 성능 저하

- 배터리 성능 저하는 비단 볼트EV에서만 나타나는 문제가 아니라, 모든 전기자동차가 공통으로 갖고 있는 단점이기도 하다. 가령 닛산 리프의 경우, 지난 2012년 평균 37도 이상의 지역에서 배터리 용량이 급격히 감소해 대체 패키지를 마련하는 등 해결책을 제시한 사례가 있다.
- 2013년형 테슬라 모델S에서 같은 문제가 발견되기도 했다. 당시 2014 그린카 리포트에 따르면, 테슬라 모델S 전지용량은 누적 주행거리 5만마일(8만467 km) 이상에서 6% 정도 감소하는 것으로 조사된 바 있다.

1-4-1 전기자동차 상용화 장애

전기자동차 관련 기술의 눈부신 발전과 놀라운 수준의 상용 모델들을 살펴보면 순수한 전기자동차(EV)의 본격적인 시대가 눈앞에까지 다가온 것처럼 느끼게 한다.

그러나 EV가 본격적으로 상용화 되고 기존의 내연기관 자동차를 완전히 대체하기 위해서는 여전히 많은 문제들이 산재해 있는데, 이런 문제들은 지금과 같은 전통적 접근방법으로는 해결이 쉽지 않다.

(1) 충전인프라

전기자동차 상용화의 가장 큰 걸림돌은 배터리로 인한 비싼 가격이 가장 먼저 떠오르지만, 사실은 배터리 충전기술과 그 인프라 구축이 더 해결하기 어려운 문제이다.

전기자동차가 일반 대중에게 주저 없이 선택되기 위해서는 기존의 내연기관 자동차와 같이 운전자가 쉽고 빠르게 연료(에너지)를 보충할 수 있어야 한다. 이와 관련하여 국내는 물론 전 세계적으로 충전스탠드로 대표되는 충전 인프라를 갖추기 위한 기술 개발과 연구가 한창 진행 중이다.

현재 정부의 정책과 지원으로 일부 공공기관 등에서 시범적으로 일정수의 전기자동차를 구입하고 충전시설을 갖추어 운영하는 등의 시도가 추진되고 있다. 전기자동차의 구매가 일반 소비자들에게까지 확산되기 위해서는 충분한 충전인프라가 미리 조성되어야 하지만 충전스탠드를 통하여 요구되는 환경을 구축하는 것은 쉬운 문제가 아니다. 더구나, 향후 100만대, 1000만대 이상이 도로를 주행하는 본격적인 전기자동차 시대를 감안할 때, 이것은 더욱 불가능해 보인다.

대부분 개인차고 시설이 없는 국내의 주거 환경에서 집안의 전기를 이용하여 충전을 한다는 가정은 하기 어렵다. 이것은 결국 전기자동차를 구입하는 소유자의 주거지 인근에 충전스탠드를 갖춘 전용의 주차공간이 확보되어 제공되어야 함을 의미한다. 뿐만 아니라 자동차가 운행되는 극장, 식당, 쇼핑센터, 체육시설, 도로 휴게소 등 모든 공공장소의 주차장에도 전기자동차를 위한 전용의 공간이 필요하다.

따라서 필요한 충전시설, 충전스탠드의 수는 보급되는 전기자동차 숫자의 최소 3배수 이상이 되어야 할 것으로 예상된다. 즉, 전기자동차의 본격적 상용화로 전국에 약 100만대 이상이 보급된다면, 충전시설은 약 300만개 정도가 시설되어야 하고, 이와 같은 막대한 숫자의 충전시설 확충은 경제적으로뿐만 아니라 물리적으로도 가능할 것 같지 않다. 또한, 이렇게 마련된 주차공간은 장애인용 주차공간과 같이 전기자동차를 위해 사용이 제한되어야 하며, 그만큼 주차공간의 낭비가 발생하게 된다. 이 문제는 그렇지 않아도 도심의 주차난이 심각한 우리나라와 해외 선진국 등에서 도저히 채택할 수 없는 정책이 되게 한다.

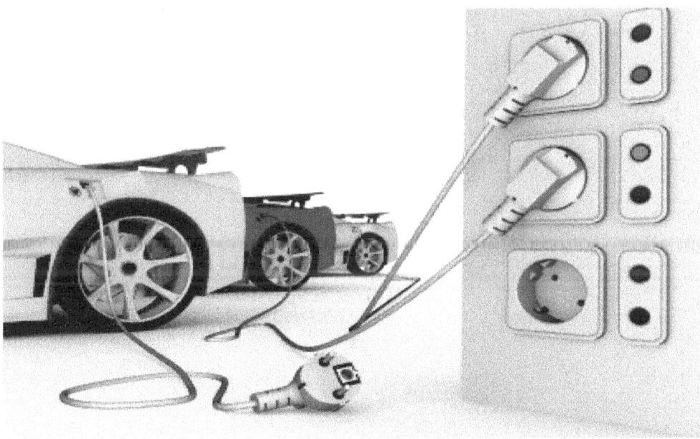

그림 1-20 전기자동차 충전

이웃나라 일본의 경우 특정 시범지역을 선정하여 일정 기간 내에 일정량 이상의 전기자동차를 보급한다는 원대한 계획을 가지고 있지만, 막대한 정부의 보조금과 정책적 지원에도 불구하고 일반 국민들에게 얼마나 원활하게 보급이 될 수 있을지는 두고 보아야 할 일이다.

(2) 충전 소요시간

전기자동차 상용화의 또 다른 결정적 문제는 충전에 소요되는 시간이다.

전기자동차가 완전히 상용화되고, 기존의 내연기관 자동차를 대체할 수 있기 위해서는 시내주행용 또는 출퇴근용 이라는 용도의 제한이 있어서는 안 된다. 또한 전기자동차 사용자가 자동차의 운행계획을 미리 수립하고, 이에 맞추어 사전에 충분히 배터리를 충전해 두거나, 또는 운행 중에도 언제 어디에서 충전할 것인지에 대한 계획을 미리 세운다는 등의 사용상 제약도 없어야 할 것이다.

이를 위해서는 충전스탠드 또는 충전소 등 전기자동차 충전 인프라가 충분히 갖추어져 있어서 필요한 경우 언제 어떤 상황에서도 손쉽게 충전시설에 접근할 수 있어야 한다. 이 때 충전 또한 화석연료의 보충과 같이 신속하게 마무리될 수 있어야 한다.

이와 관련하여 국내외에서 급속 충전기술에 대한 연구가 활발히 진행되고 있으나 여전히 30분 정도의 시간이 소요된다. 급속 충전기술이 보편화되어 모든 충전소에서 30분만에 배터리 충전을 완료할 수 있다고 가정해도 사용자에게 이 소요시간은 전기자동차 선택을 재고하게 하는 중요한 결함이 된다.

그나마 현재의 충전인프라 구축 현황은 8시간 이상이 소요되는 보통충전방식을 표준으로 채택하고 있으며, 급속충전은 배터리 수명에 미치는 영향 등의 이유로 최소한의 수량으로 긴급한 상황에서만 이용할 수 있도록 시설되고 있다. 이와 같은 상황에서 아무리 충분한 수의 충전인프라가 구축된다고 하여도, 소비자들은 충전에 소요되는 시간으로 인해 전기자동차의 구입을 쉽게 결정하지 못할 것이다.

[표 1-5 2세대 전기자동차 완속 충전시간]

구분	배터리용량(KWh)	주행거리(Km)	완충시간(예상)	배터리 공급사
BMW 뉴 i3S	33	300	4 ~ 5시간	삼성SDI
테슬라 모델3(표준)	55	354	6 ~ 8시간	파나소닉
기아 니로 EV	60	380	8 ~ 9시간	SK이노베이션
GM 볼트(Bolt)	60	383	8 ~ 9시간	LG화학
현대 코나 EV	60	390	8 ~ 9시간	LG화학
닛산 리프 2세대	60	400	8 ~ 9시간	AESC
르노 조에(ZOE)	41	400	8 ~ 9시간	LG화학

*주행거리 및 충전시간은 국가별 인정기준이 다름

(3) 전기자동차 가격

또 다른 결정적 장애는 전기자동차의 보급가격에 있다.

앞에서 살펴본 여러 장애로 인해, 전기자동차의 시장진입은 처음부터 많은 난항을 겪을 것이 너무나 확실하다. 따라서 자동차 개발업체 또는 배터리 생산업체에서 처음부터 공격적인 시설투자와 연구개발을 할 수 없으며, 이와 같은 가정은 제한된 판매시장에서 막대한 투자비의 회수를 고민하게 만든다.

자동차 제조회사는 전기자동차가 시장에서 시장원칙에 의해 스스로 자생할 수 있는 경쟁력을 갖추지 않는 한 본격적으로 상용화 될 수 없음을 알고 있다. 이를 위해서는 배터리 용량을 최소화하면서 주행거리의 한계를 극복하고 가격경쟁력을 갖추는 등 세 마리 토끼를 한번에 잡아야 한다.

현재 출시되고 있는 대부분의 전기자동차가 몇몇의 예외적인 차종을 제외하고는 경차와 소형차에 국한되고, 그러면서도 주행거리를 충분히 늘리지 못하는 등이 이와 같은 이유에서이다.

결국 현재와 같은 접근에서 전기자동차는 본격적인 상용화를 기대하기 어려우며, 제한된 시장과 수요에 직면하여 자동차와 배터리회사에서는 제품의 가격을 충분히 인하하는 등의 시장전략을 전개할 수 없다.

따라서 지금 시장에 출시되고 있는 경차와 소형차류의 전기자동차로는 배터리 가격 때문에 출고가가 높아 사실상 정부와 지자체의 보조금 없이는 구매하기가 쉽지 않다. 따라서 정부의 제도적 규제와 재정적 지원이 동시에 이루어지는 시범도시 등에 제한적으로 보급되어 그 가능성을 시험하는 수준의 보급에서 그칠지도 모른다.

배터리가격 뚝뚝… 5년내 2000만원대 전기자동차 나온다

- 전기자동차용 배터리 가격이 오는 2020년 현재 보다 약 60% 저렴한 수준으로 떨어질 것이라는 전망이 나왔다. 순수전기자동차(EV) 기준으로 통상 전체 제조원가의 30~40%를 배터리가 차지한다는 점을 고려하면, 오는 2020년 이후에는 기존 내연기관차와 전기자동차의 가격이 거의 비슷해질 것으로 보인다.
- 업계에 따르면 올해 기준으로 1㎾h당 200달러 안팎인 전기자동차용 리튬이온 배터리의 가격이 내년 160~140달러로 내려간 뒤 2020년에는 100달러 수준까지 떨어질 것으로 전해졌다.
- 업계 관계자는 연비규제 강화로 자동차용 배터리의 수요는 계속 늘어날 것이라며 2008년 당시 1 kwh당 1000달러 수준이었던 배터리 가격이 200달러대 안팎으로 떨어진 것을 고려하면 5년 안에 100달러 진입도 가능할 것이라고 말했다. 실제로 일부 배터리 제조업체는 이미 100달러대 중·후반의 가격에 배터리 셀을 공급하는 것으로 알려졌다.

전기자동차 배터리 공급가격 예상치(단위:1 Kwh당 달러)

2008년	2016년	2017년	2020년
1000달러	250~160달러	160~140달러	100달러

- 배터리 셀 가격이 100달러 수준까지 내려가면 산술적으로 2만달러(약 2500만원) 초·중반에 주행거리 300㎞ 수준의 전기자동차를 만들 수 있다. 통상 전기자동차 가격에서 배터리와 관련 부품이 차지하는 비중은 30~40% 수준이라는 점을 고려하면, 320㎞(60 kwh)를 주행하는 전기자동차를 만들기 위해 드는 배터리 비용이 약 6000달러(약 750만원)라는 계산이 나온다.

모델별 배터리 셀 가격 (단위 : 1 kWh당 달러)

모델명	가격
테슬라 모델3	140~130
테슬라 모델S	210
GM Volt	350
GM Bolt	145
BMW i3	400
닛산 리프	370

출처 : 미래에셋증권

전기차 배터리 가격 전망 <단위:달러/kwh>

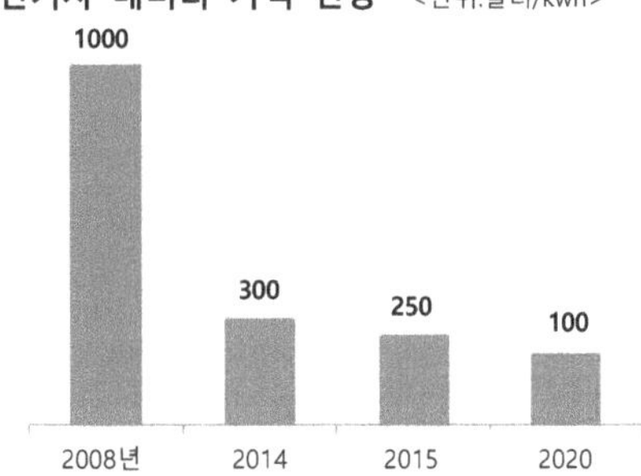

가격 면에서 불리한 전기자동차의 초기 시장 창출을 위해 정부의 보조금 지원, 세금인하, 의무구매제도 등 적극적인 역할이 필요하며, 전기자동차 보급을 위해서는 차량가격 인하, 주행거리 증가, 충전시간 단축 등의 시급한 문제 해결이 필요하다.

1-4-2 전기자동차가 환경에 미치는 영향

(1) 대기공해

석유자원을 이용한 자동차를 전기자동차로 대체하려는 움직임에 대해 일부 환경 전문가들은 전기자동차가 환경적으로 우수한 것은 아니라는 반론을 제기하기도 한다.

발전소에서 전기를 만들기 위해서는 여전히 화석 연료를 태워야 하기 때문이다. 하지만 원유를 100%로 볼 때, 전기자동차의 에너지 이용률은 12.5% 인 반면, 가솔린 자동차의 이용률은 겨우 9.3%에 지나지 않으며, 전기는 화력발전을 비롯한 석유자원 이외에 원자력, 수력, 조력 등 개발 가능한 에너지원이 다양하다는 점에서 긍정적이라고 볼 수 있다.

발전소의 배출 가스는 자동차의 배출가스에 비해 감시와 조절이 용이하며, 발전소에서는 연료를 고열로 가열하기 때문에 내연기관자동차의 연소에 비해 효율이 좋아 결과적으로 배출되는 가스도 적다.

(2) 재활용문제

내연기관자동차에 비해 재활용문제에 있어 크게 다른 부분은 배터리라고 보며, 현재 납 배터리의 경우 약 97%가 재활용되고 있어, 니켈카드뮴 등 중금속계통의 배터리를 제외하고는 크게 문제시 되고 있지 않다.

전기자동차 배터리의 재활용

- 일본의 미쯔비스 자동차, 미쯔비시 상사 및 리튬이온 배터리 제조업체는 공동으로 전기자동차의 폐 배터리를 태양광 발전용 축전지로 재활용하는 실증실험에 들어갔다.
- 전기 자동차의 경우 현재까지는 대부분 대용량 리튬이온 전지가 사용되고 있다. 전기 자동차의 판매가 늘어나면 늘어날수록 여기에 사용되는 배터리의 수량도 늘어나게 될 것이고 내구연한이 넘은 배터리는 새로운 환경문제를 야기할 수 있다.

- 물론 재활용이 가능하지만 기존의 가솔린이나 디젤엔진 자동차에서 나오는 배터리 수와 비교가 힘들 정도로 전기자동차 한대에 들어가는 배터리 수가 많은 것이 문제이다.
- 내구연한이 넘은 대용량 전기자동차용 리튬이온 배터리의 경우 약80%정도의 성능을 유지할 수 있다고 한다.
- 따라서 폐배터리를 가정용이나 혹은 업무용 태양광 발전시스템과 연결시켜 축전지로 재사용 하자는 계획이 타당성 검토를 위해 실증 실험에 들어가게 된다.

(3) 유지보수문제

내연기관 자동차에 비하여 구성하는 부품의 수가 적다. 따라서 고장률이 적고, 유지보수가 쉬우며, 수리에 소요되는 시간, 비용, 자원이 절약된다.

10년 타고다닐 차라면… 휘발유보다 전기자동차가 이득

- 전기자동차를 10년 동안 타고 다니면 휘발유차와 비교해 유지비가 500만원 이상 적게 드는 것으로 나타났다.
- KEI의 보고서에 따르면, 올해부터 2025년까지 차량을 운행한다고 가정할 때 순수전기자동차(EV)는 동급의 휘발유차보다 유지비용이 571만원 적게 들었다. 전기와 휘발유를 번갈아 사용하는 플러그인하이브리드차(PHEV)는 휘발유차에 비해 182만원을 아낄 수 있었다. 반면 수소연료전지자동차(FCEV)는 오히려 휘발유차보다 유지비가 1,419만원이나 더 들었다. 이는 차 값과 세금, 연간 주행거리 1만5,000 ㎞ 기준 연료비 등을 총 소유비용(TCO)으로 합산, 비교한 결과다.

전기차와 휘발유차 유지비 비교

(단위:만원)

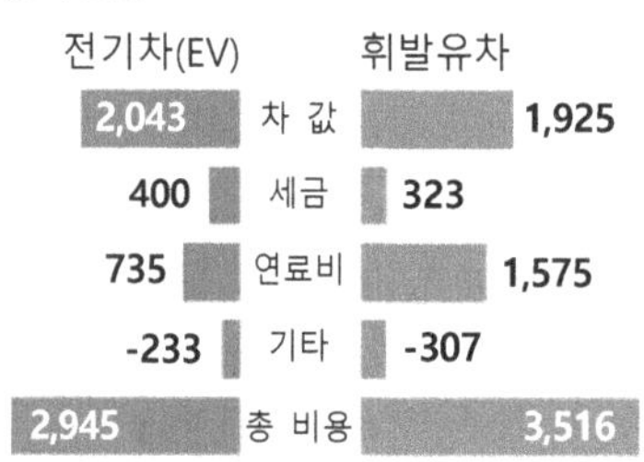

연간 주행거리 1만5,000 km 10년 운행 기준.
자료:KEI 보고서

- 결국 지금 소비자 입장에서 차를 산다면 전기 · 하이브리드차를 타는 것은 장기적으로 이득이지만, 수소연료전지자동차는 손해라고 볼 수 있다. KEI 부연구위원은 "수소연료전지자동차는 차량 가격이 상대적으로 높아 아직 민간에 보급되기엔 한계가 있다"고 설명했다. 실제 조사 대상 수소연료전지자동차 가격은 휘발유차보다 2배 이상 비쌌다.

1-4-3 전기자동차 개발의 필요성

(1) 21세기 육상교통수단으로서의 주요 역할

21세기에는 전용 가이드 웨이(Guide way) 방식의 간선 교통시스템과 전기자동차에 의한 근거리 교통수단을 병용하는 이중 모드(Dual mode)시스템이 등장하고 공유개념의 소형, 고기능 자동차를 이용한 시티 카(City car) 방식이 도입될 것으로 생각된다. 이러한 교통수단으로는 도심권에서의 전기자동차, 지하전철, 도시 간 교통은 고속 전철 등이 주종을 이룰 것으로 예상된다.

(2) 환경 공해 문제의 해결

환경 공해 문제의 해결을 위해서는 배기가스가 없고, 저소음의 청정 환경을 조성할 수 있어야 한다. 전기자동차의 경우 청정에너지(Clean energy)인 전력을 사용하므로 배기가스나 소음의 발생이 거의 없는 교통수단으로서, 점진적인 국내 보급 확대를 유도하고자 노력하고 있다.

한편, 앞에서도 언급했듯이, 미국에서는 대기 보전법의 의회 통과(90. 10. 27)에 따라 캘리포니아 주에서는 2003년부터 무공해 차량(ZEV)의 판매를 촉진, 10%를 의무화하고 있으나 초저공해 차량(Ultra Low Emission Vehicle : ULEV)까지 포함하면 약 25%를 점유할 것으로 예상된다.

(3) 에너지원 다원화로 미래의 에너지 문제 해결

앞으로 화석연료 고갈시를 대비한 에너지 대체가 시급한 실정에 있다. 전기자동차의 경우, 2차 에너지인 전기에너지를 사용하므로 화석연료가 아닌 원자력, 수력, 대체에너지 등이 이용 가능하며, 이러한 장점을 활용하여 에너지 공급원의 다원화를 모색할 수 있다.

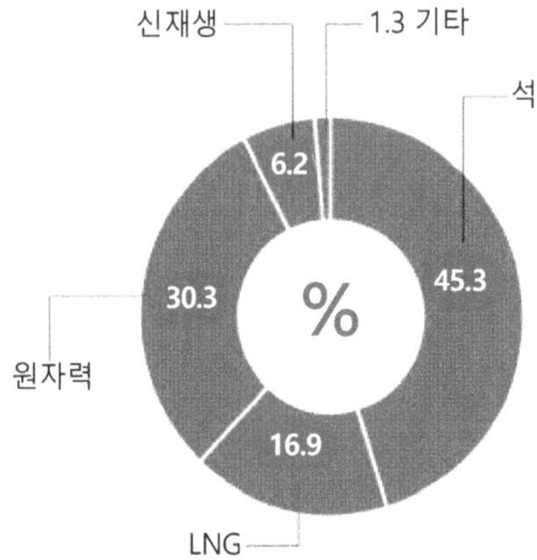

그림 1-21 국내 에너지원별 전력 생산 비중(2017)

(4) 에너지 이용 효율의 증대로 에너지 절약

가솔린 자동차는 총 에너지 효율이 16%인 데 비해 전기자동차는 31%로 에너지 효율이 2배정도 높아 에너지 절약 효과가 크다.

또한 전기자동차는 충전 시 심야의 잉여전력을 사용할 수 있어 고가의 발전 설비를 효율적으로 활용할 수 있다는 장점이 있다.

(5) 자동차 수출 확대와 새로운 시장 개척

우리나라의 자동차 산업은 80년대 이후 크게 신장되어 왔으나, 최근 기술 경쟁력 약화로 성장속도가 둔화되고 있는 실정이고, 미국의 경우 대기보전법이 발효되어 2003년부터 일정비율의 전기자동차 판매를 의무화하고 있는 등 세계적으로 환경문제가 강화되고 있다. 따라서 앞으로 자동차 수출의 확대를 위해서 전기자동차 개발이 필수적이다.

그 외 전기자동차는 조작이 간단하고 대기 온도에 무관하게 확실히 시동이 되며, 엔진의 진동이 없어 차량수명이 길어 경제성이 좋고, 운전이 용이한 등의 장점을 갖고 있어 개발이 필요하다.

수소연료전지자동차 연료탱크에 총을 쏘면 폭발할까?

- 수소연료전지자동차 연료탱크에 총을 쏘면 폭발할까? 정답은 `NO`
- 영화에 자주 등장하는 차량 화재 및 폭발 장면의 주인공은 대부분 가솔린차량이다. 가솔린차는 사고 시 연료탱크에서 기름이 누출되고, 흘러내려 고인 기름에 불이 붙는 순간 엄청난 화염과 함께 차량이 폭발한다. 이것은 가솔린 자동차 연료탱크에 가득 차 있는 유증기(기름방울이 안개 형태로 공기 중 분포돼 있는 것) 때문이다. 유증기는 작은 불꽃에도 쉽게 불이 붙어 주유소 폭발 사고 원인으로도 가장 많이 꼽히는 물질이다.
- 반면 수소는 1초에 24 m를 날아갈 정도로 워낙 가볍고 확산이 빨라 가솔린차와 같은 폭발이 일어나기 어렵다. 인화점, 자연발화점, 독성, 점화에너지 등 한국산업안전공단이 평가한 상대적 위험도를 보면 수소가 가장 낮고, 메탄, 프로판, 가솔린 순으로 높게 나타났다. 즉 우리가 매일 사용하는 도시가스인 메탄보다도 안전하다. 이 같은 이유로 유럽에서는 CNG(압축천연가스)차와 LPG(액화석유가스)차는 지하주차장을 이용하지 못하지만 수소연료전지자동차는 허용하고 있다.

- 수소연료전지자동차 운행을 위해서는 수소충전소가 필수인데, 지금까지 운영 중인 수백개의 수소충전소는 안전에 민감한 선진국 도심에 위치하고 있고, 가장 많은 수소연료전지자동차를 운행 중인 나라가 미국이라는 점도 되새겨 볼 필요가 있다.

1-5 친환경 자동차 시장 전망

친환경 전기자동차의 확산이 거스를 수 없는 대세로 자리잡고 있다. 세계 각국 정부의 자동차연비 및 배기가스 규제가 갈수록 강화되면서 전기자동차의 입지는 갈수록 확고해질 전망이다. 당분간 하이브리드형의 전기자동차가 주류를 이루겠지만, 향후 10년 후면 전기로만 가는 자동차의 비중이 이에 못지않게 높아질 것이다.

이러한 전기자동차의 확산과 진화는 자동차산업은 물론 관련 산업에 적잖은 변화의 물결을 예고하고 있다. 전기자동차의 핵심 부품의 하나인 전지를 둘러싼 공급사슬 구조가 기술 발전과 충전인프라의 영향을 받아 재편될 것이다. 전력산업의 경우 충전인프라는 전력판매의 새로운 수익원이 될 것이며, 이를 지능적으로 관리 운영하는 것과 관련된 산업들이 성장할 것이다. 전기자동차 확산으로 인해 명암이 나뉘는 분야도 있을 것이고, 사업모델이 새로운 형태로 진화할 수 있는 영역도 있을 것이다. 기업들로서는 이러한 변화의 흐름을 잘 간파하고 기술 개발이나 인프라 구축, 사업모델 개발 등 다각적인 측면에서 미리 대응하는 노력이 필요하다.

선진 각국 정부들이 내놓은 2020년 온실가스 배출 기준은 현재의 내연기관 자동차의 효율 증대로는 도저히 달성할 수 없는 목표로 평가되고 있다. 배기가스가 전혀 없는 자동차를 라인업에 추가시켜 생산, 판매해야만 도달할 수 있는 목표라는 이야기다.

결국, 공급 측면에서 전기자동차의 확산은 앞으로 자동차산업의 대세로 보인다. 정부 정책 환경이 자동차 기업들로 하여금 전기자동차 개발과 출시에 압력을 넣고 있으며, 자동차 기업들도 이를 따를 수밖에 없는 입장이다. 미국에서는 2016년까지 적용될 연비 기준과 배기가스 배출량 정책을 확정 발표하였다. 여기서 미국 정부는 캘리포니아 주정부,

그림 1-22 전기자동차 판매량 전망

환경보호단체, 자동차 기업 등 연비 및 온실가스 규제와 관련한 이해관계자들의 합의를 통해 결정된 사항이라는 것을 강조하였다. 향후 일관된 정책 추진을 예상할 수 있다.

문제는 모든 국가가 파리협약에 따른 국가별 탄소 배출량 감축 목표를 달성하더라도 '2100년 지구 평균 온도 상승폭을 산업화 이전 대비 섭씨 2도 이하로, 최대 1.5도 이하로 낮추겠다'는 파리협약의 궁극적인 목표가 실현될 수 없다는 점이다. 유엔은 2100년 온도 상승폭을 산업화 이전 대비 1.5도 이하로 제한하려면 2020년 이후에는 세계 탄소 배출량이 감소세로 접어들어야 하고, 2030년에는 현재보다 55% 줄어든 240억 t까지 줄어야 한다고 분석했다.

그러나 모든 국가가 파리협약에 따른 탄소 감축 목표를 최대로 달성하더라도 2030년 탄소 배출량은 530억 t이 되는 것으로 나타났다. 이상과 현실의 격차가 무려 290억 t에 이르는 셈이다. 이에 따라 탄소 감축뿐만 아니라 이미 배출된 탄소를 적극적으로 제거하기 위한 노력이 절실하다는 지적이 나온다.

자동차 배기가스 규제가 강화되면서 자동차기업들이 선택할 수 있는 대안은 기존 내연기관의 효율을 대폭 향상시키던가, 클린 디젤이나 전기자동차의 생산 비중을 높이던가 하는 것으로 좁혀진다. 내연기관 자동차의 이산화탄소 배출을 현재보다 30%~40%만큼 줄이기 위해서는 소형 경량화, 파워트레인 개선, 혁신적 직접 연료분사 기술 등과 함께

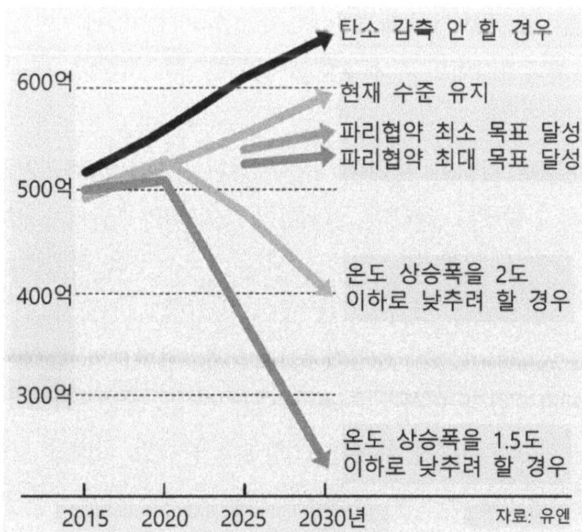

그림 1-23 세계 탄소 배출량 예측(단위 : t)

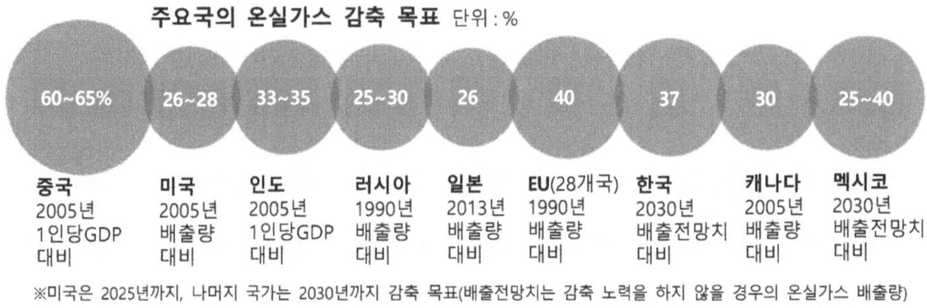

그림 1-24 주요국의 온실가스 감축계획

하이브리드 기술이 꼭 필요하다. 전기 모터와 내연기관 엔진의 작동 특성을 살펴보면 저속에서는 전기모터가 내연기관보다 훨씬 출력이 좋다. 고속에서는 상황이 역전된다. 현 내연기관 연비의 대부분은 저속 주행 시 잃어버린다. 그렇기 때문에 전기모터와 내연기관 엔진을 조합할 경우 출력과 연료 효율을 동시에 높일 수 있게 되는 것이다.

전기자동차는 향후 자동차 관련 기술 및 산업구조를 근본적으로 변화시킬 것으로 예상되고 있다. 전기자동차의 생산 및 보급이 본격화되면 세계 자동차산업의 판도가 새롭게 재편될 전망이다. 특히 최대 자동차 수요시장인 중국이 전기자동차 개발에 박차를 가하면서 그동안 전기자동차에 소극적이던 주요 완성차 업체들이 경쟁적으로 전기자동차 개발에 나서고 있는 등 친환경차와 관련된 새로운 판도가 빠르게 진행되고 있다. 또한 각국 정부는 미래 자동차산업의 경쟁구도를 좌우할 전기자동차 부문에서 관련 정책들을 적극적으로 추진하고 있다.

새로운 전기자동차 시대의 도래에 따른 기술 간, 산업 간, 경쟁국 간 급속한 재편에 대처하기 위해서는 새로운 전략과 인프라가 요구된다. 전기자동차의 경쟁우위 확보 및 시장선점, 기술 도입을 위해서는 정부의 역할이 무엇보다 중요하다. 중국정부는 기존 내연기관차에서의 경쟁열위를 친환경차를 통해 만회하고 선도자 기회를 얻기 위해 적극적으로 나서고 있다. 주요국들은 중앙정부, 지자체, 기업간의 협력시스템을 구축하고 자동차산업의 기술 패러다임의 변화에 부응해 연관 산업, 대중소기업, 대학 및 연구소가 능동적으로 참여할 수 있는 개방형 생태계를 조성하여 동반 성장을 유도하고 있다.

우리나라 자동차산업도 빠르게 진전되고 있는 전기자동차 시장에 대응하여 시장을 선점하기 위해서는 업체들의 개발의지와 더불어 정부가 전기자동차 관련 표준이나 정책을 만들고 전기자동차 보급 확산을 위한 보조금 마련과 인프라 구축 등 많은 노력이 필요하다.

전기자동차 주행거리에 대한 불편한 진실

- 몇 년 전까지만 해도 아직 실험용에서 벗어나지 못하고 있었던 전기자동차를 단숨에 상업용으로 양산하여 전기자동차의 대중화를 이끈 테슬러의 비결은 무엇일까?
- 테슬러 이전의 전기자동차는 전지 충전용량이 작아서 태양열 전기자동차처럼 차체를 가볍고 작게 제작해야만 했다. 저용량의 전지를 장착한 결과 당연히 출력이 낮고 1회 충전 후 주행거리도 짧아서 최고속도는 고작해야 40~60 km/h, 주행거리도 고작 수십 km에 불과했다.
- 그런데 테슬러는 달랐다. 그들은 대체 왜 전기자동차는 작고, 저속이어야만 하는가, 그냥 기존 내연기관 자동차처럼 크고 빠르게 만들지 못할 이유가 뭔가, 라며 획기적이면서도 간단한 해결책을 내놨다. 그런데 그 해결책이란게 너무 단순하고 간단한 것이라서 이제까지 왜 아무도 이런 시도를 하지 않았는지 허탈할 지경이다.
- 그 비결은 그냥 차체를 크게 만들어서 전지 장착량을 늘렸다. 전지 장착량이 늘어나니까 출력이 세지고, 1회 충전 후 주행거리도 획기적으로 늘어났다.

[배터리 용량과 주행거리]

구분	1회 충전주행거리(Km)	배터리용량(KWh)
BMW i3	132	21
닛산 리프	132	24
테슬라 모델3	354	55
GM 볼트(Bolt)	383	60
테슬라 모델s P100D	594	100
루시드 에어	643	130

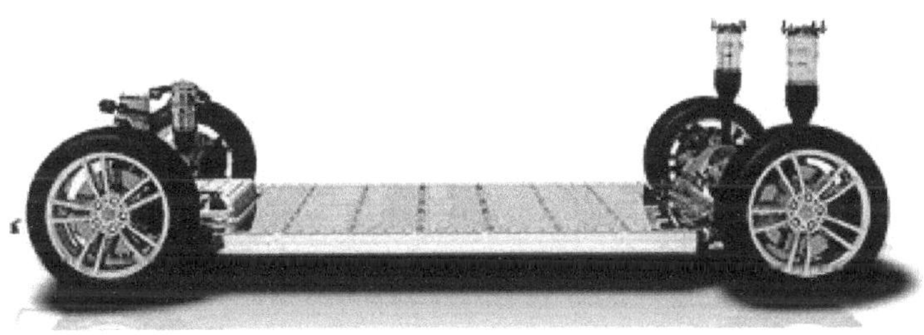

테슬라 모델 S의 배터리 팩 배치도

새로운 전기자동차 시대의 도래에 따른 기술 간, 산업 간, 경쟁국 간 급속한 재편에 대처하기 위해서는 새로운 전략과 인프라가 요구된다. 전기자동차의 경쟁우위 확보 및 시장선점, 기술 도입을 위해서는 정부의 역할이 무엇보다 중요하다. 중국정부는 기존 내연기관차에서의 경쟁열위를 친환경차를 통해 만회하고 선도자 기회를 얻기 위해 적극적으로 나서고 있다. 주요국들은 중앙정부, 지자체, 기업간의 협력시스템을 구축하고 자동차산업의 기술 패러다임의 변화에 부응해 연관 산업, 대중소기업, 대학 및 연구소가 능동적으로 참여할 수 있는 개방형 생태계를 조성하여 동반 성장을 유도하고 있다.

우리나라 자동차산업도 빠르게 진전되고 있는 전기자동차 시장에 대응하여 시장을 선점하기 위해서는 업체들의 개발의지와 더불어 정부가 전기자동차 관련 표준이나 정책을 만들고 전기자동차 보급 확산을 위한 보조금 마련과 인프라 구축 등 많은 노력이 필요하다.

1-6 수소연료전지자동차의 활성화

전 세계가 친환경 에너지 정책에 고심하고 있는 가운데 수소에 대한 관심과 기대가 부쩍 커지고 있다. 수소는 온실가스 배출을 줄이고 경제적 효용성 측면에서도 가치가 높아 차세대 친환경 에너지원으로 각광받고 있다.

수소연료전지자동차와 전기자동차 모두 기본적으로 전기를 동력원으로 사용하기에 둘을 혼동하는 경우가 많다. 그러나 전기자동차와 수소연료전지자동차는 동력원으로 사용하는 전기를 얻는 방식에서 분명한 차이를 보인다. 먼저 전기자동차는 차량에 탑재된 배터리에 '전기를 직접 충전'시킨다. 그에 비해 수소연료전지자동차는 차량에 탑재된 수소탱크에 '수소를 충전'시키면 수소를 연료로 자체적으로 전기를 발생시켜 차량의 동력으로 삼는다.

2015년 12월, 2020년 만료 예정인 교토의정서를 대체하는 파리협정이 채택된 후 수소 연료전지차에 대한 필요성이 증대되고 있다. 2017년 1월에 열린 다보스포럼에서 아시아, 유럽, 미국의 주요기업 CEO와 국가정책 담당자로 구성된 '수소협의체'를 설립하였다.

그림 1-25 전기자동차와 수소연료전지차의 구분

수소연료전지차는 경제적 효과, 에너지 수급, 친환경 측면 등에서 많은 장점을 가지고 있다.

① 고효율성 :

이론상 수소에너지의 효율성은 85%로서, 가솔린 엔진 27%, 디젤 엔진 35%와 비교하여 매우 높은 수준

② 에너지 수급 용이성 :

리튬이온 배터리를 널리 사용하는 전기자동차의 경우 리튬자원 고갈의 위험이 있으나, 수소의 원료가 되는 물은 비교적 쉽게 획득이 가능

③ 친환경 에너지 :

지구 온난화의 원인이 되는 배기가스를 배출하는 가솔린 엔진과 달리 물을 방출하는 친환경 에너지 사용

④ 대형차 적용가능 :

연료 무게가 상대적으로 가볍기 때문에, 소형/중형차 중심인 전기자동차에 비하여 대형차에도 적용 가능한 이점이 있음

⑤ 높은 주행거리 :

높은 주행거리는 수소연료전지자동차의 대표적인 장점으로, 1회 충전 시 주행가능 거리는 도요타 Mirai의 경우 480 ㎞, 현대 넥쏘의 경우 609 ㎞ 수준

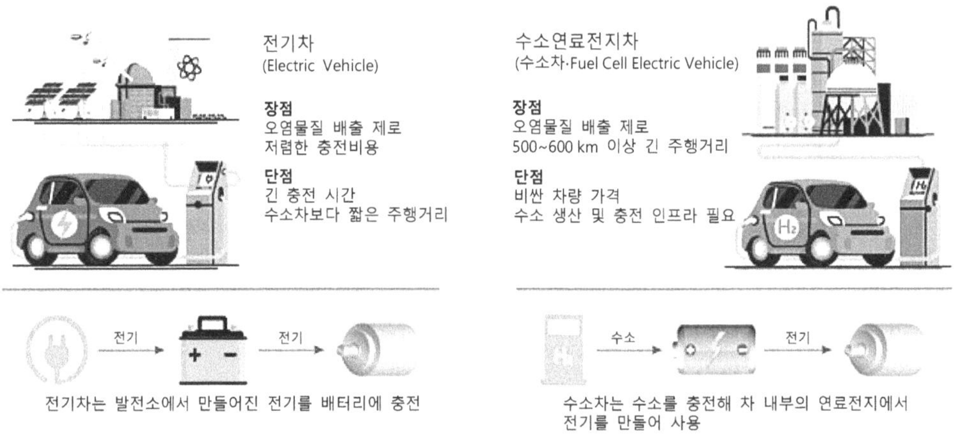

그림 1-26 전기자동차와 수소연료전지자동차의 구동원리

(1) 비용

차량 가격과 유지비라는 비용 측면에서, '전기자동차'가 수소연료전지자동차에 우위를 점하고 있다. 전기자동차에 활용되는 배터리 관련 기술의 상용화로 인한 전기자동차 제작 비용의 절감과 수소 충전보다 전기 충전이 더 저렴하다는 점을 이유로 들 수 있다.

(2) 충전속도

'수소연료전지자동차'는 완충을 하는 데 불과 5분 정도밖에 걸리지 않는 확연히 빠른 충전속도를 보인다. 이에 비해 전기자동차는 급속 충전의 경우에도 최소 30분가량 소요된다는 점이 단점으로 꼽힌다.

(3) 인프라

현시점에서 인프라 구축 측면에서는 '전기자동차'의 인프라가 훨씬 널리 상용화되어 있는 상황이다. 그렇지만, 정부 차원에서 수소연료전지자동차의 인프라를 구축하려고 시도하고 있다는 점 역시 눈여겨볼 만하다.

(4) 최대 주행거리

최신 전기자동차들의 최대 주행거리가 400 Km 정도인 데 비해, 수소연료전지자동차는 600~700 Km 수준으로 가솔린 차량과도 비슷한 최대 주행거리를 갖는다.

(5) 최대출력

전기자동차의 동력원이 되는 리튬배터리의 뛰어난 방전 성능을 통해, 전기자동차는 매우 우수한 순간 출력을 보인다. 이에 비해, 수소연료전지자동차는 차량 자체에서 전기를 발전시키는 방식으로 작동하기 때문에 많은 에너지를 단시간에 소모해 속력을 올리는 기능은 전기자동차보다 다소 뒤떨어진다는 한계를 가진다.

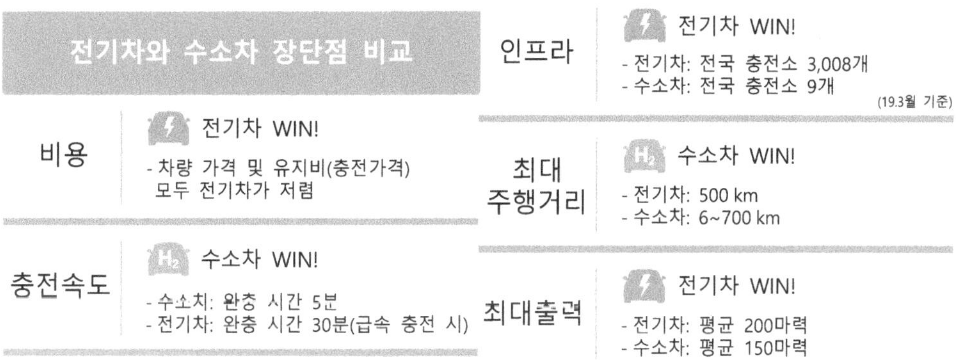

그림 1-27 전기자동차와 수소연료전지차의 장단점 비교

미래차 기준은 수소연료전지자동차가 될 것인가, 전기자동차가 될 것인가. 각각의 장단점이 갈리는 만큼 의견도 분분하다.

우선 수소연료전지자동차는 완전 무공해 친환경 차량이다. 수소와 산소를 결합해 전기에너지를 생성해서 전기모터를 돌려 구동하는데, 이 과정에서 공기를 정화시키고 물만 생성된다. 현재 사용되는 수소는 천연가스에서 추출한 수소 및 석유화학 산업에서 부산물로 나온 부생수소이다. 즉 석유 에너지원의 한계를 벗어나지 못했다는 기술적 한계가 있다.

물을 전기분해해 수소를 얻는 수전해방식이 상용화된다며 완전한 무공해 에너지원이 될 수 있다. 전기자동차는 전기 충전으로 구동하지만, 그 전기를 만들기 위해 석유 등의 에너지가 사용된다는 점에서 완전한 무공해 친환경 에너지원이라고 할 수 없다.

수소연료전지자동차의 구동방식은 고압으로 압축된 수소를 연료저장탱크에 충전했다가 수소연료전지에서 산소와 결합시켜 전기화학 반응을 일으킨다. 이 과정에서 전기에너지가 생성되고 전기모터를 돌려 자동차가 움직인다. **수소저장탱크와 수소연료전지가 가장 핵심 요소다. 전기자동차의 핵심이 배터리인 것과는 차이가 있다.**

동력성능 측면에서 직접적인 비교에 무리가 있지만 큰 차이는 없다. 다만 최고출력에서는 전기자동차가 강점을 보인다. 수소연료전지자동차인 현대차 넥쏘의 경우 최고출력 160마력, 최대토크 40.8 kg·m이지만, 전기자동차인 현대차 코나는 최고출력 204마력, 최대토크 40.3 kg·m이다.

가장 큰 차이점은 주행거리와 충전 부분이다.

수소연료전지자동차인 넥쏘의 경우 1회 충전 시 주행거리가 609 km에 이른다. 전기자동차 코나가 406 km인 것에 비하면 제법 큰 차이다. 장거리 주행에 부담이 없다는 얘기다.

충전시간도 수소연료전지자동차는 완충까지 5분 밖에 소요되지 않는다. 휘발유나 디젤을 주유할 때 시간과 별 차이가 없다. 전기자동차 코나는 80% 완충까지 54분이 소요된다. 이 역시 급속충전기를 사용할 때 시간이다. 실질적으로 이동 중에 충전은 불가능하고 집이나 사무실, 특정한 거점에서 상당시간 머무를 때에만 충전할 수 밖에 없는 것이다.

반면에 **수소연료전지자동차는 충전소가 절대적으로 부족한 상황에서 충전소에서만 충전이 가능하다는 단점이 있다.** 전기자동차는 전기 콘센트를 이용할 수 있어 상대적으로 충전 장소가 다양하다.

충전비용도 전기자동차가 저렴하다. 현재 수소연료전지자동차의 수소 충전비용은 km당 약 73원이지만, 전기자동차는 km당 약 25원에 불과하다. 차량 가격 역시 전기자동차가 부담이 적다.

정리하자면 **수소연료전지자동차는 무공해 친환경 차량으로, 주행거리가 길고 충전시간이 빠르다는 강점을 갖췄다. 반면 충전소 부족으로 편의성이 떨어지고, 충전비용과 차량 가격이 비싸다는 단점이 있다. 수소연료전지자동차는 풍부하고 친환경적인 수소가 향후 에너지원으로 가장 유용할 것으로 판단된다.**

[표 1-6 전기자동차와 수소연료전지자동차의 비교]

구분	전기차(EV)	수소차(FCEV)
핵심요소	· 배터리	· 수소연료전지 사용 + 수소저장탱크
구동방식	· 외부에서 전기에너지 충전	· 부생수고와 산소를 결합해 전기에너지 생성
가격	· 3933만원(테슬러 모델3)	· 6890만원(현대차 넥쏘)
주행거리	· 354 km	· 609 km
충전방식	· 전기충전(콘센트이용가능)	· 수소충전(충전소에서만 가능)
충전시간	· 20분~8시간	· 3~5분
운용비	· km당 25원	· km당 73원
최고속도	· 시속 209 ㎢	· 시속 177 ㎢
장점	· 저렴한 가격 · 충전 인프라(상대적)	· 짧은 충전시간 · 긴 주행거리 · 무공해(대기중 미세먼지제거/상대적)
단점	· 배터리 한계(짧은주행거리) · 화석연료 전력생산 · 배터리용 원자재(리튬,코발트)고가 · 온도에 따른 성능 저하	· 높은 수소 생산단가 · 충전인프라 미비 · 고가의 차량 · 사회적 수용성 · 연료전지용 백금 촉매 가격

수소가 위험하다는 것은 편견

- 간혹 수소에너지를 사용하는 자동차나 발전기관이 폭발할 가능성에 대하여 우려하는 시각이 존재한다. 수소폭탄을 연상하는 경우도 간혹 있는데, 수소폭탄은 수소와는 실질적인 관계가 없는 삼중수소를 핵분열을 통하여 작동하는 것이므로 전혀 수소에너지와는 관계가 없다. 특히 자동차에 수소에너지를 사용할 경우 교통사고가 발생할 경우 폭발하는 것이 아닌가 우려하는 경우가 많은데, 수소는 워낙 밀도가 낮기에 빠르게 하늘로 올라가며 사라지는 성질을 갖고 있다. 사고가 나서 연료탱크에 불이 붙더라도 수소사고의 경우는 불길이 빠르게 하늘로 올라간 후 사그라지는 특성을 갖기에 실제 우려하는 폭발 위험은 낮다고 각 연구결과에서 밝히고 있다.

수소전기차, 안전한 이유

- 수소폭탄은 '이중수소', 수소전기차는 '수소분자' 완전히 달라
- 공기 중 수소 4~75% 존재시 폭발해 특성상 가능성 희박
- 수소 자연발화 섭씨 575도로 휘발유(500도) 등 보다 높아
- 수소탱크 제원 '철보다 10배 강한' 탄소섬유강화플라스틱
- 수소탱크 수심 7000 m 고압서도 견뎌
- 수소탱크 700기압(bar) 압력 방출시 오히려 소염 효과

석유자원 고갈, 지구온난화 등 유한한 자원과 환경보호라는 글로벌 명제아래 세계 자동차 메이커는 친환경자동차인 전기자동차에 대한 관심이 날로 높아지고 있다. 이러한 시점에서 22세기를 바라보면서 산업시설 및 수송수단의 무공해 특성을 가진 친환경자동차의 개발은 필연적이다.

2

친환경 자동차 종류

2-1 친환경 자동차의 구분

2-2 하이브리드 전기자동차(HEV)

2-3 플러그 인 하이브리드 전기자동차(PHEV)

2-4 배터리 전기자동차(BEV)

2-5 연료전지 전기자동차(FCEV)

2-6 친환경 자동차의 비교

친환경자동차는 내연 엔진과 전기자동차의 축전지 엔진을 동시에 장착하거나, 차체의 무게를 획기적으로 줄여 공기의 저항을 최소화하는 등 기존의 일반 차량에 비해 연비 및 유해가스 배출량을 획기적으로 줄인 차세대 자동차를 말한다.

전기자동차나 수소연료전지자동차는 유해가스를 기존의 차량보다 90% 이상 줄일 수 있고, 대도시의 공기와 주변 환경을 개선할 수 있으며, 교통통제·도로계획 등과도 잘 맞기 때문에 친환경자동차(Eco-car)라고도 부른다.

하이브리드 전기자동차는 엔진+모터와 같이 두 개 이상의 동력원을 가진 자동차로 정의될 수 있고, 전기자동차는 순수 축전지를 사용하는 자동차로 정의될 수 있다. 특히 전기자동차는 배기가스가 전혀 배출되지 않으며, 내연기관에 비해 부품수가 현저히 감소하고 낮은 속도에서도 더 높은 토크를 낼 수 있다. 궁극적으로는 하이브리드 전기자동차가 전기자동차의 과도기적 성격을 지니고 있다는 점에서 전기자동차를 하이브리드 전기자동차를 포함한 넓은 의미로 쓰기도 한다.

그림 2-1 친환경자동차

2-1 친환경자동차의 구분

그림 2-2 친환경자동차의 종류

친환경자동차 구분

- 친환경자동차를 5종류로 나누어 보면 HEV, PHEV, EV, NEV, FCEV로 나눌 수 있다.
- **HEV(Hybrid Electric Vehicle)** : 하이브리드 전기자동차. 일반적인 내연기관과 모터 그리고 축전지가 장착되어 화석연료의 에너지와 전기에너지를 사용하여 구동되는 형식의 자동차로서, 기존 내연기관 자동차에 비하여 연비가 높고 공해물질 및 이산화탄소의 배출량이 적은 것이 장점이다. 엔진과 모터 그리고 구동축의 연결방식에 따라 크게 직렬/병렬/직병렬 방식으로 구분할 수 있으며 구동축과 전기코터가 직접 연결되어 잇는 방식이면 직렬, 구동축에 전기모터와 엔진이 같이 연결되어 있으면 병렬, 그때 그때 전기모터, 엔진, 모터+엔진의 방식으로 구동할 수 있으면 직병렬 방식으로 분류된다. 병렬형 HEV를 기준으로 장점을 설명하자면, 가속 또는 등판시엔 모터에서 동력을 보조 받을 수 있기 때문에 동급의 엔진이라도 일반차량에 비해 가속/등판력이 좋으며 감속시엔 버려지는 에너지를 모터가 회생시켜 축전지를 충전하고 자동차가 정지시엔 엔진이 정지할 수 있어 연비 개선 및 이산화탄소 배출 저감효과가 있다.
- **PHEV(Plug-in Hybrid Electric Vehicle)** : 가정이나 충전소에서 쉽게 충전 할 수 있는 전기플로그가 장착되어 있는 하이브리드 전기자동차를 의미하며, 가정 등에서 충전한 전기로 주행을 하다가 충전된 전기를 소모해 감에 따하 엔진을 동작시켜 추가로 전기에너지를 보충시키는 방식으로, 충전된 전기로 주행하는 구간에서는 EV와 같이 오염물질 및 이산화탄소 배출량이 없으며 엔진을 동작시켜 운행하는 구간에서도 HEV와 같은 높은 연비와 저공해 주행이 가능하다. 현재 출퇴근용 정도의 거리는 전기자동차모드로 주행이 가능하다고 하다. HEV와 비교하여 상대적으로 큰 축전지 용량이 요구되며, EV의 과도기적 기술로서 상용화가 계획되고 있다.

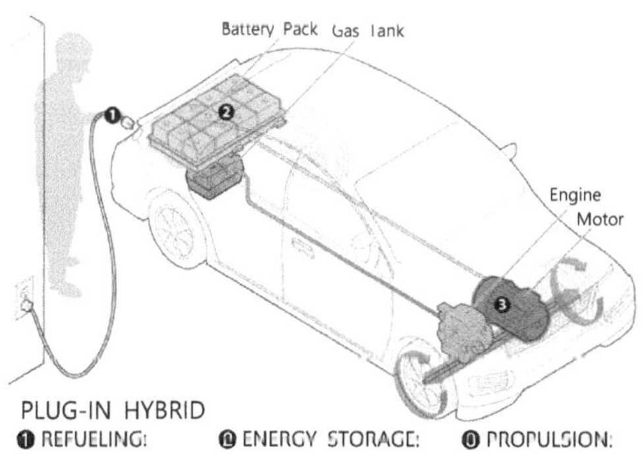

- **EV(Electric Vehicle)** : 내연기관 없이 모터와 축전지가 엔진과 화석연료의 역할을 대신하는 자동차를 말하다. 주행시 오염물질 및 이상화탄소배출량이 없어 무공해차량으로 불리며 이러한 특징들 때문에 HEV, PHev와 같은 과도기적 혹은 혼합식의 구조는 향후 축전지 기술의 발전에 따하 사라지고 EV화 될 것으로 기대되고 있다. 많은 완성차 제조업체들과 신생 벤처기업들에서 전기자동차를 출시하거나 이를 계획하고 있으며 작년 일본에서 i_MEV라는 전기자동차가 첫 상용화 되었다.

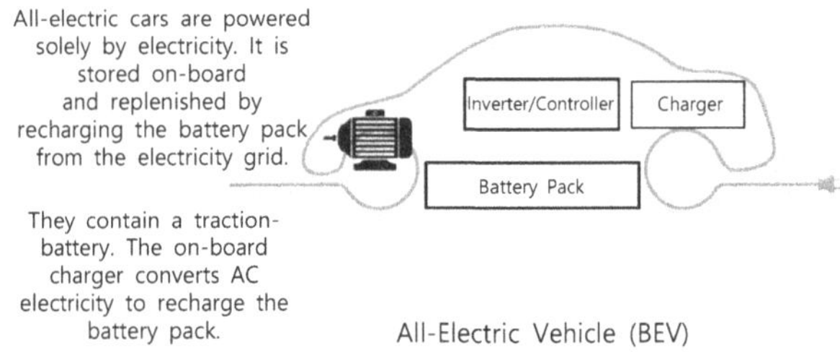

All-Electric Vehicle (BEV)

- **NEV(Neighborhood Electric Vehicle)**: 저속전기자동차라 불린다. 저속전기자동차는 아직은 부족한 축전지의 용량과 비싼 가격에 대응하기 위한 시도로써 PHEV와는 접근 방법을 달리한다.

NEV

- **FCEV(Fuel cell Electric Vehicle)** : FCEV는 EV의 배터리가 갖는 문제점을 극복하는 과정에서 나온 것이다. 사실 EV는 배터리문제만 극복되면 세상에서 가장 완벽한 자동차이다. 배터리문제란 가볍고, 부피가 작고, 반영구적이며 값이 싼 배터리를 만들어야 한다는 것이다. 여기에 무엇보다 충전시간이 짧아야 한다. FCV는 EV의 배터리 충전문제를 해결하기 위해 수소만 공급해 주면 계속 전기가 생산되는 연료전지를 사용한다.

[표 2-1 친환경자동차의 종류 및 특징]

구분	하이브리드차 (HEV)	플러그인 HEV (PHEV)	전기자동차 (EV)	연료전지차 (FCEV)
동력계 구조		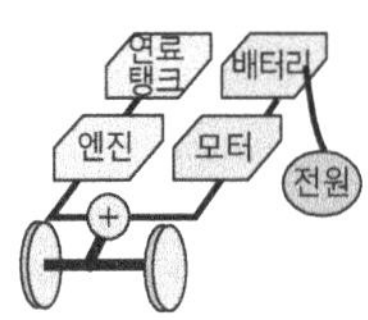		
구동원	· 엔진 + 모터	· 모터 · 엔진(방전시)	· 모터	· 모터
에너지원	· 화석연료 · 전기	· 전기 · 화석연료(방전시)	· 전기	· 수소

특 징	• 구동시내연기관/모터 적절히 작동시켜 연비 향상 • 별도 인프라 필요 없음 • 배터리 전용 주행 5km내외	• 단거리 전기로만 주행 • 장거리 주행시 엔진 직구동 • HEV대비 배터리 용량 증대(주행거리60km 내외)	• Zero-Emission • 현재 근거리 주행만 가능(400km내외)	• 수소/산소반응으로 전기를 생산하여 모터 구동 • Zero-Emission • 수소탱크, 스택 등 장착(레이아웃불리) • 시스템 고가
구매비용	• 다소 고가	• 다소 고가	• 고가	• 초고가
배터리 용 량	• 0.98 ~ 1.8 KWh	• 4 ~ 16 KWh	• 16 ~ 100 KWh	• 10 KWh 내외
운영비용	• 다소 저비용	• 다소 저비용	• 저비용	• 고비용
운전편의	• 내연기관 대비 • 동일	• 내연기관 대비 • 거의 동일	• 내연기관 대비 • 불편(충전 필요)	• 내연기관 대비 • 불편(수소충전 필요)
적용사례	• 프리우스(도요타) • 시빅(혼다) • 소나타(현대) • K5(기아)	• VOLT(GM) • 프리우스(도요다) • F3DM((BYD) • i8(BMW)	• BOLT(GM) • 모델S(테슬라) • ZOE(르노) • 코나(현대)	• 미라이(도요다) • 클래리티(혼다) • 넥쏘(현대)

친환경자동차는 동력원의 전기화 정도에 따라 구분해 볼 수 있다. 즉 HEV는 동력원으로 전기모터와 내연기관을 동시에 쓰는 자동차, PHEV는 동력원은 전기만 쓰지만 충전에 필요한 내연기관을 내장한 자동차, BEV는 순수 전기로만 움직이는 자동차를 말한다.

[표 2-2 친환경자동차 구분]

구 분	특 징	
하이브리드 전기자동차	Hybrid EV. HEV	동력원으로 전기모터와 내연기관을 동시에 쓰는 자동차
플러그인 하이브리드	Plug-in Hybrid EV. PHEV	동력원은 전기만 쓰지만 충전에 필요한 내연기관을 내장한 자동차
전기자동차	Battery Electric Vehicle. BEV	순수 전기로만 움직이는 자동차.
연료전지자동차	Fuel cell EV. FCEV	연료전지를 통해 얻어지는 전기로 움직이는 자동차

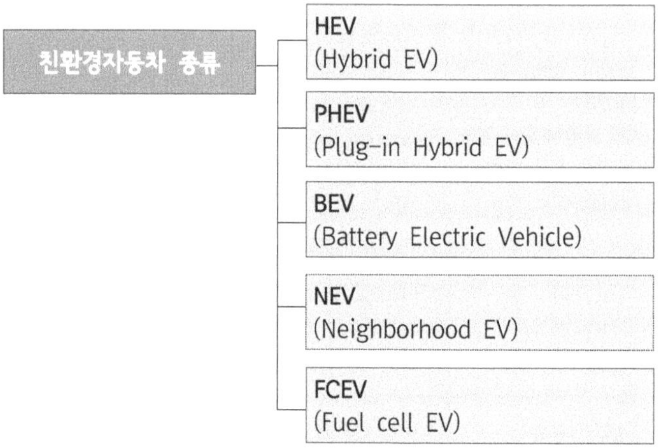

그림 2-3 친환경자동차 종류

① 기존의 엔진과 변속기를 동력원으로 사용하는 내연기관(Internal Combustion Engine)

② 정지시 엔진이 정지되어 연료를 저감하는 Micro(Mild) HEV

③ 기존 엔진에 모터로 보조하는 Soft(Power assist) HEV

④ 전기 모터가 출발과 가속시에만 역할을 하는게 아니라 주행에 주된 역할을 하는 Hard(Full) HEV

⑤ 기본적으로 전기모터로 움직이지만 축전지 범위를 넘어서는 거리는 엔진을 이용해 발전기를 돌리는 방식인 Plug-in HEV

⑥ 순수 축전지로만 운행하는 EV 또는 수소연료전지를 이용하는 FCEV 등의 순서로 구분이 가능하다.

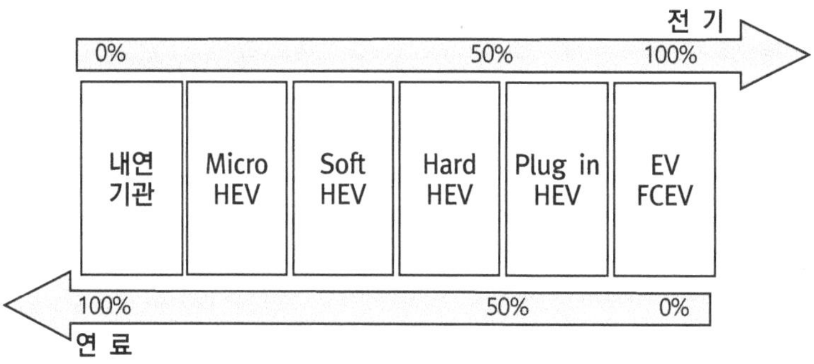

그림 2-4 에너지 사용률에 의한 분류

하이브리드 전기자동차의 경우, 두가지 이상의 동력원을 사용하기 때문에 전기자동차에 비해 여러 가지로 분류가 되는데 동력전달 방식에 따라 직렬형(Series), 병렬형(Parallel), 혼합형(직·병렬형)(Series/Parallel)이 있으며, 모터 사용정도에 따라 Micro(Mild) HEV, Soft (Power assist) HEV, Hard(Full) HEV로 분류된다.

플러그 인 하이브리드 전기자동차(PHEV)기본은 하이브리드 전기자동차 이지만, 축전지 용량을 하이브리드 전기자동차와 전기자동차의 중간 크기로 하고, 비상시에는 다시 충전해 두는 것으로 단거리는 전기자동차로서 활용하는 형식이다. 가정 전원이 이용 가능하고 어디서도 충전 할 수 있다는 간편성을 염두해 둔 방식이다. 트럭에 비해 단거리 이용이 많은 승용차의 특성에 주목하여, 전동 주행을 단거리 이용으로 줄여서 전지 코스트를 줄인 가솔린 자동차와 전기자동차의 하이브리드 방식이다.

PHEV는 하이브리드 전기자동차와 마찬가지로 동력계 구조에 따라 바퀴축과 발전기가 연결된 직렬 하이브리드 시스템(Serial Hybrid System), 병렬 하이브리드 시스템(Parallel Hybrid System), 직병렬 하이브리드 시스템(Serial Parallel Hybrid System)으로 구분된다. 각 방식의 차이는 엔진과 전기모터가 어떤 역할을 맡고 있는지가 핵심이다.

전기자동차에 전기를 공급하는 방법은 무엇이 있을까? 방법은 연료전지와 축전지 두 가지다. 외부로부터 전기를 충전, 저장해야 하는 축전지방식은 수백 파운드의 무거운 축전지팩이 필요한데다 운행거리에 제한이 따르고 3~6년에 한 번씩 축전지를 교환할 때 많은 돈이 든다. 그래서 자동차 업계에서는 연료전지 방식에 더 주목하고 있다. 특히 수소연료전지는 축전지에 비해 작고 가벼우며 빠른 시간에 재충전된다는 것이 장점이다. 또 수증기만을 방출하기 때문에 가장 깨끗한 미래형 동력원이 될 것으로 보인다.

연료전지자동차의 경쟁자인 전기자동차는 엄밀한 의미에서 무공해차로 분류하기는 어렵다. 왜냐하면, 주행시 배기가스를 배출하지는 않지만 화력발전으로 전기를 생산한다면 화석 연료를 사용하기 때문이다. 연료전지(Fuel Cell)는 수소와 산소의 화학반응으로 생기는 화학에니지를 직접 전기에니지로 변환시키는 기술을 이용한 진지이다.

수소 연료전지자동차가 가장 친환경에 가깝지만 아직 개발되어야 할 기술과 생산 단가를 많이 낮춰야 하는 문제점이 있다. 수소 연료전지자동차는 수소 연료 전지로 발전하고 전동기를 구동하는 타입으로 수소를 직접 연소하여 이용하는 수소자동차와는 에너지를 내는 방법이 다르다.

알코올 연료전지자동차는 알코올을 직접 연료전지에 공급하는 방식과, 연료 개질기를 사용하여 알코올에서 수소를 얻어, 수소 연료 전지에 공급하는 방식이 있다. 발전이후의 시스템은, 전동기를 구동하는 전기자동차와 거의 같다. 알코올을 연료로 하여 직접 내연기관에서 연소시키는 자동차와는 다르다.

2-2 하이브리드 전기자동차(HEV)

2-2-1 정의

하이브리드 전기자동차(Hybrid Electric Vehicle, HEV)는 하나의 자동차에 2 종류 이상의 엔진을 장착한 자동차를 말하는데, 가솔린 엔진과 전기모터, 수소연소 엔진과 연료전지, 천연가스 가솔린 엔진과 디젤엔진과 전기모터 등 두 개의 동력원을 함께 쓰는 차를 말한다.

이 자동차는 플라이휠, 축전지, 대용량축전지와 조화를 이루는 연료전지, 가스터빈, 디젤, 가솔린 엔진 등 많은 hybrid 시스템 개념이 있다.

기존 휘발유, 디젤 등의 내연기관 엔진과 전기 모터를 동시에 장착한 형태가 대표적이다. 현재의 하이브리드 전기자동차는 출발 등 저속 주행시 전기 모터를 사용하고 높은 출력이 필요할 경우 내연기관 엔진을 가동시키는 방식이 주류를 이루고 있다.

전기 모터 구동에 필요한 전력은 차량 내에 장착된 2차 전지를 통해 얻는데, 브레이크 페달을 밟을 때 나오는 잉여의 에너지로 충전하거나, 주행시 바퀴의 회전을 통해 충전하는 방식으로 운행 전 오랜 시간 동안 충전해야 하는 전기자동차와 구별된다.

LPG, 천연가스, 알코올 등과 같은 연료는 엔진을 크게 손보지 않아도 되기 때문에 실용화하기 어렵지 않은 반면 태양열을 이용하는 차는 실용화가 어렵다. 빼어난 장점 때문에 집중적으로 수소자동차를 연구하는 메이커도 있지만 기술적으로 가장 기대를 모으는 것은 전기를 이용하는 자동차다.

기존의 화석연료인 가솔린이나 디젤연료를 사용하여 동력을 얻는 엔진과 전기로 구동시키는 전기모터를 결합하여 만들어진 하이브리드 시스템은 현재의 내연기관 엔진에 비하여 배기가스를 현저하게 저감시키고, 저속에서 연비를 좋게 개선하는데 효과가 있다.

하이브리드 전기자동차

- 하이브리드(hybrid)는 잡종, 혼합이란 뜻
- 2개 이상의 동력원을 이용하여 구동되는 자동차
- 동력원
  - 가솔린 엔진 + 전기모터
  - 엔진 + 회생시스템
  - 전기모터 + 회생시스템
  - 가스터빈 + 전기모터
  - 디젤엔진 + 전기모터

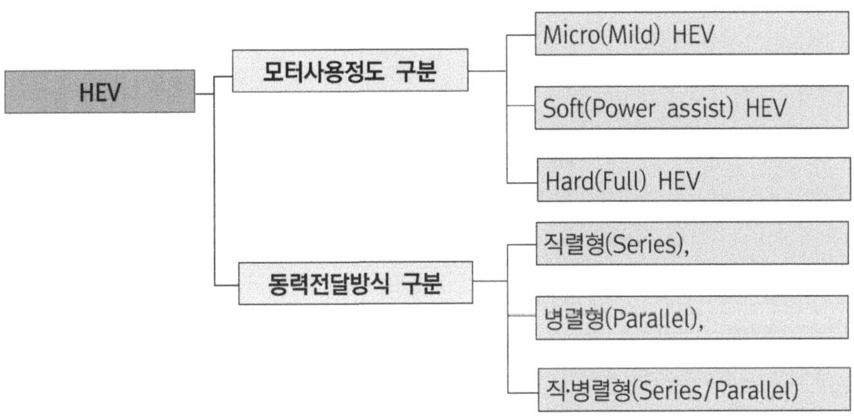

그림 2-5 하이브리드 전기자동차(HEV)의 구분

2-2-2 전기자동차와의 관계

전기 모터와 내부 연소 엔진을 사용하는 전형적인 예가 하이브리드 전기자동차이다. 이 차는 전기로만 작동하도록 고안되지는 않았다. 하이브리드 전기자동차는 전기에너지를 축전지에 충전시켜 사용함으로서 자동차의 에너지사용에서 가솔린 연료사용 부분을 부분적으로 대체하고 있다. 이러한 기술이 하이브리드 전기자동차에 적용된 차량을 하이브리드 전기자동차라 하고 만약 축전지가 외부로부터 충전할 수 없다면, 즉 전기 에너지를 저장할 매체가 없는 차량은 하이브리드 차로 분류된다.

짧은 주행거리와 높은 가격의 문제를 안고 있는 전기자동차에 대한 대안으로 하이브리드 전기자동차(HEV)를 내세우고 있다. HEV는 가솔린과 전기를 함께 동력원으로 사용하기 때문에 연비 개선, 배기가스 저감(가솔린 자동차의 절반수준) 측면에서 긍정적인 평가를 받고 있다. 이러한 HEV도 가솔린 자동차와의 가격 차이를 어떻게 극복하느냐가 관건으로, 2차 전지 탑재량을 EV의 1/3수준까지 낮출 수 있어 연료전지자동차(FCEV)로 가기 위한 징검다리 역할을 할 것으로 기대된다.

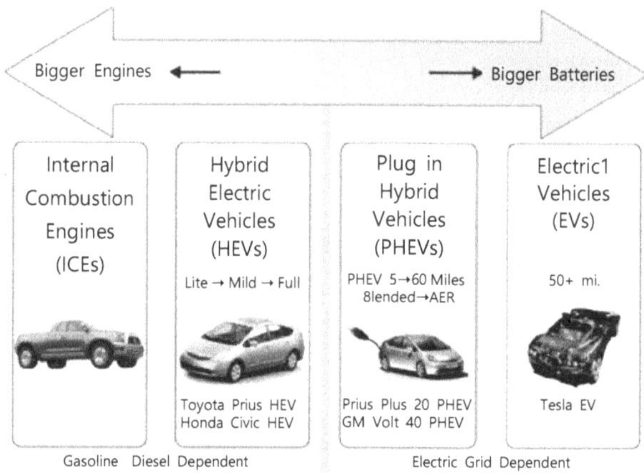

그림 2-6 자동차 구분

[표 2-3 동력원 조합방법으로 분류한 하이브리드 전기자동차]

종 류	동력원	장 점
하이브리드 전기자동차	· 가솔린 엔진 + 전기모터	· 총 주행거리의 확대 · 축전지 중량의 경감 · 에너지 절약
하이브리드 회생자동차	· 엔진 + 회생시스템 · 전기모터 + 회생시스템	· 에너지 절약 · 저 배출가스
하이브리드 가스터빈자동차	· 가스터빈 + 전기모터	· 가스터빈의 연료 다양성 · 열효율과 배출가스 특성
하이브리드 디젤 전기보조식	· 디젤엔진 + 전기모터	· 고 부하시 다량으로 나오는 가스억제

일본 도요타의 프리우스(Prius)와 혼다의 인사이트(Insight)가 HEV의 대표적인 차종으로, 프리우스는 2000년 말 세계 최초로 양산화에 성공하였다. 연료 효율이 높고, 가솔린 엔진과 전기 엔진의 장점만을 결합해 운전하면서 도로와 주변 환경에 알맞게 자동으로 가솔린 엔진과 전기 엔진의 변환이 가능하다.

인사이트는 가솔린 엔진이기는 하지만, 차체를 알루미늄으로 만들어 기존의 차량보다 40% 정도 무게가 가볍고, 세계 최경량인 1리터 린번 VTEC 엔진을 사용해 공기의 저항을 획기적으로 줄였으며, 연비 성능을 입증함으로써 차세대 환경 스포츠카로 자리 잡았다.

하이브리드 전기자동차는 축전지의 전기 외에 통상적인 휘발유/디젤 엔진뿐만 아니라, 화학작용에 의해 전기를 생산하는 연료전지로도 구성할 수 있다. 그러나 연료전지에 관한 기술에 많은 연구가 필요하기 때문에 전통적인 엔진을 보조 에너지원으로 이용하는 경우가 대부분이다. 일반적인 하이브리드 전기자동차는 바퀴를 돌리기 위한 모터, 모터의 회전력을 바퀴에 전달하는 변속기, 모터에 전기를 공급하는 축전지, 그리고 전기 또는 동력을 발생시키는 엔진으로 구성된다.

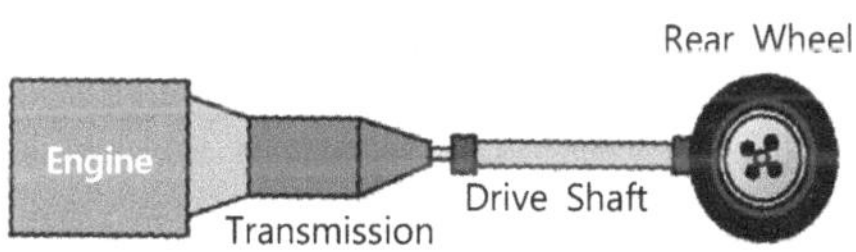

그림 2-7 일반엔진 동력전달 시스템

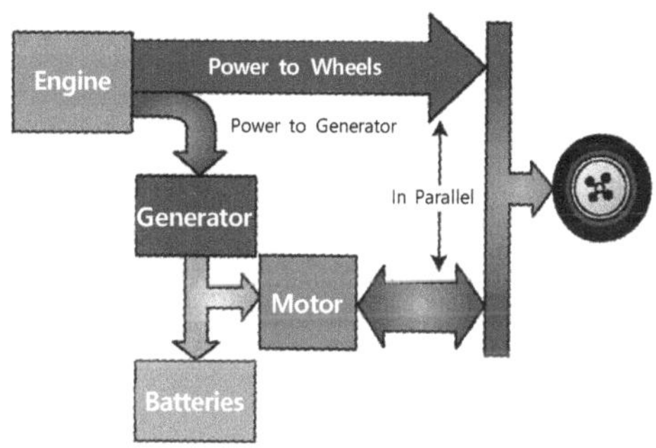

그림 2-8 하이브리드 전기자동차 동력전달 시스템

[표 2-4 하이브리드 전기자동차와 일반차의 비교]

종 류	장 점	단 점
가솔린 자동차	· 주행 성능이 좋다. · 차량가격이 싸다	· 연비가 낮다.
하이브리드 전기자동차	· 연비가 높다(연료소모 50% 감소) · 환경 친화적이다 - HC, CO, NOx 90% 감소 - CO_2 50% 감소	· 정비가 복잡하고 수리비용 높다. · 구조가 복잡해진다. · 가격이 비싸다 · 구동계가 복잡하고 무겁다. · 고압 축전지의 수명이 짧고 비싸다

2-2-3 HEV의 모터 사용 정도에 의한 분류

하이브리드 전기자동차는 모터 사용정도에 따라 Micro(Mild) HEV, Soft(Power assist)HEV, Hard(Full) HEV로도 분류된다.

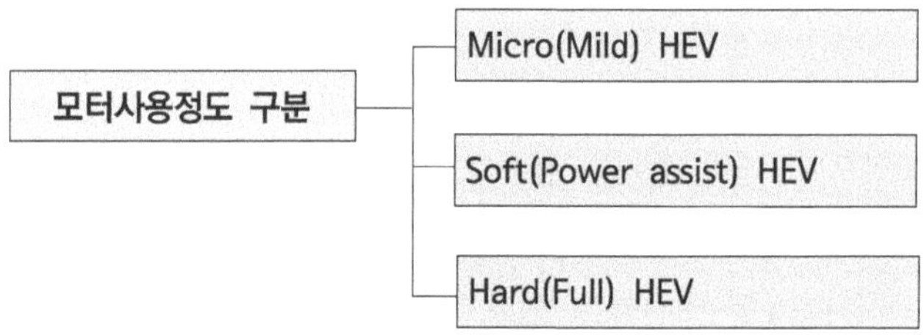

그림 2-9 하이브리드 전기자동차(HEV)의 구분

(1) Micro(Mild) HEV

Micro(Mild) HEV는 공회전시 시동이 자동으로 꺼지고 출발시 엑셀레이터를 밟으면시동이 켜지는 idle stop & go system을 장착한 차량으로 모터는 이때 보조역할만 하는 단순한 시스템이다. 기존의 내연기관에 부착하거나 제약조건이 많은 소형차량에 적합한 방식이다.

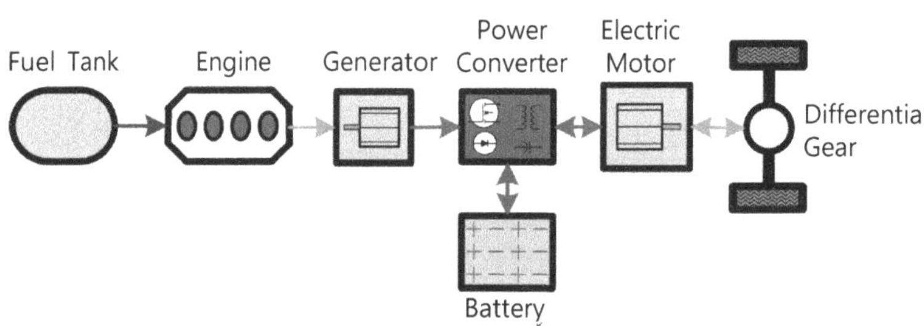

그림 2-10 Micro(Mild) HEV

(2) Soft HEV

Soft HEV의 경우 Micro(Mild) HEV 방식보다는 모터의 보조역할이 더 크다. 대부분의 병렬형 방식이 Soft 타입으로 현대자동차의 아반테 LPI 하이브리드 및 혼다자동차의 시빅 하이브리드와 같이 엔진 + 전기모터 한 개 + CVT로 구성되어 있다. 이 경우 엔진과 변속기 사이에 모터가 삽입되어 있으며 모터가 엔진의 동력 보조역활을 수행하게 된다. 전기모터 단독으로 차를 움직일 수 있지만 모터는 단지 추진의 보조역할을 한다.

Soft 하이브리드 시스템은 전기적인 비중이 적어 가격이 저렴한 장점이 있지만 순수 전기모드 구현이 불가능하여 배기가스 저감 및 연비개선에서 상대적으로 불리하게 된다. Soft 타입은 시동이나 가속순간에만 모터가 엔진을 보조하고 정속 주행 시는 일반 자동차와 동일하게 엔진으로만 구동하는 타입이다. 그래서 하드타입에 비하여 연비가 나쁜 것이다.

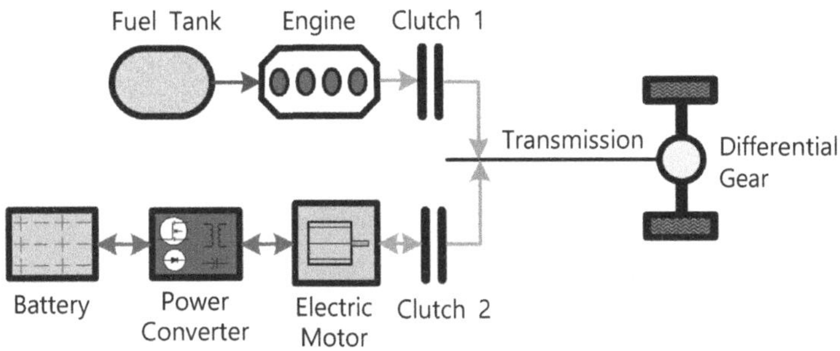

그림 2-11 Soft(Power assist) HEV

(3) Hard(Full) HEV

Hard(Full) HEV은 전기 모터가 출발과 가속시에만 역할을 하는게 아니라 주행에 주되게 사용되는 방식이다. 직렬형과 혼합형(직·병렬형)이 이 방식에 속한다. 도요타의 프리우스가 대표적이며 이러한 방식이 하이브리드의 주류가 될 것으로 보이지만 기술과 비용 측면에서 모든 차량이 Hard(Full) HEV로 가려면 좀 더 기간이 필요해 보인다.

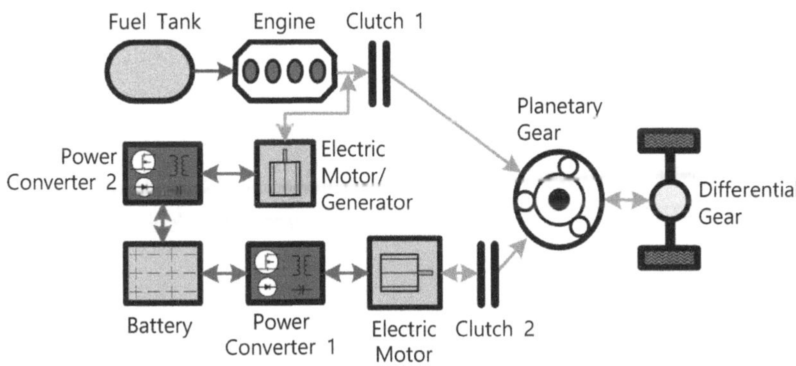

그림 2-12 Hard(Full) HEV

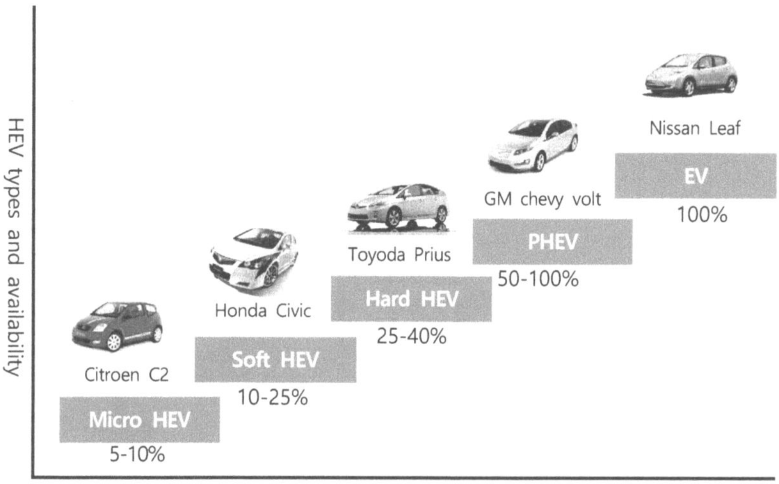

그림 2-13 HEV의 종류별 연료효과 및 CO_2 감소율

Hard 하이브리드는 도요다자동차의 프리우스처럼 엔진에 전기모터 2개를 가지고 있으며 CVT로 구성된 하이브리드 시스템이다. 이 경우 엔진, 모터, 발전기의 동력을 분할/통합하는 기구인 유성기어를 채택하여 효율적으로 동력을 배분하고 있으며 모터 2개가 유기적으로 작동하여 동력보조 역할도 수행하면서 순수 전기자동차로 작동도 가능하다.

Hard 하이브리드 시스템은 대용량 모터와 추가 모터 등 2개 이상의 모터와 제어기가 필요하고 대용량 축전지가 필요하여 soft 타입에 비하여 전용부품이 1.5~2배 이상 고가인 단점이 있지만 회생제동 효율이 우수하고 연비가 좋은 장점도 가지고 있다.

Hard 하이브리드는 저속구간인 약 60 km/h까지 급가속을 하지 않으면 고전압 축전지의 전압을 이용 모터로만 자동차를 구동하는 방식이다. 급가속 순간시에는 엔진 출력을 보조하는 소프트타입과 동일한 작동을 한다.

기존의 Hard 하이브리드 시스템에 대용량 축전지를 추가하고 집에서 축전지를 충전하여 주행하게 되면 스트롱 하이브리드 보다 연료를 적게 소비하면서 멀리 주행하게 되는데 이러한 자동차를 플러그드 인 하이브리드 전기자동차(PHEV)라 한다.

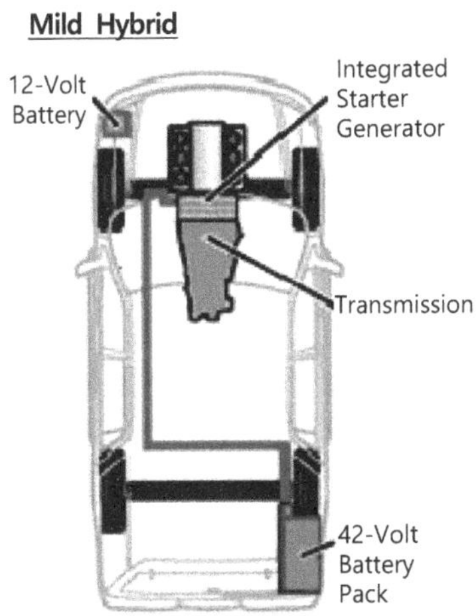

그림 2-14 Mild 하이브리드 시스템

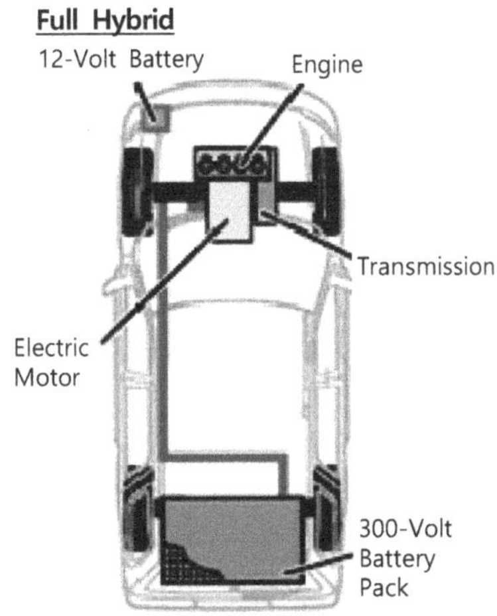

그림 2-15 Full 하이브리드 시스템

[표 2-5 동력원의 전기화 정도에 따른 구분]

구 분		특징	
내연기관		· 기존의 엔진과 변속기를 동력원으로 사용	· 엔진
HEV	Micro(Mild) HEV	· 공회전시 엔진이 정지 · 모터는 보조(재시동)역할만 하는 단순 시스템 · 소형차량에 적합한 방식 · Citroen C2	· 엔진+모터(보조미비)
	Soft(Power assist) HEV	· 기존 엔진에 모터로 보조 · 전기 주행모드가 없다. · 재시동이나 가속순간에만 모터가 엔진을 보조 · 대부분의 병렬형 방식 · 현대 자동차 아반테 LPI HEV 및 혼다 자동차의 시빅	· 엔진(주) + 모터(보조)
	Hard(Full) HEV	· 전기 모터가 출발과 가속시에만 역할을 하는게 아니라 주행에 주된 역할 · (저속시)전기 주행모드가 있다. · 하이브리드의 주류가 될 것 · 직렬형/혼합형(직· 병렬형) · 도요타의 프리우스 대표적 예	· 모터(주) + 엔진(보조)

PHEV(Plug-in HEV)	· 기본적으로 전기모터로 움직이지만 축전지 범위를 넘어서는 거리는 엔진을 이용해 발전기를 돌리는 방식 · 동력원은 전기만 쓰지만 충전에 필요한 내연기관을 내장한 자동차 · 가정용 콘센트를 이용해 자동차를 충전 시키는 구조	· 모터(주)+엔진 (배터리 충전)
BEV	· 순수 전기로만 움직이는 자동차.	· 모터(배터리)
FCEV	· 연료전지에서 발생하는 순수 전기로만 움직이는 자동차.	· 연료전지 +모터

2-2-4 HEV의 동력전달 방식에 의한 분류

하이브리드 전기자동차는 바퀴를 돌리기 위한 모터, 모터의 회전력을 바퀴에 전달하는 변속기, 모터에 전기를 공급하는 축전지, 그리고 전기 또는 동력을 발생시키는 엔진으로 구성된다.

이들 중 엔진과 모터의 연결방식에 따라 ① 직렬형(Series type) ② 병렬형(Parallel Type) ③ 직·병렬형(Series-Parallel type)으로 구분된다.

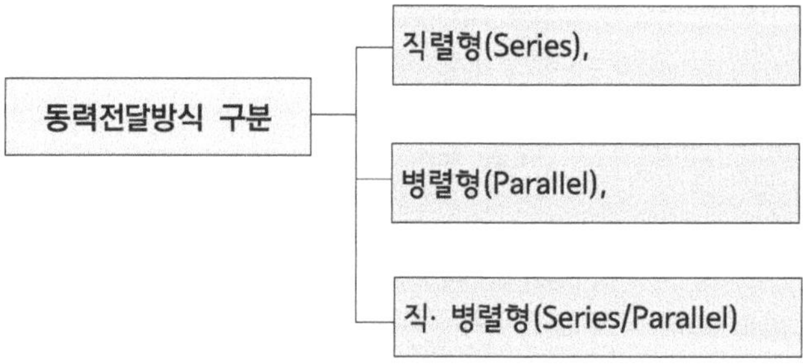

그림 2-16 하이브리드 전기자동차(HEV)의 구분

직렬형과 병렬형은 둘 모두 모터가 바퀴를 돌린다는 점은 같다. 직렬형에서 엔진은 축전지를 충전시키기 위한 장치로 사용하고, 병렬형은 엔진이 변속기에 직접 연결되어 차체를 움직이고, 축전지의 충전에 관여하는 것이 주목적은 아니다. 따라서 직렬형과는 달리 발전기가 필요 없다. 병렬형은 엔진과 모터의 배열에 따라 다양한 종류의 방식이 가능하다.

직·병렬형은 발진시와 경부하시에는 축전지로부터의 전력만을 가지고 모터로 주행하고, 통상 주행시에는 엔진 직접구동과 발전기에서 얻어진 전력을 사용한 모터구동 두 가지가 된다. 그리고 가속, 추월, 등판시 등 큰 동력이 필요한 경우, 통상 주행시에 추가하여 축전지로부터 전력을 공급하여 모터의 구동력을 증가시킨다. 감속시에는 모터를 발전기로 변환시켜 감속에너지로 발전하여 축전지에 충전하여 재생한다.

직렬형 하이브리드 전기자동차는 순수 전기자동차(Pure Electric Vehicle)에 더 가깝고 병렬형 하이브리드 전기자동차는 전통적인 내연기관 엔진의 변형으로 이해할 수 있다. 병렬형 하이브리드 전기자동차가 기존의 내연기관 자동차에 더 쉽게 적용될 수 있는 이유다.

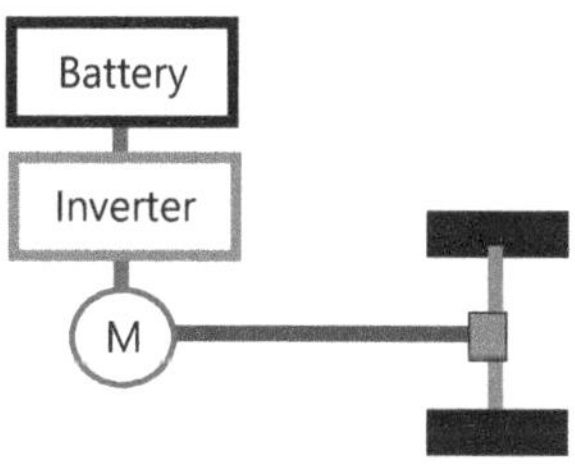

(a) 전기자동차

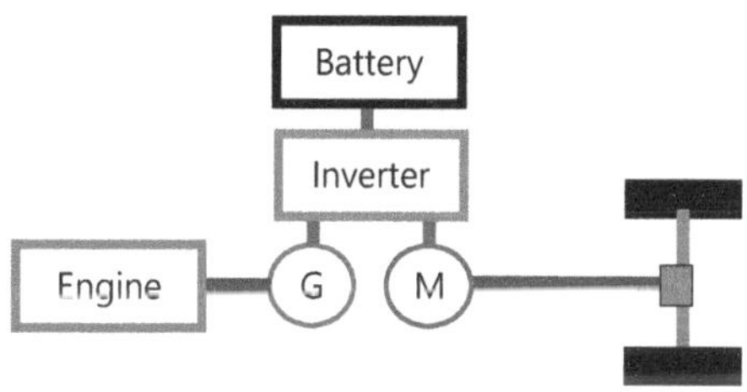

(b) 직렬형 하이브리드 전기자동차

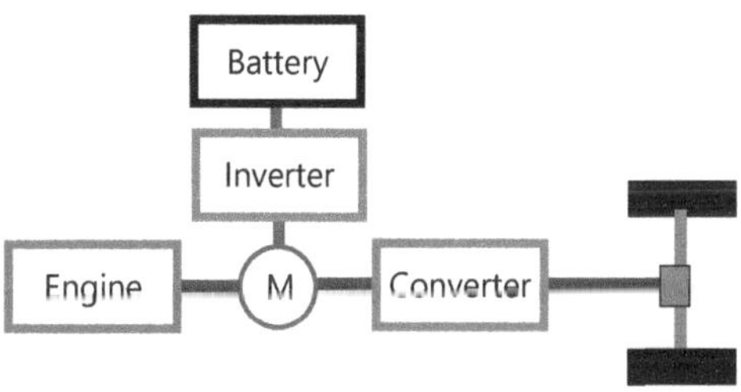

(c) 병렬형 하이브리드 전기자동차

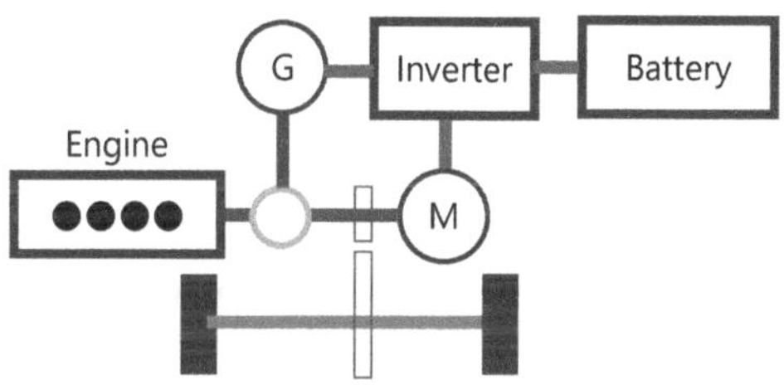

(d) 직· 병렬형 하이브리드 전기자동차

* M: Motor, G: Generator

그림 2-17 전기자동차 및 하이브리드 전기자동차 구조

(1) 직렬형

직렬형은 엔진이 발전기를 돌리고, 발생한 전기에 의해 모터가 구동축(바퀴)를 움직이는 방식이다. 엔진이 구동축에 연결되어 있지 않고 엔진과 발전기가 직접 연결되어 있어 직렬형이라고 부른다.

태양열이나 태양광 자동차에서 주로 쓰이고 있고 내연기기관보다 엔진이 더 효율적이다. 다만 이 방식의 상용화 최대 핵심은 전기의 힘으로만 기계적인 추진력을 얻어야 하기 때문에 대용량 축전지가 필요하다는 것이다. 그래서 현재로서는 하이브리드 트럭이나 버스와 같이 중량이나 면적에서 제약 조건이 적은 타입이 유리하다.

그림은 앞바퀴 굴림 방식의 직렬형 하이브리드 전기자동차의 구성을 나타낸 것이다. 앞바퀴 사이에는 변속기가 있고, 모터는 이 변속기를 통해 동력을 바퀴에 전달한다. 그리고 모터에 공급하는 전기를 저장하는 축전지가 달렸다.

직렬형에 사용되는 엔진은 바퀴를 돌리기 위한 것이 아니라 축전지를 충전하기 위한 것이다. 따라서 엔진에는 발전기가 연결되고, 이 발전기에서 발생되는 전기는 축전지에 저장된다.

이러한 직렬형은 엔진과 구동바퀴 사이에 동력전달 구조가 필요 없다는 점에서 여러 가지 특징을 찾을 수 있다.

첫째, 엔진과 바퀴 사이에 동력전달을 위한 기계적인 연결이 필요 없어 엔진의 레이아웃이 자유롭다. 엔진이 좁은 엔진룸에 함께 있을 필요가 없고 적당한 공간에 설치함으로써 차의 운동특성을 개선하기도 손쉽다.

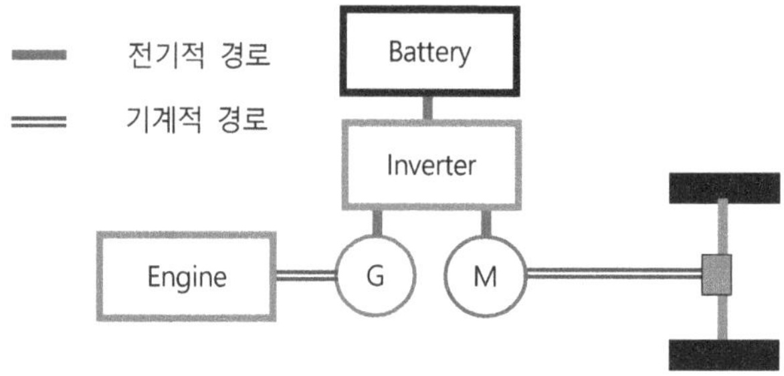

그림 2-18 직렬형 하이브리드 전기자동차

둘째, 엔진과 바퀴의 회전은 전혀 무관하므로 항상 최적의 상태로 엔진을 구동할 수 있다. 통상적으로 내연기관 엔진의 회전수에 따라서 발휘되는 힘, 출력, 연비 등이 달라지는데, 충전하기 위해 가장 적은 배기가스를 배출하는 상태로 엔진을 구동시킬 수 있는 것이다. 일반적인 휘발유/디젤 자동차와는 달리 비효율적이고 배기가스가 많이 배출되는 아이들링 상태로 엔진회전수를 유지할 필요가 없다.

게다가 엔진은 엔진대로, 모터는 모터대로 별개로 제어할 수 있으므로 제어논리가 간단해진다는 것도 장점이다. 충분한 성능을 지닌 모터가 얹힌다면 4단, 5단 따위의 다단 변속기도 필요 없다. 모터의 출력특성은 내연기관 엔진과 비교해 회전수에 크게 좌우되지 않기 때문이다.

반면 직렬형 하이브리드 엔진의 단점도 만만치 않다. 가장 큰 단점은 차체의 구동이 전적으로 모터에 의존한다는 것이다. 직렬형을 위해서는 성능이 뛰어난 모터가 필요하지만 자체 힘만으로 무거운 차체를 가뿐히 움직일 만한 성능 좋은 모터는 아직 찾을 수 없는 실정이다. 이러한 모터가 있다면 하이브리드 대신 순수 전기자동차를 내놓는 것이 더 유리할 수도 있다.

축전지의 용량이 문제이기 때문에 리튬축전지 기술 상용화가 더 진전되면 강력한 도전자가 될 것으로 평가되고 있다. 특히 가정에서 충전이 가능한 플러그인 하이브리드의 경우, 기본적으로 전기로 운행을 하지만 전기모터의 범위를 넘어서는 거리는 엔진을 이용해 발전기를 돌리는 방식이기 때문에 직렬형 하이브리드 방식이 플러그인 하이브리드의 주요 방식이 될 것으로 기대된다. 2010년말 GM이 출시한 플러그인 하이브리드 전기자동차인 시보레 볼트가 이러한 방식이다.

직렬형 하이브리드 전기자동차

- 직렬형 하이브리드 전기자동차는 엔진, 발전기, 전동기가 직렬로 연결되어 있으며, 엔진을 항상 최적점에서 작동시키면서 발전기를 이용해 전력을 모터에 공급하고, 순수하게 모터의 구동력만으로 차를 주행시키는 방식이다.
- 제어가 비교적 간단하고, 배기가스 특성이 우수하며 별도의 변속장치가 필요 없다는 것이 장점.
- 전체시스템의 에너지효율이 병렬형에 비해 낮고, 차량의 주행성능을 모두만족시킬 수 있는 고성능의 전동기개발이 필수적이며, 동력전달구조 자체가 크게 바뀌므로 기존차량에 적용하기는 어렵다는 단점이 있다.

(2) 병렬형

병렬형은 엔진과 모터가 각각 독립적으로 구동하는 방식을 말하며, 주로 하이브리드 전기자동차라고 할때 지칭하는 방식이 병렬형이다. 주 동력원은 엔진을 이용한 기계적 추진력이고, 엔진을 더욱 가속할 때나 출력이 부족할 때 주동력원을 모터가 보조하는 방식이다.

직렬형이 지닌 한계 때문에 양산이 되었거나 혹은 선보일 예정인 하이브리드 전기자동차는 대개 병렬형을 선택하고 있다. 그림은 앞바퀴굴림 방식의 병렬형 하이브리드 전기자동차 구조를 나타낸다. 축전지의 전기로 구동되는 모터가 변속기를 통해 바퀴를 돌린다는 점에서 병렬형은 직렬형과 동일하다. 그러나 병렬형의 엔진은 변속기에 직접 연결되어 차체를 움직이고, 축전지의 충전에 관여하는 것이 주목적은 아니다. 따라서 직렬형과는 달리 발전기가 필요 없다.

구체적으로 병렬형의 동력시스템은 축전지 모터 변속기 바퀴로 이어지는 전기적 구성과 연료탱크 엔진 변속기 바퀴의 내연기관 구성이 변속기를 중심으로 병렬적으로 연결된다. 엔진과 모터 각각이 바퀴에 직접 연결되므로 동력전달 효율이 뛰어난 것은 물론이다.

엔진과 모터가 출력을 동시에 바퀴에 전달할 수 있으므로 엔진의 크기를 줄이는 만큼의 성능을 발휘하는 모터만 갖추면 기존의 내연기관 자동차에 손색없는 동력성능을 이끌어낼 수 있다는 점이 눈길을 끈다.

작은 엔진을 고효율 영역에서 운전하도록 하여 공해를 줄인다는 점 외에도 모터가 병렬로 연결되는 것은 숨은 장점이 있다. 통상적으로 엔진에서 배출되는 출력 중 차체를 움직이는 힘으로 사용되는 비율은 크지 않고 나머지는 대부분 버려지는데, 병렬형 하이브리드 전기자동차에서는 엔진의 힘이 운전자가 요구하는 동력 이상으로 발휘될 수 있을 때는 여유동력으로 모터를 구동시키고 이 때 모터는 발전기 역할을 하며 전기를 저장한다.

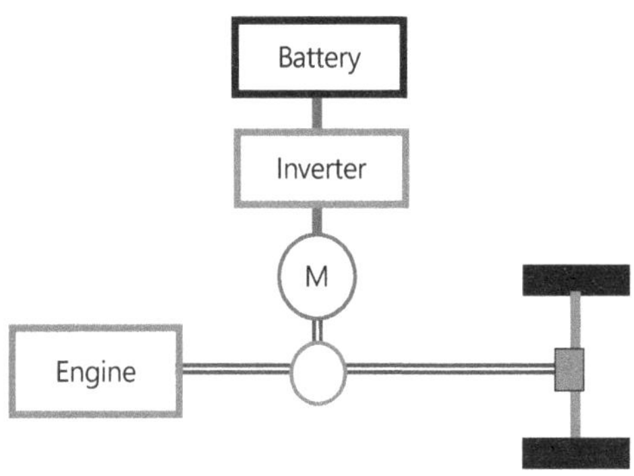

그림 2-19 병렬형 하이브리드 전기자동차

축전지에 저장된 모터에서 발생된 전기는 엔진과 모터의 힘을 합한 큰 동력성능이 필요할 때 모터를 움직인다. 따라서 병렬형 하이브리드 전기자동차는 엔진에서 발생되는 에너지를 효율적으로 사용할 수 있다. 또 연료탱크 엔진 변속기 바퀴의 내연기관 구성은 기존의 자동차와 다를 바 없어 현실적으로 적용하기도 쉽다.

엔진과 모터의 복잡해진 구조를 종합적으로 제어해야 하는 탓에 제어논리(logic)가 복잡해지지만 이러한 장점들 때문에 다수의 개발중인 모델들은 병렬형을 채택하고 있다.

이미 선보였거나 앞으로 선보일 대부분의 하이브리드 전기자동차는 병렬형을 기본으로 하고 있지만 GM의 프리셉트(PRECEPT)는 복합형이라는 독특한 구조를 사용하고 있다. 프리셉트는 모터가 앞바퀴를 돌리고, 뒷바퀴는 엔진이 돌린다. 네바퀴 굴림 병렬방식이지만 직렬방식이 유리할 때는 엔진이 충전장치로 사용된다. 복합형은 장점도 많지만 직렬과 병렬방식 사이의 전환과정과 기타 복잡한 주행환경에서 적절하게 동력원을 제어하는 것이 어렵다. 또 병렬형에 비해 고성능의 모터가 필요하다는 것도 단점이다.

모터는 추가의 개념이기 때문에 기존의 내연기관에 추가로 요구되는 시스템은 단순한 편이며, 무게와 비용면에서도 제약조건이 많지 않다. 이 때문에 현재 하이브리드 형태 중 가장 널리 적용되는 방식이다. 혼다의 시빅 하이브리드가 병렬형의 대표적인 모델이다.

쏘나타 병렬식 하이브리드 시스템

- 변속기의 전후에 엔진 및 전동기를 병렬로 배치하여, 주행상황에 따라 최적의 성능과 효율을 갖게끔, 차량구동에 필요한 동력을 엔진과 전동기에 적절히 분배하는 방식.
- 엔진의 힘이 운전자가 요구하는 동력 이상으로 발휘될 수 있을 때는 여유동력으로 모터를 구동시켜 전기를 저장한다(모터는 발전기 역할).
- 엔진과 모터의 힘을 합한 큰 동력성능이 필요할 때 모터를 움직인다.
- 병렬형은 기존차량의 구조를 이용 가능하므로 제조비용면에서 직렬형에 비해 유리하다는 징짐이 있으나, 동력전딜구조 및 세어가 복잡하나는 난섬이 있다.
- 유럽 등의 도시규모가 작은 지역에서는 전기자동차로 주행하고, 도시간의 고속주행이 요구되는 경우는 엔진주체의 주행으로 하는 방식.

(3) 직·병렬형

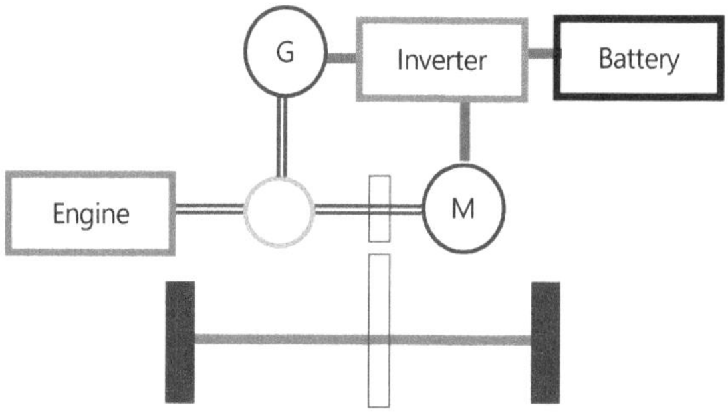

그림 2-20 직· 병렬형 하이브리드

혼합형(직·병렬형)은 직렬형과 병렬형을 혼합한 방식으로 엔진과 모터가 동시에 작동되거나, 모터 단독 또는 엔진 단독으로, 그리고 엔진과 회생제동을 통해 발전기를 돌려 구동축을 움직이는 방식을 말한다.

엔진효율이 좋은 주행상태에서는 엔진으로 발전기를 돌려 축전지에 충전하여 두고자함이 주요 동작과정이다. 바퀴 회전속도를 측정하여 엔진구동이 효율적이라고 판단되면 엔진으로 바퀴를 직접 구동하도록 하고, 이 보다 엔진-발전기-모터의 효율이 좋다고 판단되면 엔진은 발전기가 된다. 엔진은 일정속도 회전시가 효율이 가장 좋다. 이 엔진출력이 주행에 소요되는 구동력을 초과할 경우에는 남는 에너지로 발전하여 축전지에 저장한다. 보다 큰 구동력을 요할 때에는 엔진, 엔진-발전기-모터, 축전장치-모터의 구동력이 함께 동원되어 강력한 힘을 발휘한다.

프리우스에 채용한 하이브리드 시스템(Toyota Hybrid System: THS)은 병렬형 방식을 기본으로 직렬형 방식을 부가한 것이다. 절충형 유닛구조를 채용했다. 엔진구동에 의한 주행을 기본으로 하면서 주행상황에 따라 엔진동력을 차량 구동용과 발전용으로 분할, 모터구동력을 병용하면서 차를 달리게 하는 것이다.

하이브리드 시스템(THS)의 작동원리는 다음과 같이 요약할 수 있다.

① 발진시와 경부하시에는 엔진을 정지하고, 축전지로부터의 전력만을 가지고 모터로 주행한다.

② 통상 주행시에는 엔진 직접구동과 발전기에서 얻어진 전력을 사용한 모터구동 두 가지가 된다.

③ 가속, 추월, 등판시 등 큰 동력이 필요한 경우, 통상 주행시에 추가하여 축전지로부터 전력을 공급하여 모터의 구동력을 증가시킨다.

④ 감속시에는 모터를 발전기로 변환시켜 감속에너지로 발전하여 축전지에 충전하여 재생한다.

작동원리는 그림과 같다.

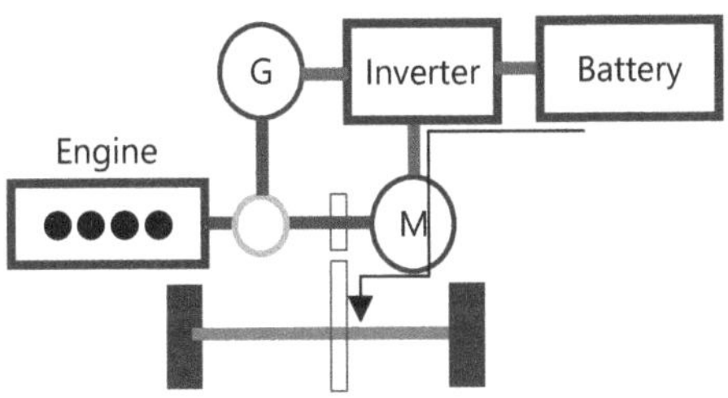

(a) 발진, 경부하시

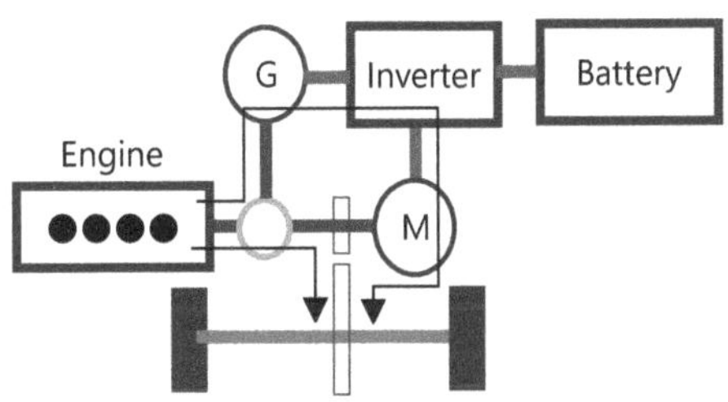

(b) 통상 운전시

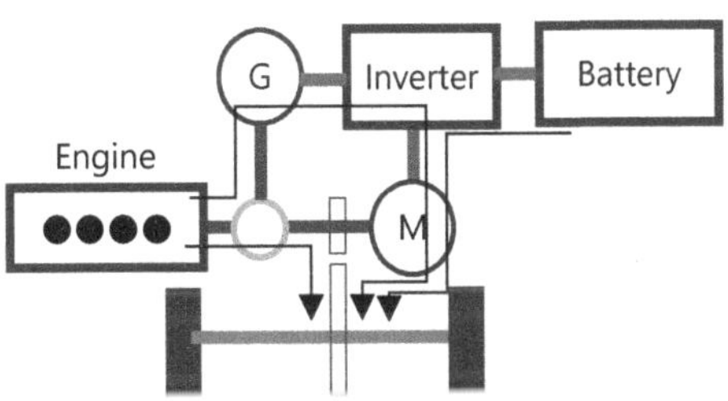

(c) 전출력 운전시

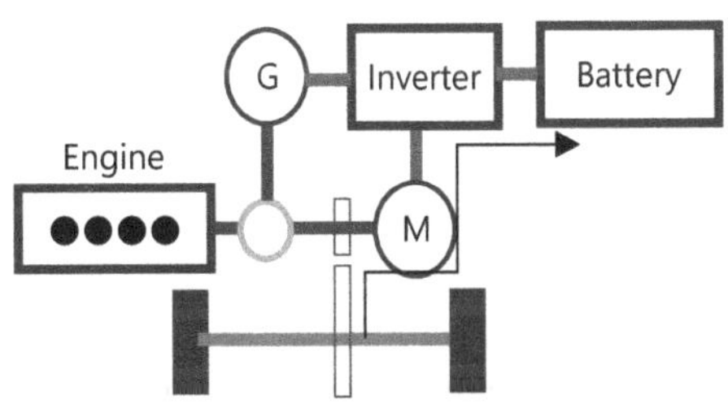

(d) 감속, 제동시

그림 2-21 Prius의 구동력 전달

혼합형 하이브리드 전기자동차 작동원리

(a) Starting or Light Load : 엔진이 최대효율로 작동하지 않으므로 모터에 의해서만 차량을 구동
(b) Normal Driving : 엔진이 바퀴를 구동하고, 나머지 출력은 모터 구동용 전기를 발생 - 최대효율을 얻을 수 있도록 각 경로에 분배되는 출력비율을 제어
(c) Full Acceleration : 엔진 / 모터 동시사용 축전지에서 모터에 전력 공급 (축전지에서 모터에 전력 공급)
(d) Decelerating or Braking : 바퀴의 관성에 의해 발전기가 구동되고, 발전기에서 발생된 전기는 축전지에 저장 역할.
(e) Idling : 엔진 정지. 단, 축전지의 재충전이 필요한 경우에는 가동

이러한 복잡한 제어를 변속충격 없이 실현시켜주는 시스템이 도요타(Toyota)가 자체 개발한 유성기어(Planetary-Gear) 전기식 무단변속기와 제어시스템이다. 따라서 하이브리드 시스템(THS)에는 무단계변속기(CVT: continuously variable transmission) 등의 기계식 변속기가 장착되어 있지 않다.

연비향상과 파워풀한 드라이빙을 가능하게 하는 장점이 있으나 복잡한 구조와 전장기술 때문에 비교적 비용이 높아지는 단점도 있어서 중형급 이상의 차종에 적합한 방식으로 평가된다. 도요타의 프리우스가 혼합형(직·병렬형)의 대표적인 모델이다. GM, Daimler, Chrysler와 BMW 등도 혼합형(직·병렬형) 방식을 개발했지만 도요타가 지난 10년간 하이브리드 상용화를 통해 얻은 다수의 혼합형(직·병렬형) 기술 노하우를 가지고 있기 때문에 선도적인 업체로 볼 수 있다.

프리우스의 개요

- 최초의 양산형 HEV 자동차(1997)
- SPLIT 방식(직렬/병렬 조합)
- 이산화탄소 배출량 약 ½(50% 감소)
- CO, HC, Nox 배출량 : 규제치의 1/10(90% 감소)
- 연비 : 35.5 km/L

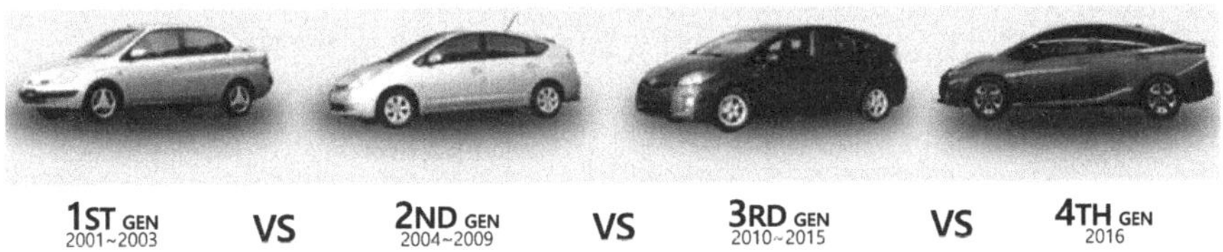

프리우스 세대구분

[표 2-6 동력전달 방식 HEV 분류]

구 분		특징	
직렬형	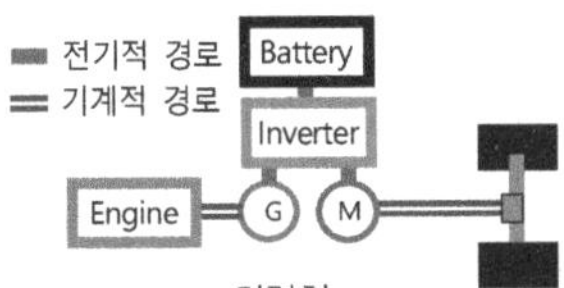 직렬형	· 엔진이 발전기를 돌리고, 발생한 전기에 의해 모터가 구동축(바퀴)를 움직이는 방식 · 최대 핵심은 전기의 힘으로만 기계적인 추진력을 얻어야 하기 때문에 대용량 축전지가 필요 · 하이브리드 트럭이나 버스와 같이 중량이나 면적에서 제약 조건이 적은 타입이 유리	· 시보레 볼트 (플러그인)
병렬형	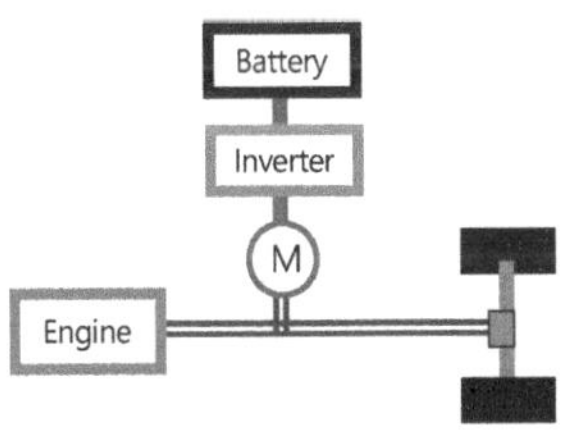 	· 하이브리드 형태 중 가장 널리 적용 되는 방식 · 엔진과 전기모터가 동시에 구동축에 힘을 전달하는 방식(엔진과 모터가 각각 독립적으로 구동) · 주행상태에 따라 엔진과 모터로 최적 상태 구동 – 큰 동력필요시 : 엔진 + 모터 – 여유 동력시 : 엔진→모터구동→전지 충전(모터는 발전기 역할).	· 혼다 시빅 · Soft 방식 · 현대차 방식
혼합형	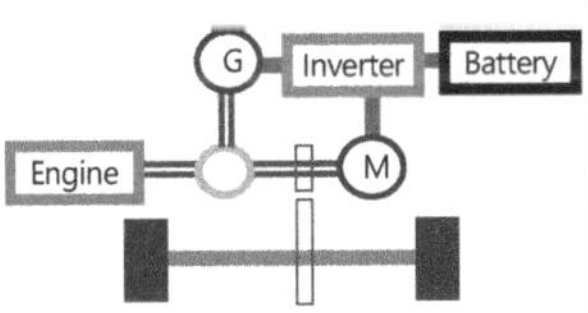 혼합형(직· 병렬형)	· 엔진과 모터가 동시에 작동되거나, 모터 단독 또는 엔진 단독으로, 그리고 엔진과 회생제동을 통해 발전기를 돌려 구동축을 움직이는 방식 · 복잡한 구조와 전장기술 때문에 비교적 비용이 높아지는 단점 · 중형급 이상의 차종에 적합한 방식	· 도요타 프리우스 · Hard 방식

		· 발진, 경부하시 : 모터주행(엔진정지) · 통상 주행시 : 엔진구동 + 모터구동 · 감속시 : 모터를 발전기로 변환 · 감속에너지 축전지충전 · 엔진효율이 좋은 주행상태에서는 엔진으로 발전기를 돌려 축전지에 충전하여 두고자함이 주요 동작과정이다.	

일반 자동차와 하이브리드 전기자동차의 구조 비교

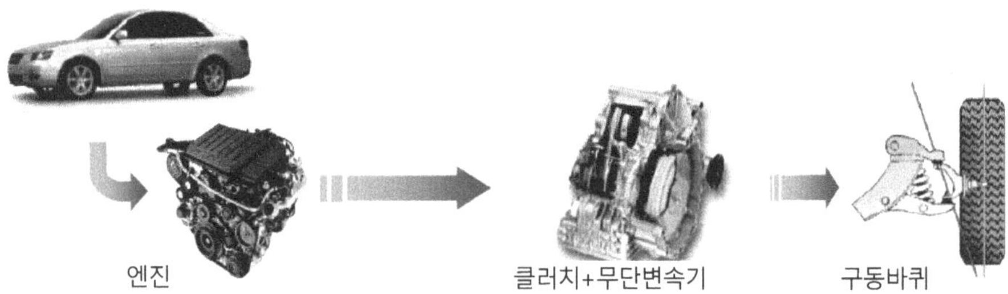

일반자동차의 구조(무단변속기 장착용)

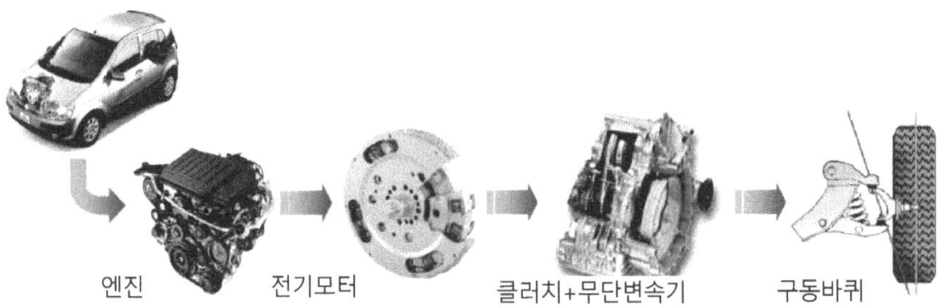

하이브리드 전기자동차의 구조

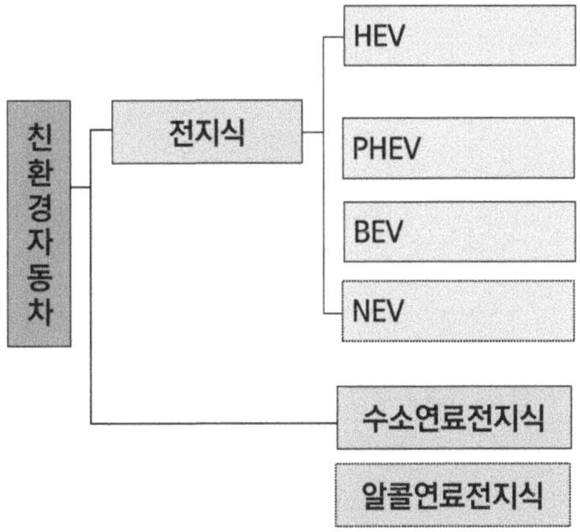

그림 2-22 친환경자동차 구분

하이브리드 전기자동차는 이 낭비되는 에너지를 다시 흡수해 재사용할 수 있도록 하는 장치가 내연기관에 덧붙여진 형태라고 보면 된다.

감속과 정차시에 운동에너지를 회수해 다시 가속과 주행과정에서 사용하기 위해서는 발전기와 축전지, 전기모터가 첨단 컴퓨터에 의해 유기적으로 연결돼 작동한다.

따라서 기존의 내연기관 자동차에 비해 연비가 크게 개선되는 효과가 있다.

그러나 하이브리드 전기자동차는 `과도형'이다. 언젠가는 고갈될 화석연료를 주에너지원으로 사용하기 때문에 궁극적인 미래형 자동차로 발전되기엔 한계가 있기 때문이다. 하이브리드 전기자동차의 주동력원은 휘발유와 경유 등 화석연료를 사용하는 내연기관이다. 여기에 보통 발전기보다 성능이 높은 발전기와 대용량의 고압 축전지가 연결돼 있다.

중량 감소를 위해 발전기와 모터는 일체형으로 결합돼 구동계에 연결된다.

발전기는 특히 운전자가 가속기에서 발을 떼고 감속하는 과정에서 운동에너지를 흡수할 수 있도록 컴퓨터로 정밀하게 제어된다. 출발과 저속주행은 전기모터가 맡는다. 일정 속도 이상이 되거나 가속시에는 엔진이 기동돼 내연기관과 전기모터가 함께 힘을 공급하고, 감속시에는 자동차가 가던 힘으로 발전기를 돌려 축전지를 충전하게 된다. 아이들링이 필요 없어 정차 시에는 엔진이 꺼지며 엔진은 항상 재시동이 쉽도록 크랭크축이 일정 위치에서 정지하게 설계된다.

발전기와 전기모터는 교류로 작동하고, 축전지는 직류인 데다 서로 사용전압이 달라 인버터라는 전압. 전류 변환장치와 이들 장치를 유기적으로 연결시켜 효율을 극대화해주는 전자제어장치가 핵심부품으로 들어간다.

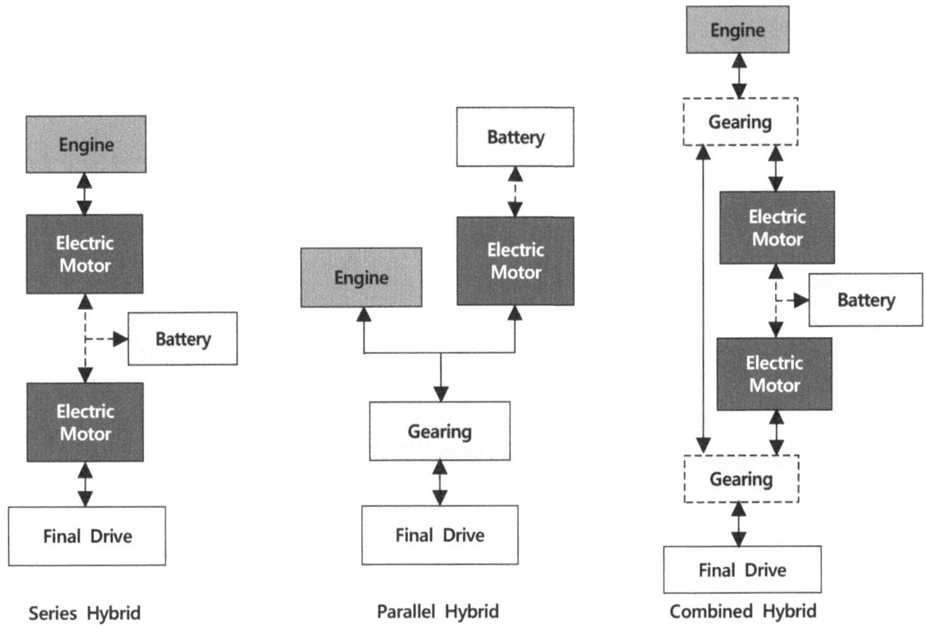

그림 2-23 동력전달방식에 따른 구분

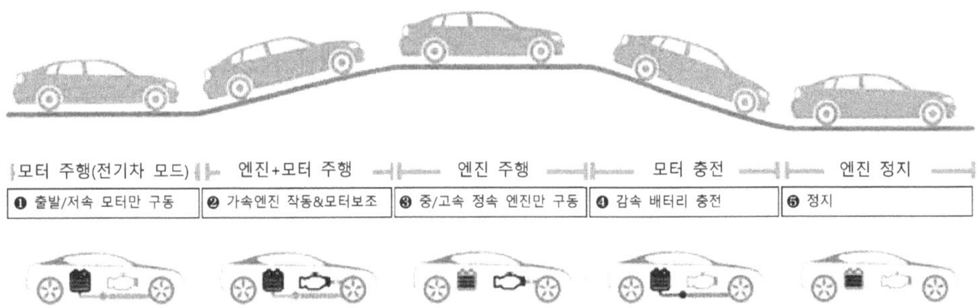

그림 2-24 현대차 병렬형 하이브리드 시스템 동작특성

2-3 플러그 인 하이브리드 전기자동차(PHEV)

플러그 인 하이브리드 전기자동차(PHEV)의 기본은 하이브리드 전기자동차 이지만, 축전지 용량을 하이브리드 전기자동차와 전기자동차의 중간 크기로 하고, 비상시에는 다시 충전해 두는 것으로 단거리는 전기자동차로서 활용하는 형식이다.

가정 전원이 이용 가능하고 어디서도 충전 할 수 있다는 간편성을 염두해 둔 방식이다. 트럭에 비해 단거리 이용이 많은 승용차의 특성에 주목하여, 전동 주행을 단거리 이용으로 줄여서 전지 코스트를 줄인 가솔린 자동차와 전기자동차의 하이브리드 방식이다.

하이브리드 전기자동차는 디젤 엔진에 비해 그 연료 효율성 면에서 장점이 크지 않다. 물론 신기술이 많이 사용되어 엔진과 모터를 동시에 사용하고 적정한 동력 분배 전략을 구사하면서 연료 효율성을 높이는 것은 큰 장점이다. 하지만 많은 개발 비용과 복잡한 시스템을 볼 때 비슷한 연비를 뽑아주는 디젤 엔진이 더 나은 선택이 될지도 모른다. 하지만 미국 적어도 캘리포니아에서 차를 팔아야 한다면 의무적으로 친환경 자동차를 팔아야 일반 자동차를 팔 수가 있다.

수소 연료전지자동차가 가장 친환경에 가깝지만 아직 개발되어야 할 기술과 생산 단가를 많이 낮춰야 하는 문제점이 있다.

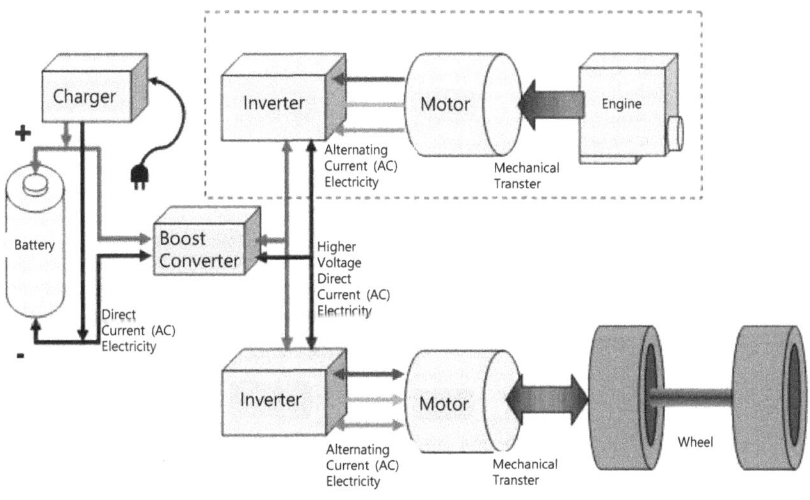

그림 2-25 PHEV의 구조

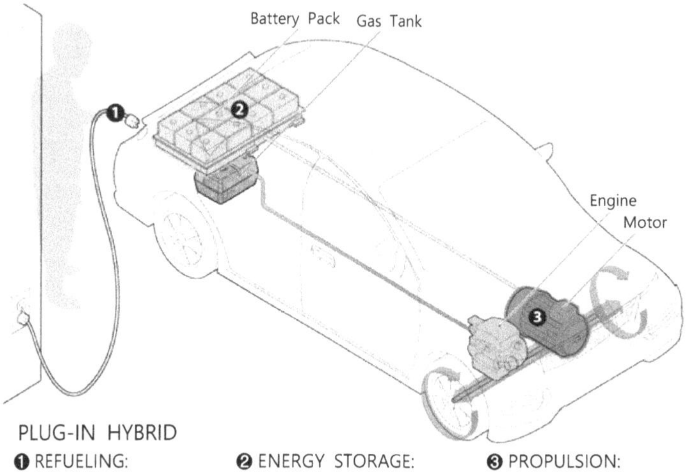

그림 2-26 PHEV 추진장치 구조

이에 자동차 회사들은 하이브리드 전기자동차라는 중간 단계를 이용하고 있는 것이다.

기존 대부분의 HEV의 경우 차량에 탑재된 축전지의 전기에너지를 이용하여 저속운전 영역에서 약 1 km~2 km 이내의 짧은 거리만 순수 전기구동이 가능했던 반면, PHEV는 전기에너지를 이용하는 운전 영역을 고속영역까지 대폭 확대시킴과 동시에 순수 전기구동 주행거리를 수십 km 이상으로 확장함으로써, 내연기관의 사용을 최소화하고 효율을 극대화하여 CO_2의 배출량 및 연료 연료소모량을 저감하고, 대기 환경부하 저감 등의 효과를 기대할 수 있는 환경 친화적인 자동차이다.

2-3-1 동력전달 방식에 의한 분류

PHEV는 하이브리드 전기자동차와 마찬가지로 동력계 구조에 따라 바퀴축과 발전기가 연결된 직렬 하이브리드 시스템(Serial Hybrid System), 병렬 하이브리드 시스템(Parallel Hybrid System), 직병렬 하이브리드 시스템(Serial Parallel Hybrid System)으로 구분된다. 각 방식의 차이는 엔진과 전기모터가 어떤 역할을 맡고 있는지가 핵심이다.

직렬 하이브리드 시스템은 엔진이 발전기를 돌리고, 발전기가 전기모터에 전류를 공급해 구동축을 움직이는 방식이다. 구동축을 움직이는 역할은 전기모터가 하며 엔진은 전기모터에 전력을 공급하는 역할만 한다. GM 시보레 볼트가 이 방식을 사용하고 있다.

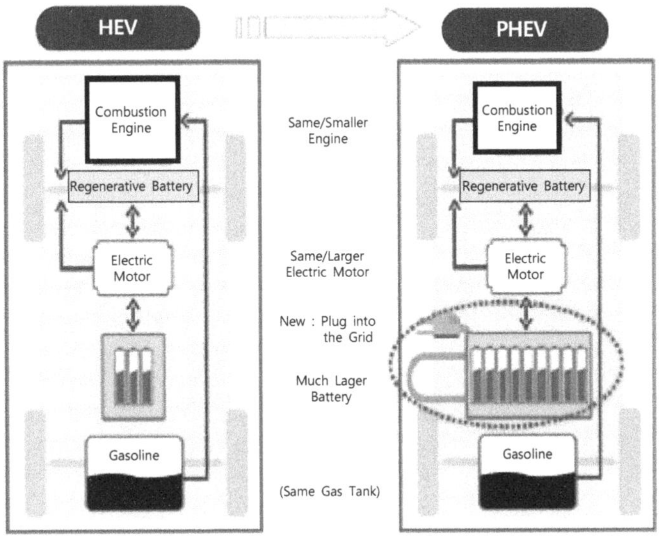

그림 2-27 HEV와 PHEV의 구성비교

병렬 하이브리드 시스템은 엔진과 전기모터가 동시에 구동축에 힘을 전달하는 방식이다. 엔진이 구동축에 바로 연결되기 때문에 직렬 하이브리드 시스템과 달리 엔진에서 얻어진 기계적 에너지를 전기에너지로 바꾸지 않아도 된다는 것이 장점이다. 혼다 인사이트, 시빅 하이브리드 등이 병렬 하이브리드 시스템을 사용하고 있다.

직병렬 하이브리드 시스템은 직렬방식과 병렬방식을 상황에 따라 유연하게 바꿔가며 사용할 수 있는 방식이다. 엔진 힘이 구동축에 직접 전달되기도 하고 전기모터만으로 사용할 수 있기도 해서 편리하다. 저속에서는 직렬 시스템을 사용하고, 고속에서는 병렬 시스템을 사용하기 때문에 연비와 출력 모두 장점을 가질 수 있다. 도요타 프리우스, 렉서스 하이브리드 차량 등에 직병렬 하이브리드 시스템이 사용된다.

하지만 각 방식은 주행상황에 따라 장단점이 존재한다. 직렬 시스템 경우에는 정지와 운행이 반복되는 도심 운전에서는 연비가 우수하지만, 고속도로 주행에서는 연비가 오히려 낮다. 병렬 시스템은 도심 운전에는 연비가 낮지만 고속도로 주행에서는 연비가 높다. 직병렬 경우 양쪽 장점을 가지고 있지만 대형 발전기와 축전지 팩이 필요하기 때문에 원가가 높다는 것이 단점이다.

[표 2-7 플러그인 하이브리드 전기자동차 비교]

구분	구동방식	비고
직렬 PHEV	· 대표적인 구조 · 엔진이 발전기를 돌리고, 발전기가 전기모터에 전류를 공급해 구동축을 움직이는 방식 · 구동축을 움직이는 역할은 전기모터가 하며 엔진은 전기모터에 전력을 공급하는 역할만 한다.	· 시보레 볼트
병렬 PHEV	· 엔진과 전기모터가 동시에 구동축에 힘을 전달하는 방식 · 엔진이 구동축에 바로 연결되기 때문에 직렬 하이브리드 시스템과 달리 엔진에서 얻어진 기계적 에너지를 전기에너지로 바꾸지 않아도 된다는 것이 장점	· 혼다 인사이트 · 혼다 시빅
직병렬 PHEV	· 직렬방식과 병렬방식을 상황에 따라 유연하게 바꿔가며 사용할 수 있는 방식 · 엔진 힘이 구동축에 직접 전달되기도 하고 전기모터만으로 사용할 수 있기도 해서 편리 · 저속에서는 직렬 시스템을 사용하고, 고속에서는 병렬 시스템을 사용하기 때문에 연비와 출력 모두 장점을 가질 수 있다. 등에 직병렬 하이브리드 시스템이 사용	· 도요타 프리우스 · 도요타 렉서스

플러그인 하이브리드 전기자동차는 낮은 유지비, 친환경 등 여러 가지 경쟁력을 가지고 있어 GM, 포드, 도요타 등 글로벌 자동차업계가 사활을 걸고 개발하고 있다.

이제 가까운 미래에는 일을 마치고 집에 돌아가면 휴대전화 보다 자동차를 먼저 충전해야 하는 일이 발생할지도 모른다

도요다의 프리우스 플러그인 하이브리드는 간단히 말해 기존의 프리우스 하이브리드 전기자동차에 축전지 용량을 늘려 전기 에너지만으로 구동되는 거리를 늘린 하이브리드 전기자동차이다.

이 자동차에 사용된 축전지를 5.2 kWh 의 용량을 갖고 있다. 최대 속도 100 km/h로 23 km를 주행할 수 있다. 이 말은 만약 출 퇴근 거리가 왕복 20 km내외라면 기름 한 방울 사용하지 않고 출퇴근을 할 수 있다. 저녁때 퇴근을 하면 물론 가정의 플러그로 충전을 해야 한다. 충전시간은 100 V의 전기로는 180분 200 V로는 100분이 소요된다.

시보레 볼트는 전통적인 직렬형 하이브리드 방식을 채택하고 있다. 여기에 대용량의 축전지를 채용하여 내연기관의 도움없이 전기 에너지만으로 약 60 km를 주행 할 수 있다. 내연기관은 축전지의 충전량이 저하 되었을 경우 작동되며 내연기관에서 발생된 동력은 발전기를 구동시켜 100% 축전지를 충전하는데 사용된다.

다시 말해 도요다 프리우스 플러그인 하이브리드와의 가장 큰 차이점은 바퀴를 굴리는 데 필요한 동력은 100% 전기 에너지를 사용한다는 것이다.

볼트는 16 kWh의 리튬이온 축전지를 사용하고 있고 축전지의 전기에너지만으로 64 km를 주행할 수 있는데 이는 미국 사람들 중 75%에 해당하는 50 km의 통근거리를 커버할 수 있는 거리이다. 축전지를 충전하는 내연기관은 1400 cc 엔진을 사용하며 모터는 111 kw (149 hp)의 힘을 낸다.

시보레 볼트는 기본적으로 엔진이 구동하지 않을 때는 전기 에너지만으로 구동이 되기 때문에 일반 내연기관과 달리 자동차 구동 소음이 매우 작다. 이는 보행자에게 자동차가 다가오고 있다는 인지를 줄 수 없으므로 일반 도로를 주행하기 위해 적당한 소음을 만들어 내야 한다.

일반 내연기관을 동력으로 사용하는 자동차의 경우 소음을 줄이기 위해 노력하는 반면 전기자동차는 소음을 내기 위해 노력한다.

시보레 볼트의 경우 전기 모터가 만들어낸 동력은 구동 바퀴에 동력을 전달하기 위해 일반 내연기관 자동차와 같이 트랜스미션을 사용하게 된다. 하지만 여기서 좀더 발전한 전기자동차가 바로 인휠 모터 방식의 자동차이다.

볼보의 플러그인 자동차는 인휠 모터를 채용하고 있다. 인휠 모터는 각 바퀴를 구동하는 동력을 각 바퀴 안쪽에 설치된 모터를 사용한다. 휠 안에 모터가 있다고 하여 인휠 모터라고 불린다. 가장 큰 장점은 각 바퀴로 연결되는 드라이빙 샤프트를 없애 구조의 간단화를 꾀할 수 있다. 이는 드라이브 바이 와이어의 관점에서 보면 완벽한 드라이브 와이어의 구현으로 표현할 수 있다. 극단적인 예를 들면 하나의 인휠 모터 시스템을 갖고 따로 큰 기계 구조 설계 변경 없이 다양한 차종에 부착할 수 있을 만큼 큰 범용성을 갖을 수 있다.

그림 2-28 인휠 모터 방식을 채용한 플러그인 하이브리드 전기자동차

축전지에 저장된 전기 에너지는 각 바퀴로 공급되어 인휠 모터를 구동하여 자동차를 움직인다. 전기에너지를 전달해주는 배선만 있으면 쉽게 4륜구동을 구현할 수 있어 구조의 극단적인 단순화를 꾀할 수 있다.

인휠 모터의 장점을 조금 더 생각해보면, 차량 자세 안정 시스템인 ESP, 조금 더 발전된 차량의 안정화를 시켜주는 X-drive 와 같은 시스템의 구현을 추가적인 기계부품 없이 구현 할 수 있다.

X-Drive와 같은 차량의 주행 안정성을 높여주는 시스템은 복잡한 메커니즘이 기반이 된 토크 벡터링이 구현되어야 한다.

하지만 아주 큰 단점이 있다. 바로 알고리즘의 정밀한 제어가 그것이다. 사실 기술적으로는 이미 당장 양산을 해도 되지만 비상안전장치(Fail safe) 기능에 대한 대처가 약하다는 점이다.

최근의 자동차 급발진 사고의 원인으로 자동차의 전자화가 문제가 된다고 지목하는 전문가들도 있다. 인휠 모터는 구동방식 자체도 정밀한 전자제어가 필요한 방식이다. 쉽게 말해 4바퀴의 회전을 정밀하게 제어하지 못하면 쉽게 할 수 있는 자동차의 직진주행 조차 어렵게 될 수 있다.

자동차나 비행기 기차 배와 같은 운송수단이 궁극적으로 추구하고자 하는 완벽한 X-by wire 시스템은 정밀한 제어와 완벽한 비상안전장치 알고리즘이 뒷받침 되어야 한다.

직렬형 하이브리드 방식에 기초한 플러그인 하이브리드의 대표적인 예는 시보레 볼트이며 이는 축전지의 발전으로 인해 양산되고 있다.

[표 2-8 Plug-in HEV의 장단점]

구 분	장 점	단 점
Plug-in HEV (PHEV)	· 가솔린 스탠드를 이용 가능하며, 충전 스탠드 정비가 진행될 때 까지는 편리하게 사용할 수 있다. · 전지로 장거리 주행을 타협하고 있으므로, 전지 코스트/중량이 전기자동차보다 저렴하다. 그 때문에 전지 가격 저하까지는 종합 경제적으로 유리하다. · 대형 승용차에 전기자동차보다 우월 한 연비를 보인다. · 가솔린차와 동등 이상의 항속성능을 보인다.	· 13 km정도 이상의 주행은 하이브리드 전기자동차와 비슷한 정도의 환경 부하가 있다. · 장거리 주행, 또는 지속적인 대출력이 필요한 버스, 트럭 등에는 쓸 수 없다. · 전기자동차와 가솔린 자동차의 전환 기구가 필요하고 부품 수가 많아서, 전지의 코스트 다운이 진행된 경우는 경제적 이득을 잃게 된다.

그림 2-29 PHEV인 VOLT의 구조

플러그-인 하이브리드 전기자동차의 성능, 연비 및 주행거리 등은 에너지 저장장치에의 특성과 용량에 따라 결정적인 영향을 받게 된다. PHEV용 에너지 저장장치는 HEV용 저장장치와는 다른 상대적으로 가혹한 운전조건에서 사용되게 되므로, PHEV의 보급은 자동차용 에너지 저장시스템의 새로운 기술 개발 및 도입을 촉진시키는 촉매제 역할을 할 것으로 기대된다.

한편 각국의 전문가로부터 친환경자동차의 기술개발과 양산 가능성에 대한 의견을 종합한 한 보고서에 따르면, 현재 시장에서 판매되고 있는 HEV의 후속 양산 가능 기술로서 PHEV를 꼽고 있다. 이는 PHEV를 구성하는 시스템이 에너지 저장시스템과 차량에 대한 운용 제어로직을 제외하고는 HEV를 구성하는 시스템과 상당히 유사하기 때문에, 이를 근간으로 상용화를 위한 개발이 상대적으로 용이할 것으로 판단하고 있는데 따른 것으로 보인다.

현대차 소나타 PHEV

- 쏘나타 PHEV의 가장 큰 특징인 두 가지 '주행 모드' 이다. 엔진 없이 모터로만 주행하는 전기자동차 모드(CD 모드)와 필요에 따라 엔진과 모터를 모두 사용하는 하이브리드 모드(CS 모드), 쏘나타 PHEV에서는 두 가지 '주행 모드'의 매력을 모두 만나볼 수 있다.

□ **전기자동차 모드(CD mode: Charge Depleting): 엔진은 쉬고 모터를 이용해 주행**

- LF쏘나타 PHEV는 충전된 배터리가 일정량 소진될 때까지는 모터로만 주행하는 CD 모드를 유지한다. 말 그대로 급가속 등 특별한 상황을 제외하곤, 연료를 사용하는 엔진을 쉬게 해주는 시간인 것이다.

□ **하이브리드 모드(CS mode: Charge Sustaining) : 엔진과 모터로 주행**

- 쏘나타 PHEV는 일반적으로 시동을 걸고 출발할 때 CD모드, 즉 전기자동차 모드로 운행되다가 강한 가속이 필요하거나 배터리가 소진됐을 때 모터와 엔진, 두 개의 심장을 함께 사용하는 CS모드로 진입한다.

2-3-2 개발동향

2006년부터 본격적으로 미국을 중심으로 하여 차세대 친환경자동차로서 플러그-인 하이브리드 전기자동차가 부각되기 시작하였다. PHEV는 외부 전원계통으로 부터 전력을 공급받아 충전장치를 통해 차량에 장착된 에너지 저장시스템에 전기에너지를 저장하고, 차량 주행에 저장된 전기에너지를 사용함으로써 내연기관 즉, 화석연료의 사용을 최대한 억제하는 실질적인 무공해 자동차(Practical Zero Emission Vehicle)라고 할 수 있다.

자동차 업체들은 전기자동차 보급에 가장 큰 걸림돌인 높은 배터리 가격이 낮아진다고 해도 짧은 주행거리 문제가 해결되지 않기 때문에, 대안으로 전원을 직접 연결해 배터리를 충전할 수 있는 플러그인 하이브리드카 개발에 주력하고 있다.

글로벌 자동차 업체들은 리튬 전지를 사용하는 플러그인 하이브리드카 부문을 강화하고 있다. GM은 쉐보레 볼트를 도요타는 기존 하이브리드카 프리우스를 개량한 플러그인 프리우스를 시판하고 있다.

BMW는 미래형 이동수단을 표방하는 'i' 브랜드를 선보이며, 'i3', 'i8' PHEV 모델을 차례로 출시하였다. 저배기량 엔진과 리튬 전지를 탑재한 i3는 배터리만으로 160 km를 주행할 수 있다. BMW는 'i' 브랜드 차량을 단순히 연비를 높인 교통수단이 아니라 교통정보와 연계한 효율적 주행과 지능형 주차 시스템 등을 결합해 자동차 패러다임을 바꾸겠다는 전략이다.

이외에도 포드, 폭스바겐, 혼다, 마쓰다 등 다른 자동차 업체들도 플러그인 하이브리드카를 이미 출시했거나, 출시한다는 계획을 가지고 있다. 특히 중국 자동차 업체 BYD도 플러그인 하이브리드카 부문에 연구개발 투자를 늘리고 있다.

(1) 시보레 볼트(GM)

볼트(Volt)는 일반 PHEV와 구조적인 면에서 거의 동일하지만, 눈에 띄는 특징 하나가 있다. 바로 볼텍 추진 시스템이다. 이는 모터2개가 필요에 따라 개별적 혹은 함께 작동 하여 힘과 토크는 극대화 하는 동시에 전기사용은 최적화 하여 효율적인 주행을 가능하게 해준다. 48 KW의 듀얼 모터 시스템을 사용하여 드라이브 유닛의 효율을 높인다. 주로 엔진은 배터리를 충전하는데 쓰이고, 동력은 모터가 주로 담당한다. 기존의 PHEV와 가장 큰 차이점이다. 저속에서는 1개의 모터가, 고속과 추월에서는 2개의 모터가 효율적으로 작동하면서 결과적으로 효율과 성능 두 마리 토끼를 다 잡을 수 있다. 최대 149마력에 40.6 kg·m 토크를 가지면서도 17.8 Km/L의 연비, 그리고 676 km를 달릴 수 있는 스펙을 가진다.

GM의 쉐보레 '볼트(Volt)' PHEV는 미국내 가장 많이 팔리는 PHEV에 등극했다. 쉐보레 볼트는 1회 전기 충전에 89 km를 간다. 보통 PHEV가 1회 전기 충전에 40 km 주행 가능한 점과 비교하면 2배 이상이다.

그림 2-30 GM의 쉐보레 '볼트(Volt)' PHEV

브랜드	토요타	쉐보레	현대차
차량명	프리우스 프라임	볼트	아이오닉 플러그인
배터리용량	8.8 kWh	18.4 kWh	8.9 kWh

그림 2-31 미국시장 PHEV 3파전 모델비교

(2) 프리우스(토요타)

HEV 절대 강자 토요타가 전기자동차로 전략 수정한 배경은 무엇일까?

지금까지 토요타자동차는 하이브리드자동차(HEV)와 연료전지차(FCEV)를 미래 친환경 차량의 중심축에 놓고 집중적인 투자를 해 왔다. 그런데 미래를 주도할 차세대 차량의 불확실성 때문에 전기자동차 사업에 참여키로 방침을 정했다. 토요타는 2017년부터 내부 기획개발팀을 신설하고 1회 충전으로 300 km 이상 주행하는 전기자동차 출시 목표로 프리우스나 코롤라의 플랫폼을 활용한 SUV 전기자동차를 개발한다. 토요타는 원칙적으로 오는 2050년까지 내연기관 생산을 중단하고 중간 단계로 내연기관과 배터리를 병행 사용하는 하이브리드 차량으로 시장을 주도하다가 궁극적으로는 연료전지차로 모두 대체해 나간다는 전략을 추진해 왔다.

그런데 세계 주요 국가와 자동차업체들이 전기자동차를 메인으로 내세우면서 전기자동차 개발경쟁이 생각보다 빠르고 치열해지자 전기자동차 부문에서 뒤쳐질 경우 낙오될 위험성이 높다고 판단, 전기자동차를 포함한 모든 환경기술에 전 방위적으로 대응할 수 있도록 전략을 전환키로 한 것으로 보여진다.

유럽 자동차업체들의 경우, 클린 디젤을 축으로 플러그인 하이브리드와 전기자동차에 올인하고 있으며 미국 업체들은 하이브리드와, 플러그인 하이브리드, 전기자동차 개발에 투자하고 있다.

토요타의 경우는 가정용 전원으로 충전이 가능한 플러그 인 하이브리드 차량(PHV)을 시판한다.

전기자동차는 비싼 배터리 가격과 200 km를 넘지 못하는 짧은 항속거리, 긴 충전시간 때문에 일반 보급에는 시간이 많이 걸릴 것으로 판단해 왔다. 그러나 최근 들어서는 전기자동차의 배터리 성능이 생각보다 빠르게 향상됨에 따라 약점인 주행 거리와 차량 가격에서 경쟁력을 갖추기 시작하자 전 세계가 일제히 전기자동차를 차세대 메인 차량으로 지지하기 시작했다.

미국 캘리포니아주에서는 판매되는 차량에 대해 새로운 규제가 도입, 일정 비율의 전기자동차를 판매해야만 다른 차량을 판매할 수 있게 되고 한국에서도 전기자동차 의무 판매제 도입이 논의되고 있으며 중국과 독일에서도 전기자동차에 엄청난 규모의 보조금이 도입되고 있다.

게다가 충전 설비의 표준화나 확대 및 정비계획도 유럽과 미국 등지로 확산되고 있다. 이 때문에 토요타 자동차와 선두 다툼을 벌이고 있는 독일 폴크스바겐(VW)은 2025년까지 30개 차종 이상의 전기자동차를 투입, 연간 200만 대 이상의 판매를 목표로하고 잡고 있다.

또, 닛산자동차는 중국에서 저가용 전기자동차 투입을 검토하고 있고 혼다차도 내년부터 미국에서 전기자동차 세단을 시판한다.

전기자동차 부문에서 가장 앞서 있는 미국 테슬라 모터스 등 신흥 강자들도 3천만 원대 고성능 저가 전기자동차를 내놓기로 하는 등 전기자동차 시장을 둘러싼 자동차업체들의 경쟁이 한층 치열해지고 있다.

(3) F3DM(BYD)

지난해 순수 전기자동차를 가장 많이 판매한 곳은 연일 뉴스거리를 뿌리고 있는 테슬라가 아니다. 출시 5년 동안 20만대가 판매된 전기자동차의 스테디셀러 리프를 만드는 닛산도 아니다. 중국 업체 BYD가 1위를 차지했다. 지난 해 총 판매량은 6만여대를 기록했다. 테슬라가 5만여대로 뒤를 이었다. 하지만 중국 제품을 보면 우리는 항상 평가절하를 하며 말한다. "14억 명에게 하나씩만 팔아도 1등 아니겠어?" 맞는 말이다. 중국의 자동차 시장 규모는 세계에서 가장 크다. 이미 2009년도에 미국을 제치고 7년째 1위를 하고 있다. 그러나 단순히 시장이 크기 때문에 BYD가 어부지리로 승리한 것은 아닐지 모른다.

그림 2-32 F3DM(BYD)

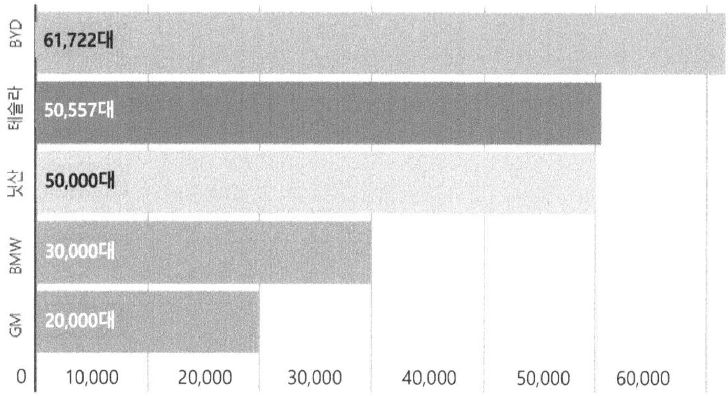

그림 2-33 전기자동차 판매량 순위(2016년)

BYD의 주력은 전기 버스다. 전세계에서 전기 버스를 대량 생산하는 곳은 BYD가 유일하다. 주력 모델인 K9은 12 m길이의 40인승 버스다. 324 kW의 배터리를 탑재하고 약 250 km를 달릴 수 있다. 충전 시간은 4시간 밖에 걸리지 않는다.

BYD는 전기자동차 배터리 업계에서 점유율 2위를 기록하고 있다. 지금 만들어 지는 전기자동차 4대 가운데 1대는 BYD의 배터리를 사용하고 있다.

BYD의 배터리는 무겁고 비싸다. 그런데 어떻게 계속 점유율이 오르고 있는 걸까? 비결은 BYD의 독점 커스텀 기술로 만들어진 'LiFePO 4' 배터리다. BYD의 리튬 인산철(lithium-iron-ferrous-phosphate) 배터리는 4,000회 이상 충전에도 70% 이상의 효율을 보장한다. 과열로 인한 폭발에 대한 안전성도 뛰어나다.

아직 상용 모델에 적용된 기술은 아니지만 망간을 추가한 'LiMnFePO 4' 배터리는 에너지 밀도 증가, 배터리 충전 속도를 획기적으로 단축할 수 있다. BYD의 고속 충전기를 사용하면 20분이면 80%, 40분이면 100% 완충을 할 수 있다. BYD의 전기자동차 배터리 수명은 30년이고 보증 기간은 무려 12년이다.

(4) i8(BMW)

국내에서 강세를 보이는 독일 완성차 업체들이 경쟁적으로 PHEV 출시에 나서고 있다. 독일차의 경우 토요타로 대표되는 일본 완성차 업체들이 선점한 하이브리드차를 건너 뛰고, 바로 PHEV로 진입하고 있다. PHEV 시장을 장악하면 다음 단계인 완전한 전기자동차 시장 평정도 유리할 수 있기 때문이다.

그림 2-34 i8(BMW)

BMW는 PHEV인 스포츠카 'i8'을 선보인데 이어 PHEV인 SUV 'X5 xDrive40e'를 선보인다.

BMW의 제조 공장은 세계 여러 곳이 있지만, i8 모델은 독일에서만 제조하며, 스포츠카 성능을 자랑한다고 알려져 있는 모델이다. 전기 충전 또는 재생 시스템으로 충전되기 때문에 다른 자동차보다 무게가 많이 나가게 되어 있는 모델이다. BMW 기술을 담아 조금 더 무게를 줄이기 위해서 탄소섬유, 세라믹, 알루미늄 등 적용하여 1485 KG 무게를 실현하며 출시하게 되었다.

AWD구동으로, 동적 벡터링 시스템은 eDrive 적용하여 최고의 드라이브를 즐길 수 있도록 민첩한 휠 스핀과 코너링에서 각기 다른 휠 스핀을 적용해 안정적인 코너링을 도와주는 시스템이다. 최고출력(362 ps/rpm), 최대토크(58.2 kgm/rpm), 1회 충전, 전기모드에서 120 Kmh 속도로 37 ㎞ 주행 가능하다.

2-4 배터리 전기자동차(BEV)

내연기관 없이 모터와 전지가 엔진과 화석연료의 역할을 대신하는 자동차를 전지 전기자동차(BEV)라고 한다. 주행 시 오염물질 및 이산화탄소 배출량이 없어 무공해차량으로 불리며 이러한 특징들 때문에 HEV, PHEV와 같은 과도기적 혹은 혼합식의 구조는 향후 축전지 기술의 발전에 따라 사라지고 BEV화 되고 있다.

[표 2-9 내연기관차 VS 전기자동차 부품수 비교]

구분	내연기관차 부품수		전기자동차 부품수	
엔진부품	**6,900 개**	**23%**	-	-
구동,전달 및 제동장치	5,700 개	19%	3,600 개	19%
차체	4,500 개	15%	4,500 개	24%
현가(서스펜션) 및 제동	4,500 개	15%	4,500 개	24%
전장품, 전자부품	3,000 개	10%	900 개	5%
기타	5,400 개	18%	5,400 개	29%
합계	**30,000 개**	100%	**18,900 개**	100%

전기자동차의 주요부품은 축전지, 모터, 인버터/컨버터, 회생제동장치, 축전지시스템(BMS) 등이다. 축전지는 재충전이 가능한 2차전지가 이용되며 전기자동차 품질에 가장 큰 영향을 미치며, 모터는 축전지를 통해 구동력을 발생시키며 인버터/컨버터는 직류와 교류를 변환시키는 역할을 한다. 축전지시스템은 축전지의 충전, 방전을 조절하고 보호하는 역할을 하여 축전지의 품질을 향상 시킨다.

전기자동차의 모터는 전기에너지를 기계에너지로 변환하여 드라이브 라인에 동력을 공급한다. 모터는 구동전원의 형태에 따라 직류모터와 교류모터로 구분할 수 있는데, 교류모터는 직류모터에 비해 구조가 비교적 간단하여 모터의 크기를 소형화, 경량화 할 수 있어 현재 전기자동차에는 주로 교류모터가 사용되고 있다.

전기자동차의 축전지는 핵심기술로서 기존의 납축전지에서 니켈-수소전지, 리튬이온전지, 리튬이온폴리머전지 등 성능 및 안전성 등에서 개발과 발전을 거듭해오고 있습니다. 그러나 전기자동차의 활성화를 위해서는 더욱 에너지밀도를 높이고 공급가격을 낮출 수 있는 기술개발이 필요하다.

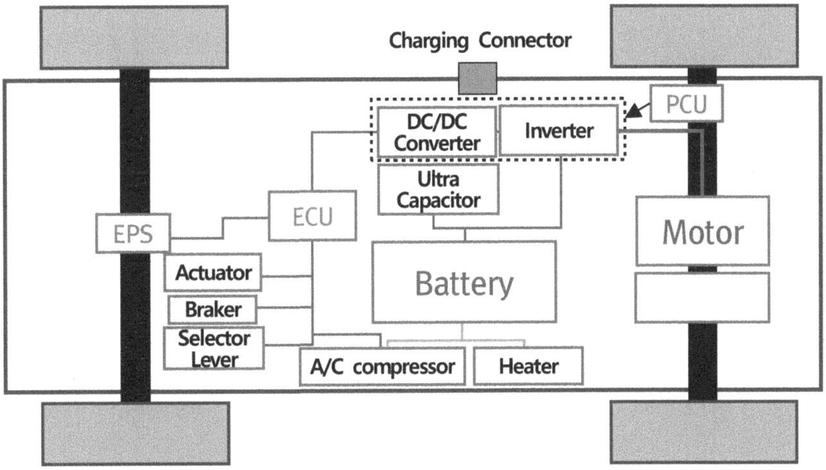

EPS: Electronic Power Steering
PCU: Power Control Unit(Converter+Inverter)
ECU: Electronic Control Unit

그림 2-35 전기자동차의 주요 부품구성도

[표 2-10 전기자동차의 주요 구성품]

주요 구성품	특 징
모 터	· 모터에는 직류모터와 교류모터가 있다. · 교류모터는 브러시가 필요 없으나 교류의 타이밍을 모터로 얻고 싶은 토크나 회전수에 맞춰 조정하는 것이 어려워 효율이 낮다. · 요즘에는 회전자와 고정자의 위치관계를 정확히 알아서 교류전류를 흘리는 방식이 개발돼 마치 브러시 없는 직류모터와 같은 성능을 낼 수 있다. · 모터에 걸리는 전압은 회전수와 전류 양쪽에 관계된다. 전기자동차로 평지를 달리며 속도를 높이려면 전압을 올리면 되고 고갯길에서 같은 속도로 달리고 싶으면 전압을 올리고 회전수를 유지한 채 전류를 증가시키면 된다. · 최근에는 브러시리스 DC모터라고 불리는 유도식 교류모터가 개발돼 각광을 받고 있다.
축전지	· 가솔린 자동차와 달리 현재의 전기 자동차는 주행거리가 짧기 때문에 가솔린 자동차의 감각으로 운전하다가는 길거리에서 멈추기 십상이다. 그래서 남아 있는 전력량을 아는 일이 매우 중요하다. · 보통 축전지액의 비중 또는 전압을 측정하는 두 가지 방식이 있다. 그런데 축전지 중 주위 온도에 따라 남아 있는 전력량이 달라지는 것도 있어 계기를 만드는 일이 쉽지 않다.

DC/AC Converter	· 인버터는 컨버터와 같은 작용을 하면서 직류를 교류로 변환시키는 기능 · 직류를 교류로 만들기 위해 변조기가 사용 · 인버터는 컨버터에 비해 구조가 복잡
모터제어기	· 엑셀 패달 조작량 및 속도를 검출해서 거기서 의도한 구동 토크 변화를 가져올 수 있도록 차속이나 부하 등의 조건에 따라 모터의 토크 및 회전 속도를 제어한다. · 직류모터라면 전류의 크기를 제어 · 교류모터는 진폭이나 주파수/위상을 바꾸어서 자동차의 주행상황 변경한다.
회생제동장치	· 전기자동차의 에너지 소비를 줄여 주는 데 있어 매우 중요한 역할을 하는 것이 회생 브레이크다. · 전기자동차 모터는 발전기와 구조가 같아 전류를 흘리면 회전하고 반대로 밖에서 힘을 걸어 회전시키면 발전기가 됨 · 차를 감속시키거나 제동을 할 때 그 힘으로 모터를 회전, 전기를 발전시켜 축전지로 보내는 장치를 만들면 전기소모량을 많이 줄일 수 있다. · 엔진차를 전기자동차로 개조하는 경우 : 엔진 위치에 모터를 장착하고 트랜스미션과 디퍼렌셜기어를 그대로 사용하는 일이 많다. · 전기 자동차에 사용되는 모터들은 저속에서 고속까지 무단으로 부드럽게 변환시킬 수 있기 때문에 반드시 변속기와 감속기가 필요하지는 않다. · 실제로 최근에 오리지널 전기자동차로 개발된 차들은 바퀴를 각각 하나씩 돌리도록 여러 개의 모터가 장착된다.

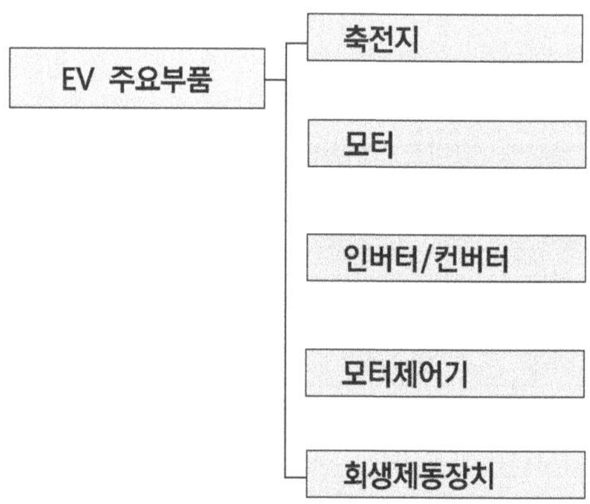

그림 2-36 전기자동차 주요부품

많은 완성차 제조업체들과 신생 벤처기업들에서 전기자동차를 출시하거나 이를 계획하고 있다.

[표 2-11 자동차별 주행거리 비교]

구분	배터리용량(KWh)	주행거리(Km)	완충시간(예상)	배터리 공급사
BMW i3	21	132	3 ~ 5시간	삼성SDI
닛산 리프	24	132	4 ~ 5시간	AESC
현대 아이오닉	28	191	4 ~ 5시간	LG화학
BMW 뉴 i3S	33	300	4 ~ 5시간	삼성SDI
테슬라 모델3(표준)	55	354	6 ~ 8시간	파나소닉
기아 니로 EV	60	380	8 ~ 9시간	SK이노베이션
GM 볼트(Bolt)	60	383	8 ~ 9시간	LG화학
현대 코나 EV	60	390	8 ~ 9시간	LG화학
닛산 리프 2세대	60	400	8 ~ 9시간	AESC
르노 조에(ZOE)	41	400	8 ~ 9시간	LG화학
테슬라 모델3(장거리)	75	450	9 ~ 10시간	파나소닉
테슬라 모델s 90D	90	512	10 ~ 12시간	파나소닉
테슬라 모델s P100D	100	594	11 ~ 12시간	파나소닉
루시드 에어	130	643	11 ~ 12시간	삼성SDI

평균 *30 KWh/200 Km *60 KWh/400 Km *90 KWh/500 Km / 주행거리는 국가별 인정기준이 다름

최근 친환경차 중 비교적 관심이 적었던 전기자동차가 내연기관을 대체할 차량으로 주목을 받게 된 가장 큰 요인은 전지 성능 및 기술발전이지만 중국의 전기자동차 개발의지도 중요한 요인 중 하나라고 할 수 있다.

현재 세계 1위의 자동차 수요시장인 중국에서 전기자동차를 중심으로 친환경차 시장이 형성된다면 선진국을 중심으로 시장이 형성되고 있는 하이브리드자동차나 클린디젤차에 비해 시장 확대가 더욱 클 것이다. 특히 자동차 수요가 신흥국 위주로 증가하고 경소형차 수요비중이 높아지는 상황에서 경소형차를 중심으로 개발되고 있는 전기자동차는 친환경차 산업에서 시장형성이 빠를 것으로 예측된다. 따라서 전기자동차 개발에 소극적이던 주요 완성차업체들은 최근 전기자동차 시장선점을 위한 전기자동차 개발에 박차를 가하고 있으며 잇달아 전기자동차 출시계획을 발표하고 있다.

300 km 이상 주행이 가능한 전기자동차 모델이 잇달아 출시된다. 가격 면에서는 아직 내연기관차보다 비싼 편이지만, 주행거리 면에서는 내연기관차 수준에 근접하고 있다.

2-5 연료전지자동차

전기자동차에 전기를 공급하는 방법은 연료전지와 축전지 두 가지다. 외부로부터 전기를 충전, 저장해야 하는 축전지방식은 수백 파운드의 무거운 축전지팩이 필요한데다 운행거리에 제한이 따르고 3~6년에 한 번씩 축전지를 교환할 때 많은 돈이 든다. 그래서 자동차 업계에서는 연료전지 방식에 더 주목하고 있다. 특히 수소연료전지는 축전지에 비해 작고 가벼우며 빠른 시간에 재충전된다는 것이 장점이다. 또 수증기만을 방출하기 때문에 가장 깨끗한 미래형 동력원이 될 것으로 보인다.

연료전지자동차의 경쟁자인 전기자동차는 주행 시 배기가스를 배출하지는 않지만 화력발전으로 전기를 생산한다면 화석 연료를 사용하기 때문에 엄밀한 의미에서 무공해차로 분류하기는 어렵다.

연료전지자동차는 화학적 축전지 대신 작은 발전소에 비유할 수 있는 연료전지(Stack)를 싣고 다닌다. 연료전지자동차는 수소를 연료로 사용하는데 아직은 수소 저장 및 운반 기술이 미흡하고, 충전소도 많지 않아서 상용화에 어려움을 겪고 있다. 그러나 관련연구가 활발하게 이루어지고 있어 수년 내에 대중화가 이루어질 것으로 전문가들은 내다보고 있다.

연료전지는 가장 주목을 받고 있는 대체에너지 기술 중 하나로, 환경오염 문제를 해결하고 전력 수요 및 에너지 수요에 효율적으로 대비할 수 있는 일종의 전기화학 장치이다. 연료전지는 원료인 수소를 산소와 반응시켜 열과 전기를 얻는다. 물을 전기분해해 수소와 산소를 만들어내는 원리를 반대로 생각하면 쉽다.

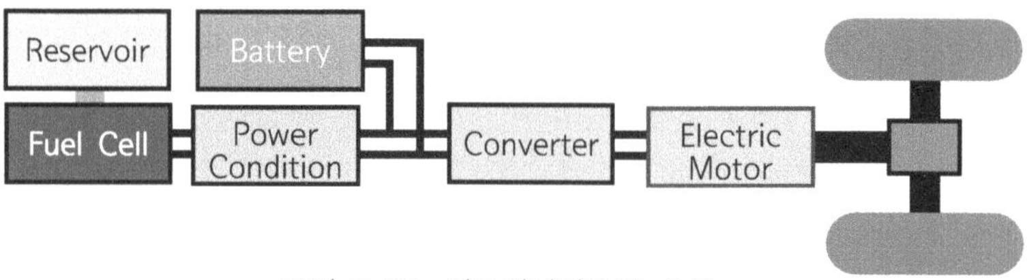

그림 2-37 연료전지자동차 구조

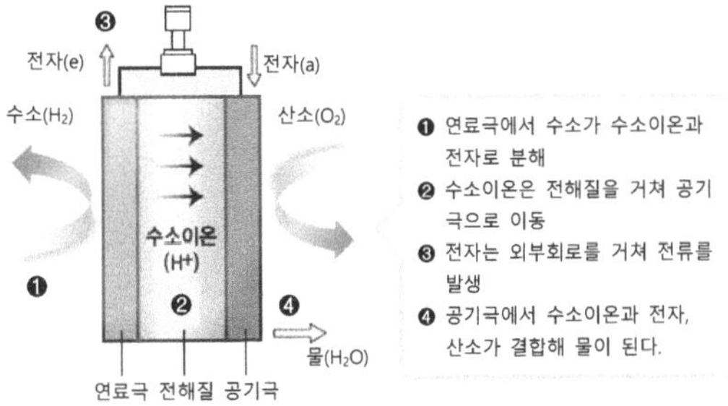

그림 2-38 연료전지의 전기발생원리

연료전지는 연료극(anode), 공기극(cathode), 그리고 이온전도성 전해액으로 구성된다. 연료극에서 수소가 이온화되어 수소이온의 형태로 전해액을 통해 공기극으로 이동하고, 이온화시 발생한 전자는 외부회로를 통하여 공기극으로 흘러가게 된다. 공기극에서 만난 산소, 수소이온 그리고 전자가 반응하여 물을 생성한다. 즉, 연료전지는 수소와 산소를 전기 화학적 방법으로 반응시켜서 전기를 생산하는 장치이다. 이때 생성물은 물이며, 부수적으로 반응열도 생성된다.

연료전지는 다양한 장점을 갖고 있다. 가정용의 경우 발전 뿐 아니라 발전 과정에서 나오는 열을 난방에 활용할 수 있다. 발전효율만 해도 35%에 달해 기존 발전시스템보다 높다. 여기에 난방효율까지 더하면 전체 효율은 80%에 달해 압도적인 우위를 자랑한다. 효율이 높으면 높을수록 연료 사용이 줄어든다. 화석연료를 이용한 기존의 방식에 비하여 훨씬 더 효율적으로 사용할 수 있는 것이다.

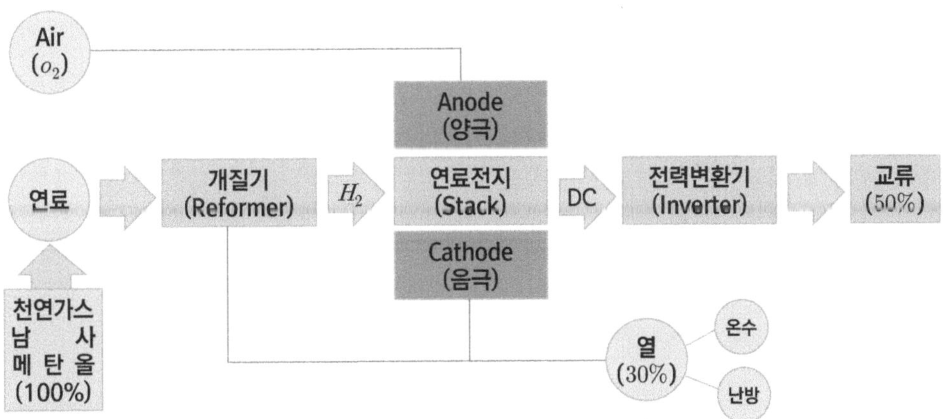

그림 2-39 연료전지 발전시스템 구성도

2-5-1 수소 연료전지자동차

수소 연료 전지로 발전하고 전동기를 구동하는 타입으로 수소를 직접 연소하여 이용하는 수소자동차와는 에너지를 내는 방법이 다르다.

[표 2-12 수소 연료전지자동차 장단점]

구 분	장 점	단 점
수소 연료전지자동차	· 자연 에너지 발전의 이용보다, 수소는 물에서 무한대로 생산 가능하여 지속 가능하다. · 주행시 CO_2나 NO_X가 발생하지 않는다. · 항속거리가 전지식 전기자동차 보다 길다. · 내연수소자동차보다 연료를 절감할 수 있다.	· 인프라 정비에 비용이 든다. · 수소흡장합금 탱크나 고압수소 탱크를 탑재하므로 차량 내부 공간이 협소하고 무게는 증가한다. · 수소연료전지자동차에 사용하는 백금 등에 의해 연료 전지 자체가 고가여서, 내연 수소 자동차 보다 취득 비용이 든다. · 화학 반응을 이용하는 발전이로, 이온 교환 수지의 마모에 의한 성능 저하를 피할 수 없으며, 몇 년마다 연료 전지를 교환해야 한다.

2-5-2 알코올 연료전지자동차

알코올을 직접 연료전지에 공급하는 방식과, 연료 개질기를 사용하여 알코올에서 수소를 얻어, 수소 연료 전지에 공급하는 방식이 있다. 발전이후의 시스템은, 전동기를 구동하는 전기자동차와 거의 같다. 알코올을 연료로 하여 직접 내연기관에서 연소시키는 자동차와는 다르다.

[표 2-13 알코올 연료전지자동차 장단점]

구 분	장 점	단 점
알코올 연료전지자동차	· 화재시 물로 소화가 가능하다. · 항속 거리가 전지식 전기자동차에 비해 길다. · 연료 가격은 비교적으로 싸다. · 전기자동차와 설계의 공통화를 도모할 수 있다.	· 알코올의 제조 단계에서 CO_2가 발생한다. · 알코올 연료는 가솔린이나 경유에 비해 인화 가능한 공기중의 혼합비의 범위가 넓고, 안전성이 떨어진다. · 메탄올은 금속을 부식 시켜 취급 자격이 필요하다. · 연료 전지 스택이 비싸다. · 부식성 때문에 알코올 직접 공급식 연료 전지는 수소 연료 전지 보다 수명이 짧다.

한·일 친환경차 개발 경쟁

- 한국과 일본 자동차 회사들의 친환경차 투자 경쟁이 본격화하고 있다. 양국 대표 자동차 기업인 도요타, 현대·기아차는 친환경차와 자율주행차 관련 기술 개발에 수십조원이 넘는 투자를 예고했다.
- 도요타는 수소연료전지자동차(FCV)와 플러그인 하이브리드카 개발에 집중하기로 했다. 수소연료전지자동차는 도요타가 '궁극의 친환경차'로 생각하는 모델이다. 도요타는 2014년 12월 수소연료전지자동차 '미라이'를 선보였다. 충전 시간은 3~5분, 한 번 충전으로 650 km를 달린다.

도요타 수소연료전지자동차(FCV)

- 도요타 관계자는 "2020년 도쿄올림픽이 열리는 때를 고려해 (FCV)상품을 강화해 나갈 계획"이라며 "그 때가 수소연료전지자동차 시장의 분기점이 될 것"이라고 말했다.
- 도요타는 순수 전기자동차보다는 플러그인 하이브리드카 개발에 힘쓸 예정이다. 플러그인 하이브리드카는 배터리를 충전한 뒤 모터를 이용해 달리다가 방전되면 석유 엔진을 구동해 주행하는 하이브리드차다. 도요타는 2011년 플러그인 하이브리드카 1세대 모델 '프리우스 PHV'를 선보였고 2세대 모델인 '프리우스 프라임'을 출시했다. 프리우스 프라임은 전기만으로 60 km를 달릴 수 있다.
- 현대·기아차도 친환경차 경쟁에서 밀리지 않겠다는 의지를 내보였다. 현대차그룹 회장은 친환경 자동차 라인업을 확대해 시장을 주도하자고 말했다. "끊임없는 혁신만이 불확실성의 시대에도 생존할 수 있는 방법"이라고도 했다.
- 현대·기아차는 아이오닉 하이브리드(HEV), 순수 전기자동차 아이오닉 일렉트릭(EV)을 출시한 데 이어 아이오닉 플러그인 하이브리드(PHEV)도 선보인다.
- 수소연료전지자동차의 새로운 모델도 구상 중이다. 수소연료전지자동차를 세계 최초로 개발한 만큼 수소차 경쟁에서도 앞서가겠다는 것이다. 현대·기아차는 2010년에 '투싼ix FCEV'를 처음 내놨다. 한 번 충전으로 424 km를 달리는 친환경차다.

2-6 친환경자동차의 비교

2-6-1 구조적인 차이

자동차에서 파워트레인은 동력장치에서 생산한 동력을 바퀴에 전달하는 과정에서 필요한 시스템을 지칭한다.

전기자동차 파워트레인은 동력을 만드는 모터와 전기의 특성을 제어하는 파워일렉트로닉스, 그리고 전기에너지를 저장하는 전지팩으로 구성된다. 연료를 저장하고 배출하는 내연기관차의 연료탱크는 파워트레인에 포함되지 않지만, 전기자동차의 전지팩은 에너지의 저장 및 효율적 관리 역할까지 하므로 파워트레인 구성 요소에 포함된다.

전기자동차와 내연기관차 파워트레인의 가장 큰 차이는 동력을 만드는 방법에 있다. 내연기관차의 동력을 엔진이 만든다면, 전기자동차의 동력은 모터가 만든다. 엔진을 구동하려면 휘발유 등 연료가 필요하고, 모터를 돌리려면 전기가 필요하다. 동력을 전달하는 방식도 전기자동차와 내연기관차는 다르다. 전기자동차가 동력을 만들고 전달하는 방식은 내연기관차에 비해 간단한 편이다. 따라서 전기자동차 파워트레인은 내연기관차보다 구조적으로 훨씬 단순하고, 부품수도 최대 80%까지 줄어든다.

내연기관차의 성능은 파워트레인 구성 부품인 엔진과 변속기의 개별 성능, 그리고 부품간 효율적 연계 수준에 달려있다. 전기자동차에서도 파워트레인의 성능은 중요한 경쟁 요소다. 원가 측면에서도 파워트레인의 비중은전기자동차 부품 중에서 가장 높다. 전기자동차 모델간 경쟁의 핵심이다.

[표 2-14 친환경자동차 종류별 특징]

구분	HEV	PHEV	BEV	FCEV
차량모델	도요다프리우스	GM VOLT	테슬라 모델3	현대차 넥쏘
변속기	YES	YES	NO	NO
동력원	AC 동기식	AC 동기식	AC 동기/유도	AC 동기/유도
배출가스	YES	YES	NO	NO

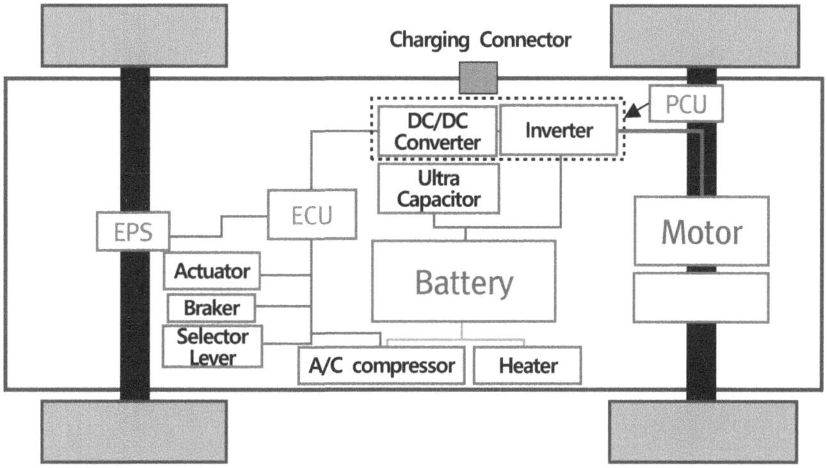

EPS: Electronic Power Steering
PCU: Power Control Unit(Converter+Inverter)
ECU: Electronic Control Unit

그림 2-40 전기자동차의 주요 부품구성도

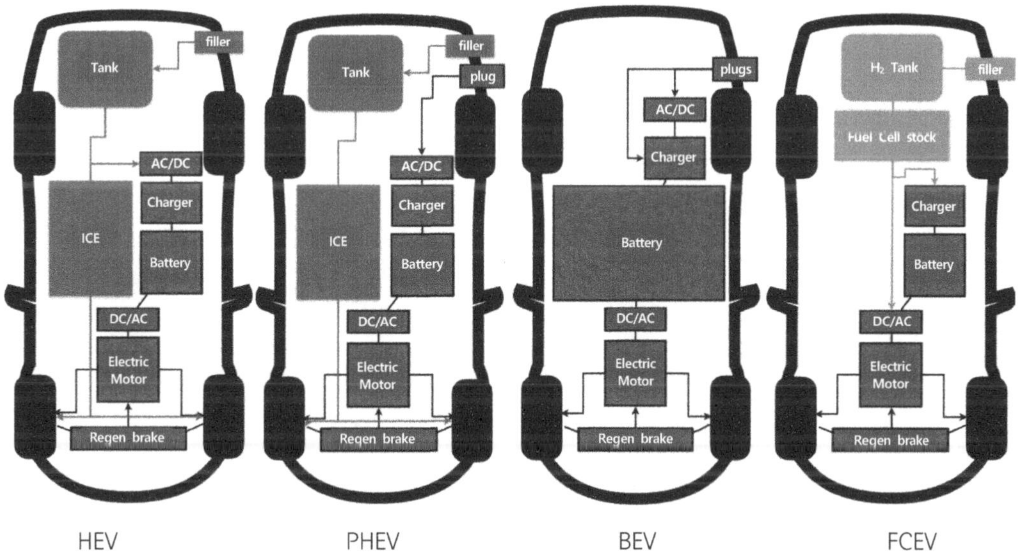

그림 2-41 친환경자동차 종류별 특징

FCEV는 EV의 배터리가 갖는 문제점을 극복하는 과정에서 나온 것이다. 사실 EV는 배터리문제만 극복되면 세상에서 가장 완벽한 자동차이다. 배터리문제란 가볍고, 부피가 작고, 반영구적이며 값이 싼 배터리를 만들어야 한다는 것이다. 여기에 무엇보다 충전시간이 짧아야 한다. FCEV는 EV의 배터리 충전문제를 해결하기 위해 수소만 공급해 주면 계속 전기가 생산되는 연료전지를 사용한다. 말은 간단하지만 이렇게 바꾸기 위해서는 많은 부분이 달라져야 한다.

EV에는 필요 없는 연료저장용기, 연료공급 및 제어장치, 연료전지스택 제어 및 조절장치 등이 추가로 필요하다.

[표 2-15 친환경자동차 종류별 주요구성부품]

부품명	하이브리드전기자동차	전기자동차(EV)	수소연료전지자동차
전기모터	●	●	●
배터리	●	●	●
BMS	●	●	●
인버터/컨버터	●	●	●
차량제어기	●	●	●
엔진	●	-	-
변속기	●	-	-
수소저장탱크	-	-	●
연료전지	-	-	●

[표 2-16 전기자동차의 주요 구성품과 대응되는 가솔린자동차의 부품]

	전기자동차 주요 구성품	내연기관 주요 구성품
구 동 원	모터	엔진
에너지원	구동 축전지	연료탱크 및 연료
에너지변환	DC/AC Converter	알터네이터
충 전 기	충전기	-
제 어 기	모터제어기	엔진제어기(ECU)
발 전 기	회생제동장치	-
기 동	-	시동모터

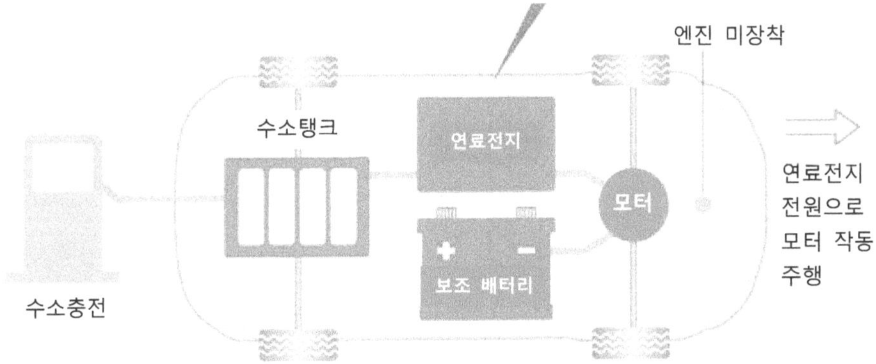

그림 2-42 수소연료전지자동차의 구조

[표 2-17 동력전달장치의 전기화 정도에 따른 구분]

구분	Engine Stop/Start	Regenerative Braking	Electric Motor Assist	Pure Electric Drive
내연기관	가능	최소	NO	NO
Micro(Mild) HEV	YES	YES	재시동	NO
Soft(Power assist) HEV	YES	YES	재시동+가속	NO
Hard(Full) HEV	YES	YES	재시동+가속	YES
PHEV(Plug-in HEV)	YES	YES	재시동+가속	YES
BEV	NO	YES	NO	YES
FCEV	NO	YES	NO	YES

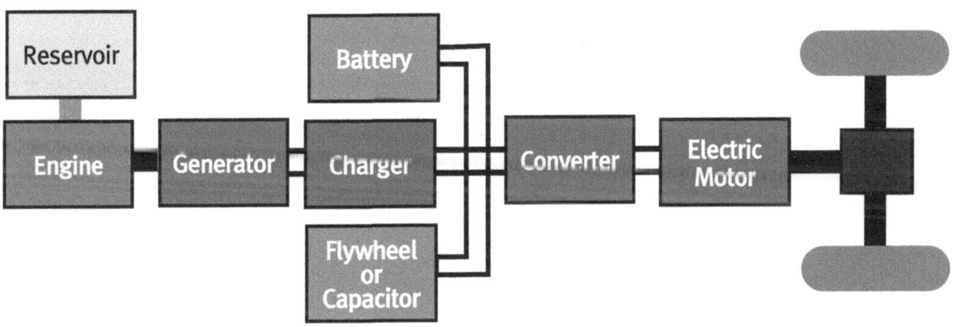

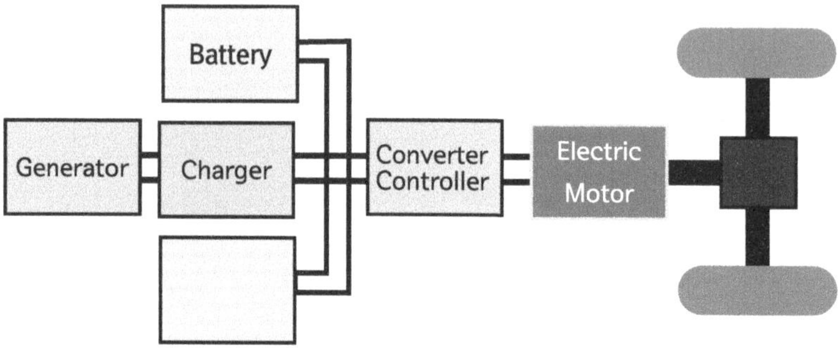

그림 2-45 전기자동차의 구조

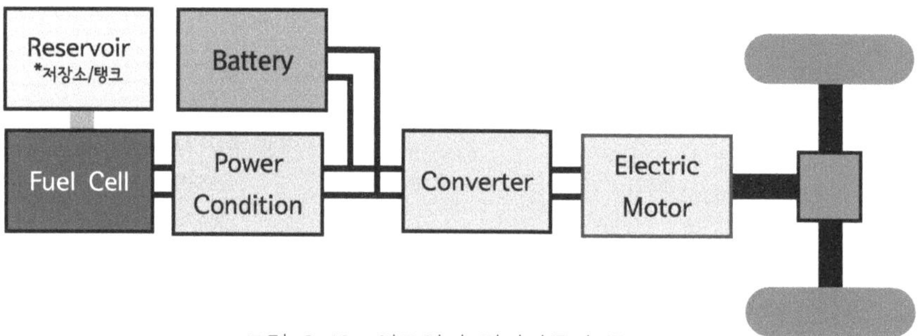

그림 2-46 연료전지 전기자동차 구조

전기자동차에 변속기가 달려 있나, 없나?

- 변속기(transmission) : 일반적인 자동차용 내연기관은 일정한 속도에서 토크가 최대가 된다. 엔진의 회전을 일정하게 유지하기 위해 기어를 사용하여 출발할 때에는 회전속도를 줄임과 동시에 토크를 늘려 주고, 속도가 빨라짐에 따라 회전을 높이는 역할
- 전기자동차(BEV)에는 변속기가 없다
- 교류모터는 주파수제어(PWM)로 모터의 속도를 달리 할 수 있다.
- 컨트롤러를 통해 가능한데, 이를 전자 변속기라고 부르는 경우가 있음.
- 인버터는 직류전원을 교류전원으로 변환하고, 이를 속도제어에 활용.(직류방식의 경우는 속도 제어에만 사용)

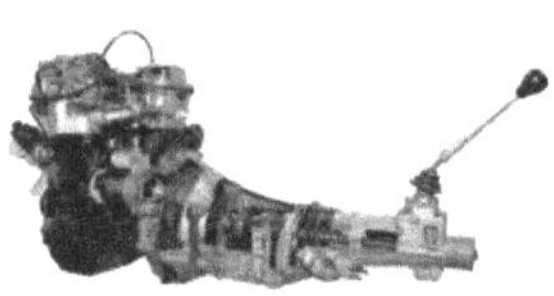

리튬이온 배터리 형상구분

- **각형은** 삼성SDI의 주력 형태로 양극과 음극 소재를 말아 만드는 와인딩 방식을 적용해 대량 생산에 유리하고 안정성이 뛰어난 장점이 있는 반면 상대적으로 무겁고 형태의 변환이 제약되는 한계가 있다. BMW i3, 폭스바겐 E-Golf, 아우디 A3 e-Tron 등 유럽 자동차에 주로 채택되고 있다.
- **파우치형**은 LG화학이 대표적으로 생산하고 있으며 알루미늄 필름 형태의 파우치 안에 배터리 소재를 넣는 방식이어서 디자인과 경량화 측면에서 유리하다. 닛산 리프, GM 볼트 등에서 채택하고 있다.
- **원통형**은 테슬라 전기자동차에 적용되고 있는 형태로 파나소닉이 주로 납품하고 있다. 모델 S의 경우 약 7,000여개의 배터리가 장착되고 있는 것으로 알려져 있다. 원통형 전지는 가장 오래된 형태로 가격 대비 성능을 극대화할 수 있는 장점이 있지만 디자인과 구조상의 한계, 낮은 에너지 밀도 등의 이유로 각형이나 파우치형에 비해 경쟁력이 열위한 것으로 평가되고 있다. 그러나 최근 중국 2nd, 3rd 티어의 자동차 메이커들이 원통형 채택을 늘리고 있고 차량 하부 장착을 통한 차의 무게 배분 및 공간 활용도 증대 측면에서 독일 럭셔리 자동차들도 원통형에 관심을 가지고 있는 것으로 알려졌다.

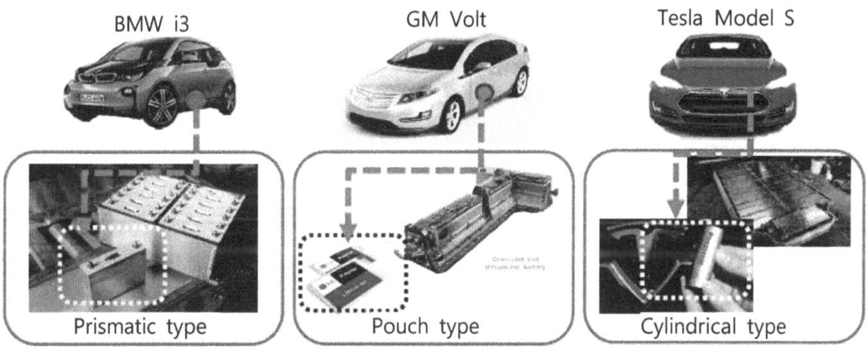

3가지 타입의 배터리 셀과 대표 전기자동차 모델

차량배터리 종류

	파우치형	각형	원통형
배터리 제조사	LG화학, AESC, SK이노베이션	삼성SDI, 파나소닉, 도시바 등	LG화학, 삼성SDI, 파나소닉 등 대부분 배터리 업체
자동차 메이커	현대기아차, GM, 포드, 르노 폭스바겐, 볼보, 닛산, 아우디 다임러 등	BMW, 도요타, 혼다 등	테슬라

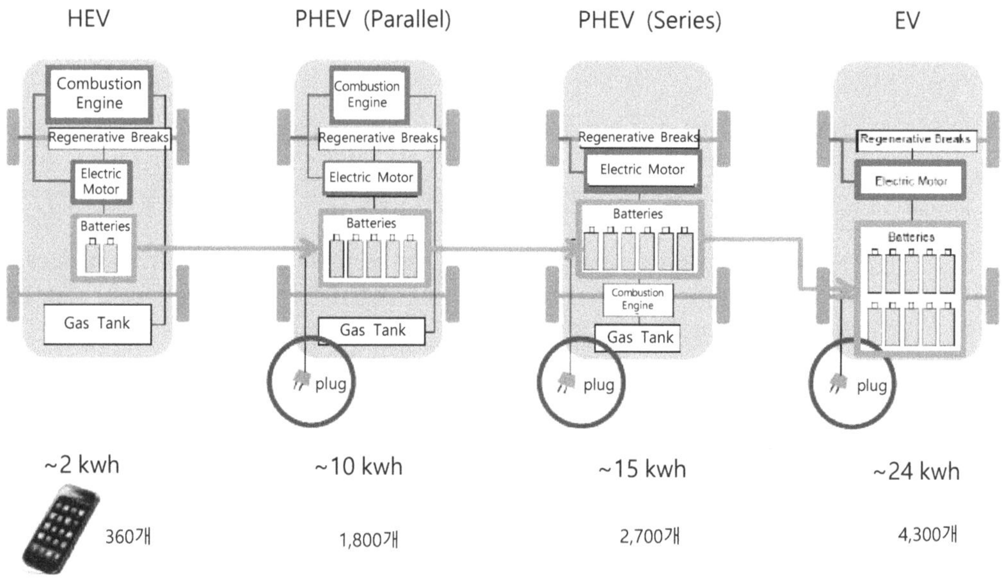

그림 2-47 전기자동차 종류 및 배터리 용량

전기자동차의 구조는 동력원인 축전지와 구동력을 발생하는 모터 그리고 감속장치 등으로 구성되어 있다.

[표 2-18 자동차의 종류 및 특징]

구분	내연기관자동차 (ICV)	하이브리드차 (HEV)	전기자동차 (EV)	연료전지차 (FCEV)
동력계 구조			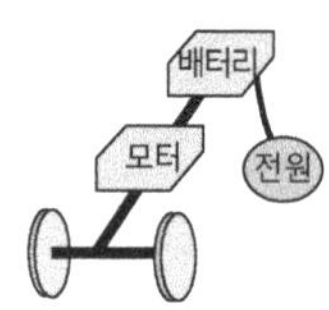	
구 동 원	· 엔진+변속기	· 엔진 + 모터	· 모터	· 모터
에너지원	· 화석연료	· 화석연료 · 전기	· 전기	· 수소
구매비용	· 다소 저가	· 다소 고가	· 고가	· 초고가
배터리 용 량	· 0.7 KWh	· 0.98 ~ 1.8 KWh	· 16 ~ 100 KWh	· 10 KWh 내외

장점	· 저렴한 가격 · 주행거리 제한없음 · 석유를 사용하기에 편리	· 주행거리 제한없음 · 연비 좋고 친환경적 · 별도 인프라 필요 없음	· 배출가스 없음 · 저렴한 가격(수소차 대비) · 충전 인프라(상대적)	· 배출가스 없음 · 짧은 충전시간 · 긴 주행거리
단점	· 대기오염 발생 · 석유의 유한성	· 가격이 내연기관차 보다 높음. · 대기오염 발생	· 짧은 주행거리 · 긴 충전시간 · 화석연료전력생산 · 배터리용 원자재 (리튬,코발트)고가	· 높은 수소 생산단가 · 충전인프라 미비 · 고가의 차량
적용사례	· 소나타(현대) · K5(기아)	· 프리우스(도요타) · 시빅(혼다) · 소나타(현대) · K5(기아)	· BOLT(GM) · 모델S(테슬라) · ZOE(르노) · 코나(현대)	· 미라이(도요다) · 클래리티(혼다) · 넥쏘(현대)

선진 각국에서는 순수전기자동차의 조기 실용화를 위하여 정부 차원의 대규모 투자와 아울러 강제 보급 정책을 추진하고 있다. 자동차 제작회사들도 이에 적극 참여하고 있으므로 전기자동차의 개발 및 실용화 전망은 밝다고 할 수 있다. 더불어 순수한 전기자동차의 단점을 보완하기 위한 즉, 완벽한 전기자동차의 전 단계라고 할 수 있는 하이브리드 전기자동차(HEV), 플러그인 하이브리드 전기자동차(PHEV), 연료전지자동차(FCEV) 등에 대한 연구도 활발히 진행되고 있다.

3

친환경 자동차 개발현황

3-1 친환경 자동차 확산 및 시장전망

3-2 국내외 개발현황

친환경자동차의 확산이 거스를 수 없는 대세로 자리잡고 있다. 세계 각국 정부의 자동차연비 및 배기가스 규제가 갈수록 강화되면서 친환경자동차의 입지는 갈수록 확고해질 전망이다. 당분간 하이브리드형의 전기자동차가 주류를 이루겠지만, 향후 10년 후면 전기로만 가는 자동차의 비중이 이에 못지않게 높아질 것이다.

이러한 친환경자동차의 확산과 진화는 자동차산업은 물론 관련 산업에 적잖은 변화의 물결을 예고하고 있다. 전기자동차의 핵심 부품의 하나인 전지를 둘러싼 공급사슬 구조가 기술 발전과 충전인프라의 영향을 받아 재편될 것이다. 전력산업의 경우 충전인프라는 전력판매의 새로운 수익원이 될 것이며, 이를 지능적으로 관리 운영하는 것과 관련된 산업들이 성장할 것이다. 친환경자동차 확산으로 인해 명암이 나뉘는 분야도 있을 것이고, 정유산업처럼 사업모델이 새로운 형태로 진화할 수 있는 영역도 있을 것이다. 기업들로서는 이러한 변화의 흐름을 잘 간파하고 기술 개발이나 인프라 구축, 사업모델 개발 등 다각적인 측면에서 미리 대응하는 노력이 필요하다.

애플은 아이폰을 개발하면서 축적된 배터리와 센서, 하드웨어와 소프트웨어의 통합기술을 전기자동차에 적용한 타이탄(Titan) 프로젝트에 착수하여 수년내에 출시를 목표로 자동차산업에 본격 진출할 기회를 만들고 있다. 이제 자동차와 정보기술(IT)의 경계는 없어지고 자동차는 움직이는 IT기기로 변신하고 있다.

그림 3-1 인공지능 자율주행자동차

그림 3-2 자율주행 전기자동차의 미래 개념

검색엔진을 개발하는 정도로 세상에 알려졌던 구글이 무인자동차를 개발하여 시연을 하면서 자동차 분야는 더 이상 자동차 완성업체의 영역에 머무르지 않고 IT 기술 업체가 연구개발에 참여하는 무한경쟁의 장으로 변모하였다. 구글이 도요타의 프리우스를 개조해 만든 무인자동차가 일반도로 주행 실험에 성공한 것은 자동차 분야에 지각변동을 일으켰다. 세계는 인간의 운전 조작 없이 목적지까지 자율 주행하는 차량에 열광하였다.

자율주행 기술에 대한 사회적 기대와 요구가 점점 커짐에 따라 전기자동차를 생산하던 완성업체는 자연스럽게 자율주행 기능이 탑재된 전기자동차를 선보이고 있다. 실제로 테슬러는 레이더와 보행자를 인식할 수 있는 카메라, 360도 영역을 탐지하는 울트라 소닉 음파 탐지기, GPS와 실시간 교통정보 등 데이터 통합시스템 기능이 탑재된 전기자동차 Model D를 선보였으며, 테슬라의 모델 3를 비롯한 모든 차량에 완전 자율주행(Full self-driving)을 위한 필수 하드웨어들이 탑재된다. 이는 자율주행 업계에서 흔히 통용되는 5단계(완전 자율주행 가능) 기술을 현실화하겠다는 의미로 풀이된다.

앞으로 몇 년 내에 자율주행 전기자동차의 시장이 활성화 될 것으로 기대된다.

스마트카

- 스마트카는 자동차산업에 대한 정보기술의 도전이라고 말할 수 있다. 자동차업계의 대표 기업들은 CES, 즉, 국제 소비자 가전 전시회에 참가하는 한편 애플과 같은 기업이 모터쇼에 참석하고 있다. 이 말은 자동차 산업에서 전기 가전 기술의 비중이 증가하고 있으며, IT기업들이 자동차 산업에 뛰어들고 있다는 것을 의미한다. 특히 애플은 차량용 운영체제인 카플레이의 상용화를 선언하기도 하였다.

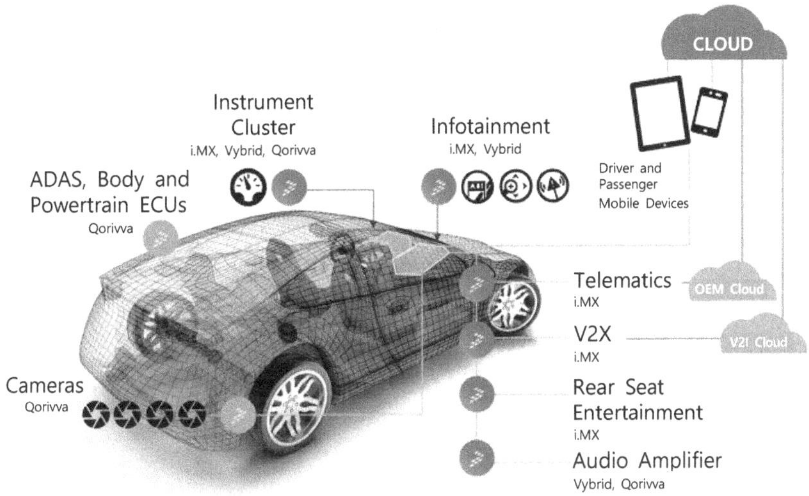

스마트카(car+internet)

- 스마트카에 대해 정의를 내려보면, 자동차 브랜드 또는 차세대 전기전자, 정보통신, 지능제어 기술 접목하여 자동차의 내부나 외부 상황을 실시간 인식하는 자동차라고 말할 수 있다.
- 스마트카는 자동차 자체의 성능 향상뿐 아니라, 주변 상황 감지용 센서를 이용한 첨단안전기능과 차량 간(V2V), 차량-인프라 간(V2I)의 정보를 융합한 통합안전기능을 포함하는 개념이다. 이를 위해 차량 간(V2V) 통신과 차량-인프라 간(V2I) 통신 등 다양한 네트워크 기술이 개발되고 있다.
- 주로 자동차의 안전에 관련된 사항을 다루는 것, 운전자 지원 정보, 인터넷 접속의 서비스가 고려되고 있다. 스마트카는 이런 여러 종류의 네트워크에 연결된 것이다. 그래서 스마트카를 커넥티드 카(Connected Car)라고도 부른다.
- 현재의 스마트카는 카메라, 레이더, 초음파 등 차량용 센서를 기반으로 한 안전 기술에 중점을 둔 첨단의 자동차를 말하며, 여기에 V2X 안전 기술이 더해지게 될 것이다. 이것은 차량 간, 혹은 차량과 노변 간의 인프라를 연계하여 교통정보를 통합해 준다. 즉, 최첨단의 자동차와 네트워크로 연결된 도로가 만나 미래에는 V2X 통합안전기술이 실현될 것이며, 이 모든 개념을 포괄하여 '스마트카'라고 볼 수 있다.

3-1 친환경자동차 확산 및 시장전망

요즘 모든 국제 모터쇼에서 단연 주목을 받은 것은 친환경자동차이다. 미국의 빅3는 물론 도요타, 혼다, VW, BMW 등 많은 자동차 기업들이 앞 다투어 자신들의 친환경자동차 모델을 발표하고 있다. 디트로이트 모터쇼에서 프랑크푸르트, 도쿄 모터쇼에 이르기까지 그 동안 친환경자동차에 미온적인 입장을 보인 기업들이 너나 할 것 없이 신규 친환경자동차 모델을 들고 나온다. 세련된 디자인에 성능도 일반 가솔린 차량에 뒤지지 않을 정도이다. 일각에서는 엔진 모터쇼가 아니라 전기 모터쇼가 아닌가 하는 착각을 일으키게 할 정도라는 평이다. 마치 모든 자동차 기업들이 친환경자동차에 올인 하는 모습이라는 것이다.

연료전지 자동차의 최대 매력중의 하나는 높은 연료전지의 효율에 있다. 연료전지는 낮은 온도에서 작동하면서도 최적 조건에서는 60% 이상의 효율을 가지고 있다. 이는 우리가 열역학에서 일반적으로 배워 온 이상적인 내연기관 사이클의 효율을 훨씬 뛰어넘는 것이다. 요즘 대부분의 연료전지 자동차는 하이브리드 기능을 가지도록 고전압 배터리나 슈퍼 커패시터를 동시에 장착한 형태로 개발되기 때문에 일반적으로 연료전지 자동차(FCEV)라 하면 연료전지 하이브리드 자동차를 의미한다.

연료전지는 수소와 공기만 공급하면 전기에너지를 끊임없이 만들어내는 반면, 물 이외에는 전혀 공해물질을 배출하지 않기 때문에 친환경성과 대체에너지의 조건을 완벽하게 만족시킨다. 세계 각국이 수소 연료전지 자동차를 환경친화적 미래형자동차의 최종적인 목표로 삼고 있는 것도 이런 까닭이다.

3-1-1 각국 정부, 배기가스 규제 및 친환경자동차 지원 강화

유럽연합(EU)이 지구온난화의 주범으로 꼽히는 온실가스를 줄이기 위해 자동차 배기가스 관련 규제를 강화한 데 이어 유럽 각국에서도 경쟁적으로 개별규제를 강화하고 나섰다. 이에 따라 최근 유럽 자동차 시장의 성장 둔화로 어려움을 겪고 있는 자동차업계는 엎친 데 덮친 격으로 위기의 상황에 직면하게 되었다.

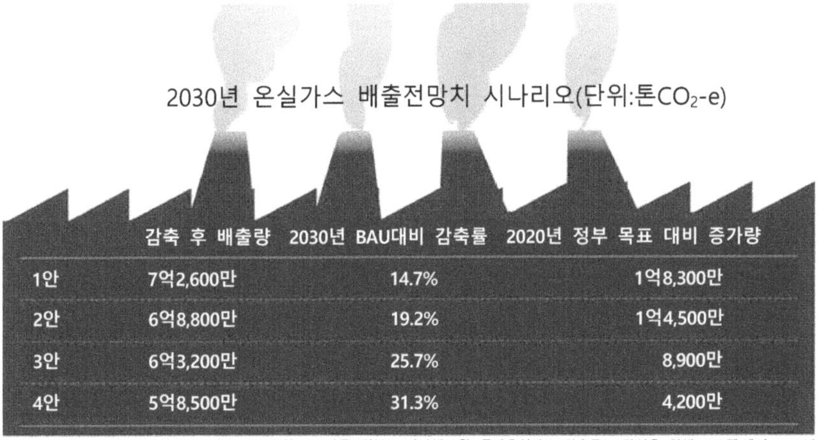
2030년 온실가스 배출전망치 시나리오(단위:톤CO_2-e)

	감축 후 배출량	2030년 BAU대비 감축률	2020년 정부 목표 대비 증가량
1안	7억2,600만	14.7%	1억8,300만
2안	6억8,800만	19.2%	1억4,500만
3안	6억3,200만	25.7%	8,900만
4안	5억8,500만	31.3%	4,200만

BAU는 온실가스 배출전망치. 2030년 BAU는 8억5,060만톤. 정부는 지난해 1월 '국가온실가스 감축목표 달성을 위해 로드맵'에서 2020년 BAU 대비 30% 감축 목표 발표. 2020년 감축 후 배출량 5억4,300만톤. 자료:국무조정실 등 관계부처 합동

그림 3-3 2030년 온실가스 배출전망치

자동차업계는 그동안 이른바 '디젤게이트'로 불리는 자동차 배기가스 조작사건으로 드러난 속임수와, 정치권이나 정부에 대한 로비, 압박을 통해 밀물처럼 몰려오는 위기를 모면하려 했으나 최근엔 친환경차 개발과 판매 확대에 사활을 걸고 뛰어들고 있다.

결국 어떤 업체가 친환경을 압박하는 시장의 요구에 부응하느냐가 향후 자동차업계의 판세는 물론 존망을 결정지을 것이라는 게 전문가들의 대체적인 지적이다.

최근 EU는 28개 회원국과 유럽의회 간 협의를 통해 오는 2030년까지 승용차 이산화탄소 배출량을 2021년보다 37.5% 감축하기로 결정했다.

그뿐만이 아니다. EU 회원국 내부에서 기후변화를 우려하며 지난 2015년 체결된 파리기후변화협정보다 더 엄격한 대대적인 조치가 필요하다는 주장이 설득력을 얻으면서 유럽 각국은 개별규제도 강화하고 있다.

덴마크 정부가 오는 2030년부터 경유·휘발유를 사용하는 신차의 판매를 전면금지하기로 한 네 이어 최근 네덜란드 암스테르담은 경유·휘발유 차량의 도심 진입을 단계적으로 줄여 2030년엔 완전히 금지하기로 했다. 암스테르담에 이어 EU 본부가 있는 벨기에 브뤼셀도 이에 가세할 움직임을 보이는 등 상당수 EU 회원국 내부에서 현행 배기가스규제를 강화하려는 움직임이 파악되고 있다.

자동차업계는 발등에 불이 떨어진 격이 됐다. 각 자동차 업체들은 뒤늦게 친환경차 개별과 판매 계획을 경쟁적으로 발표하고 있으나 계획대로 성과를 낼지는 장담하기 어려운 상황이다. 스웨덴의 볼보 자동차는 당초 올해부터 경유나 휘발유 등을 사용하는 내연 기관 차량 생산을 중단하고 전기자동차만 만들겠다며 2021년까지 총 5종의 순수전기자동차를 출시하겠다고 발표했다.

유럽시장에서 승용차 최대 판매량을 자랑하는 폴크스바겐(VW)도 2026년에 마지막 세대 내연기관 차량 생산을 시작해 2040년께부터는 내연 기관 차량을 판매하지 않을 것이라고 밝혔다. 또 폴크스바겐은 2025년까지 VW 그룹 내에서 50종의 순수전기자동차를 포함해 총 80종의 전기자동차를 출시하겠다고 선언했다.

다임러는 전기자동차 개발 및 생산에 100억 유로(약 13조 원)를 투자하고 메르세데스-벤츠와 소형차 브랜드 스마트를 통해 2025년까지 25종의 전기자동차 모델을 선보이겠다고 밝힌 바 있다.

BMW도 2025년까지 전기자동차 25종을 출시하고 이 중 절반을 순수전기자동차 모델로 채우겠다는 목표를 제시했다. 영국 재규어랜드로버는 2020년부터 모든 차종에 전기모터를 장착한 모델을 도입할 계획이며, 프랑스 푸조 시트로엥(PSA) 그룹은 2020년까지 전체 제품군의 절반을 전기자동차로 구성하겠다고 천명했다.

국내 기업인 현대자동차그룹도 계열사인 현대차와 기아차에서 오는 2025년까지 전기자동차 14종을 포함한 총 38종의 친환경차를 개발한다는 청사진을 내놓은 바 있다.

이처럼 업체들이 경쟁적으로 신차 개발과 판매 확대를 위한 포부를 밝히고 있지만 친환경차의 생산·보급을 늘려주는 데 결정적 요인 중 하나인 인프라 구축은 늦어지고 있다.

이에 따라 개별 기업의 친환경 차량 개발에 못지않게 각국 차원에서 친환경차 인프라 구축에 적극 나서야 이들 친환경 차량의 보급이 확대될 수 있을 것이라는 지적이 설득력을 얻고 있다.

아울러 현재 내연기관 중심의 자동차 산업이 전기자동차와 같은 친환경 차량 중심으로 재편될 경우 줄어들게 될 것으로 예상되는 실업문제에 대한 대책도 함께 해결해야 할 숙제라는 지적이 제기된다.

수년 이후에도 이러한 자동차 기업들의 친환경자동차에 대한 개발 및 출시 추세가 쉽게 꺾이지는 않을 것이라는 게 일반적 견해이다. 그렇다면 왜 이러한 현상이 나타나고 있는 것일까? 우선, 미국, 일본, 유럽 등 각국이 자동차 배기가스 기준을 더욱 강화하고 있는 것에서 그 이유를 찾을 수 있다. IEA 자료에 따르면 온실가스 배출의 23%를 수송

부문이 차지하고 있는 것으로 나타났다. 수송 부문은 향후 실질적인 변화를 수반하지 않는다면 지구 온난화 억제 목표를 달성하는 데 큰 부담으로 작용할 전망이다. 각국 정부들이 수송부문의 규제를 보다 강도 높고 일관되게 추진할 수밖에 없을 것으로 보인다. 선진 각국 정부들이 내놓은 2020년 온실가스 배출 기준은 현재의 내연기관 자동차의 효율 증대로는 도저히 달성할 수 없는 목표로 평가되고 있다. 배기가스가 전혀 없는 자동차를 라인업에 추가시켜 생산, 판매해야만 도달할 수 있는 목표라는 이야기다.

일본 정부는 그 동안 2020년 전기자동차의 비중이 40% 정도면 되는 배기가스 규제 목표를 제시하여 왔지만, 최근 50% 이상이 되어야만 하는 목표를 내놓았다. 미국의 경우 국가 연비 기준을 2016년 당초 목표보다 상향 조정하기로 하였다. 흥미로운 점은 미국 내에서도 가장 엄격하기로 소문 난 캘리포니아의 규제 기준이 미국 내 표준으로 선정될 움직임을 보이고 있다. 미국 연방정부는 캘리포니아의 자동차 배기가스 규제 기준을 채택하기로 원칙적으로 합의하였다. CARB(California Air Resources Board)의 계획만 놓고 본다면 매우 도전적인 목표가 아닐 수 없다.

2017년경 온실가스 40% 가량을 감축하려면 HEV의 비중이 30% 수준으로 높아져야 하는 것으로 분석된다. 게다가 미국 도로교통안전관리청(NHTSA)이 좌우하던 자동차 관련 규제에 대하여 환경청(EPA)의 영향력이 높아진 것도 앞으로의 미국의 정책방향을 가늠할 수 있는 대목이다. 과거 UN기후변화 협약에 미온적인 반응으로 일관 해왔던 미국의 태도 변화는 단순히 기후 온난화 대응의 차원에서 이루어지는 온실가스 배출 감축이 아니라 산업 자체의 패러다임 변화를 요구하고 있는 것으로도 풀이된다.

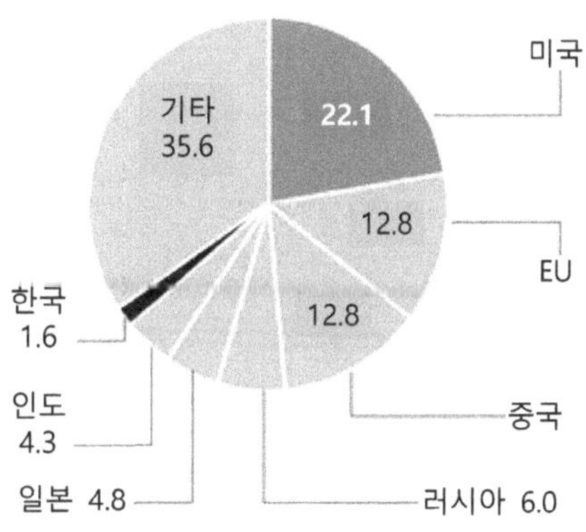

그림 3-4 국가별 이산화탄소 배출현황

3-1-2 친환경자동차 확산은 불가피

결국, 공급 측면에서 친환경자동차의 확산은 거스를 수 없는 대세로 보인다. 정부 정책 환경이 자동차 기업들로 하여금 전기자동차 개발과 출시에 압력을 넣고 있으며, 자동차 기업들도 이를 따를 수밖에 없는 입장이다. 여기서 미국 정부는 캘리포니아 주정부, 환경보호단체, 자동차 기업 등 연비 및 온실가스 규제와 관련한 이해관계자들의 합의를 통해 결정된 사항이라는 것을 강조하였다. 향후 일관된 정책 추진을 예상할 수 있다.

자동차 배기가스 규제가 강화되면서 자동차기업들이 선택할 수 있는 대안은 기존 내연기관의 효율을 대폭 향상시키던가, 클린 디젤이나 전기자동차의 생산 비중을 높이던가 하는 것으로 좁혀진다. 내연기관 자동차의 이산화탄소 배출을 현재보다 30%~40%만큼 줄이기 위해서는 소형경량화, 파워트레인 개선, 혁신적 직접 연료분사 기술 등과 함께 하이브리드 기술이 꼭 필요하다. 전기 모터와 내연기관 엔진의 작동 특성을 살펴보면 저속에서는 전기모터가 내연기관보다 훨씬 출력이 좋다.

고속에서는 상황이 역전된다. 현 내연기관 연비의 대부분은 저속 주행 시 잃어버린다. 그렇기 때문에 전기모터와 내연기관 엔진을 조합할 경우 출력과 연료 효율을 동시에 높일 수 있게 되는 것이다.

완성차업체는 손해를 보면서 왜 친환경차에 목을 매는가?

- 2010년 이후 전세계 모터쇼는 친환경차의 경연장이 되었다. 단순히 고유가 탓은 아니다. 유가급락 이후 열린 모터쇼도 마찬가지였다. 사실 완성차 입장에서 전기자동차와 같은 친환경차 판매는 돈이 되지 않는다. 오히려 팔수록 손해다. 가장 성공한 친환경차인 Toyota Prius도 출시 10년 만에 흑자 전환했을 정도다. 그럼에도 완성차들이 기를 쓰고 친환경차를 출시하는 이유는 **각 국 정부의 환경규제 강화 때문이다**.
- 환경 규제 강화는 2가지 방식으로 진행되고 있다. 연비 개선과 배기가스 저감이다. 미국 자동차업체들은 연비 측면에서 2020년까지 평균 41.7 MPG(mile per gallon)을 달성해야 하고 1마일주행 시 이산화탄소 배출량을 213 g으로 낮춰야 한다.
- 기존 내연기관의 성능 개선만으로는 한계가 있다. 디젤차는 더욱 그렇다. 특성상 NOx(아산화질소), PM(미세먼지) 등 오염물질 배출이 많아 더욱 강력한 규제를 받기 때문이다. 클린 디젤(디젤차가 EU의 엄격한 배기가스 규제를 만족시킨다는 의미)은 VW 사태로 허구임이 드러났다.

3-1-3 전기자동차 내부문제

전기자동차의 확산에 영향을 미치는 많은 요인들이 있겠지만, 충전 인프라와 전지가 가장 대표적이라 할 수 있다. 먼저 전기자동차의 연료탱크라 할 수 있는 전지의 가격과 신뢰성 문제이다. 많은 전문가들은 재료 혁신, 규모의 경제 실현, 최적 전지 솔루션 확보 등으로 10년 뒤 절반 이하로 전지 가격이 하락하리라는 예측을 내놓고 있다. 다소 낙관적인 측면이 없지 않다.

전기자동차의 전지 유형으로 리튬이온 기술이 가장 적합한 솔루션으로 평가를 받고 있다. 상기의 가격 예측은 과거 1990년대 말부터 현재까지 이루어진 모바일 IT 기기에서 리튬이온 전지가 경험한 가격 하락 속도를 고려한 것이다. 하지만 1990년대 말의 전지 기술은 초보적인 수준이었으나, 현재는 단위 셀 기술 측면에서만큼은 상당한 수준에 올랐다고 할 수 있어 향후 기술 발전 속도가 예전보다는 더딜 가능성을 배제할 수 없다.

[표 3-1 전지 에너지 밀도개선과 주행거리 개선 수준 비교]

구 분	GM 스파크(2014)	GM BOLT(2017)
전지(팩) 에너지 밀도	84 Wh/kg	138 Wh/kg
용량	21.4 KWh	60 KWh
전지(팩) 무게	254 Kg	435 Kg
주행거리	135 Km	385 Km

[표 3-2 년도별 GM 볼트 배터리 가격]

모델명	년도	배터리 가격(1 KWh당)
쉐보레 볼트(VOLT)	2010	350 달러
쉐보레 볼트(BOLT)	2016	145 달러
GM전망(모델명 미정)	2022	100 달러

전기차 배터리 '반값' 되면… 전기차 가격은?

- 블룸버그 뉴에너지 파이낸스에 따르면 글로벌 전기차 배터리 가격은 킬로와트시(kWh)당 평균 1000달러에서 지난해 175달러로 82.5% 떨어졌다.
- 2022년이 되면 전기자동차용 리튬이온 2차전지 배터리 가격이 올해에 비해 절반 이하로 떨어질 전망이다. 같은 가격으로 주행거리를 2배 이상 늘릴 수 있어 전기차 대중화의 기폭제가 될 것으로 보인다.

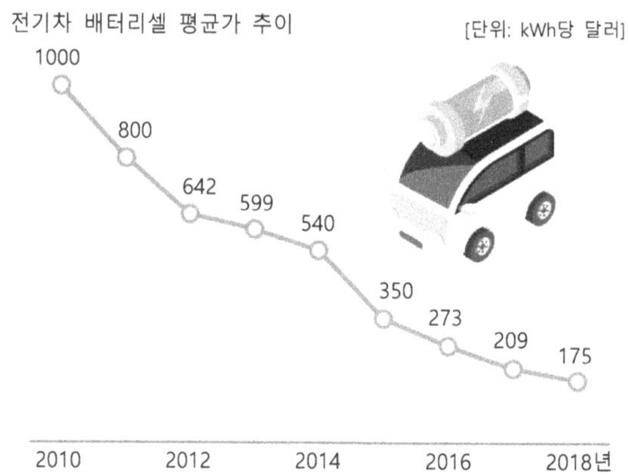

- 시장조사업체 B3는 2분기 '자동차용 배터리 형태별 가격 동향 분석' 보고서를 통해 용량당 재료 비용을 단순 계산했을 경우 오는 2022년 캔형 셀은 올해 대비 53%, 파우치형 셀은 48% 수준으로 가격이 떨어진다고 밝혔다. 이는 초기 투자비용과 생산성 향상, 재료비용 감소분 등이 종합적으로 반영된 수치다.
- 업계는 이 같은 경쟁심화로 조만간 2000만원대 준·중형 전기차를 살 수 있는 날이 올 것으로 기대하고 있다. 1회 충전 시 주행거리 300 ㎞ 확보를 위해 약 60 kWh의 배터리가 필요하다고 가정하면, 전기차 가격의 약 30%를 차지하는 배터리 제조원가를 600만원 선에서 막을 수 있기 때문이다.
- 업계 관계자는 "테슬라가 선풍적인 인기를 이어가면서 완성차와 배터리 제조업체 모두 전기차 대중화에 전력을 기울일 수밖에 없게 됐다"며 "조만간 2000만원대 전기차를 볼 수 있는 날도 멀지 않을 것"이라고 말했다

[표 3-3 모델별 배터리 가격(1KWh당)/2017]

모델명	배터리 가격(1KWh당)
테슬라 모델 3	130-140 달러
테슬라 모델 S	210 달러
GM VOLT	350 달러
GM BOLT	145 달러
BMW i3	400 달러
닛산 리프	370 달러

현재의 HEV는 용량 1kWh 내외의 전지를 장착한다. PHEV나 BEV는 HEV보다 적게는 5배 많게는 20배만큼 많은 용량의 전지를 사용해야 하기 때문에 가격은 그만큼 더 중요해지게 된다.

전기자동차 유형 측면에서 볼 때도 당분간 HEV가 주류를 이룰 것이라는 예측이다. BEV나 PHEV는 가정이건 도로이건 간에 충전 인프라가 갖추어지지 않으면 성장을 기대하기 어렵다. 그리고 고용량 전지의 높은 가격이 수년 안에 급격하게 떨어지기는 어렵다는 측면이 고려되었다.

2020년경에야 BEV와 PHEV가 전기자동차의 절반을 넘어설 수 있을 것으로 보인다. 실제 많은 전문기들이 인프라 측면이나 시장 동향을 볼 때 하이브리드 기술을 통해 BEV로의 가교를 마련해야 하는 것이 아니냐는 조심스런 충고도 던지고 있다.

3-1-4 미래자동차의 스마트한 변화

글로벌 자동차 시장의 성장 정체에도 불구하고 기술의 진보와 정부의 규제는 스마트카, 친환경차 시장의 고속 성장을 이끌 전망이다. 우리가 그리는 미래자동차의 핵심은 '기술과 환경'이다. 기술측면에서 스마트카의 궁극적인 모습은 자율주행이며 환경측면에서는 전기자동차로의 변화가 핵심이다.

(1) 스마트차 - 자율주행차

자율주행 기술 개발을 위한 완성차 업체들과 ICT업체들의 경쟁과 협업이 확산되고 있다. 센서가 주변 환경을 인식해 주행경로를 자체적으로 결정하며 자체 동력을 이용해 독립적으로 주행하고, 운전자는 도로상황을 신경쓰지 않아도 되며, 갑자기 튀어나온 장애물도 스스로 피해가고, 자동차는 앞뒤 차 간격을 맞춰 주행

- 기계 중심의 기술에서 센서융합, 정보통신, 첨단교통, 지능제어, 필드로봇 등의 신기술을 융합한 미래형 이동수단. 일반 자동차와의 차이점은 자율주행차는 운전자의 눈 역할을 담당하는 센싱 장비들을 갖추고 있고, 각종 센서와 프로그램으로 운전자 역할을 대신한다.
- 센서들에 모인 정보는 컴퓨터로 가공돼 실시간으로 상황을 파악하고 방향 전환, 가속 및 브레이킹 등 운전명령을 내리며, 자동차뿐만 아니라 전자, 전산, 항공 등 다양한 분야의 전문가들이 필요하다.

현재의 속도라면 향후 10년 이내에 관련 기술의 상용화가 본격화될 전망으로 관련 시장은 연평균 50%정도의 고성장이 예상되고 있다. 완성차 업체에는 위협이 될 수 있으나 자율주행/친환경 부품의 핵심기술을 갖춘 업체들에게는 기회가 될 전망이다.

그림 3-5 스마트차

인공지능의 발전

- 인간과 체스 대결에서 승리하거나, 퀴즈 대결에서승리하며 TV쇼에서만 존재해 왔던 인공지능은 이제 인간을 대신해서 운전을 하거나(Google: 자율주행 자동차), 월스트리트의 금융 전문가 보다 월등한 수익을 내며 투자를 하기도 하고, 전문의 보다 더욱 정확한 진단을 내리기까지 한다. 즉 '인공지능'이라는 단어가 처음 사용된 1956년부터 약 60년의 시간에 걸쳐 제대로 된 구현방법을 모색해 오던 인공지능이 이제 그 방법을 깨닫기 시작하면서 엄청난 속도로 발전할 수 있는 토대를 마련하게 된 것이다.

- 딥러닝으로 인한 인공지능의 발전은 인지, 학습, 추론, 행동과 같은 인간 지능 영역의 전 과정에 걸쳐 혁신적인 진화를 만들어 내고 있다. 시각, 청각과 같은 감각기관에 해당하는 인지 지능에서부터 인공지능이 스스로 지능을 발전 시키는 학습, 새로운 상황을 추론하고 행동하는 단계에 이르기까지 다양한 분야의 연구가 동시 다발적으로 빠르게 발전되고 있다.
- 딥러닝[[deep learning] : 컴퓨터가 여러 데이터를 이용해 마치 사람처럼 스스로 학습할 수 있게 하기 위해 인공 신경망(ANN: artificial neural network)을 기반으로 구축한 한 **기계 학습 기술**.

- 딥마인드의 연구로 본격화된 강화학습 알고리즘의 연구는 엄청난 발전을 이루고 있다. 간단한 2차원 게임 환경을 넘어서 3차원, 물리 환경에 기반한 연구들이 빠르게 진행되며 현실 세계에 강화학습 기반의 인공지능 구현을 앞당기고 있다. 실제로 주요 기업들의 연구소에서는 강화학습을 실제 제품, 서비스에 적용하려는 연구, 개발이 활발히 진행 중이다.
- 실제 주요 자동차 제조사의 선행연구 기관에서는 강화학습을 적용한 지능형, 자율주행 기능을 시도하고 있다. 자동차가 램프에 진입할 때 옆 차선에서 진행 중인 다른 차들의 속도, 거리 등을 고려해 진입 위치를 결정해야 한다. 사람의 경우에도 초보 운전 시 매우 어려운 과정이지만 수 많은 반복 경험을 통해 직관적으로 판단하여 진입 위치를 결정하고 속도를 조절해진입하는 것과 마찬가지로 강화학습을 통해 인공지능이 스스로 상황을 판단해 매 순간 최적의 결정을 내릴 수 있도록 한다.

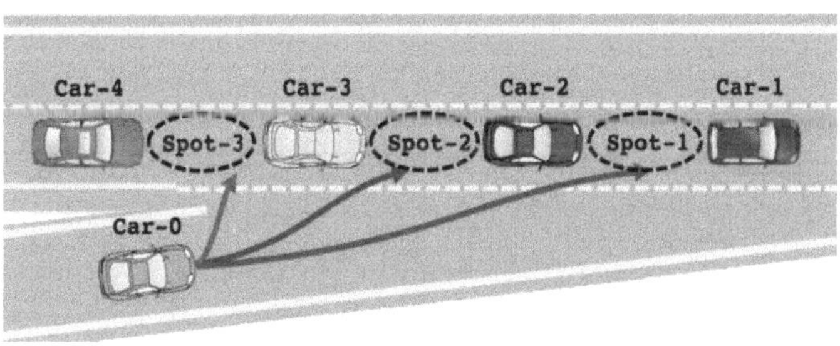

강화학습기반의 지능형/자율주행 기능 구현

(2) 배터리(EV) – 전기자동차의 핵심

휘발유나 디젤차에서 가장 중요한 것이 엔진계통이듯, 전기자동차에서 가장 중요한 것은 사실상 엔진과 연료 역할을 하는 고성능 배터리다. 현재 전기자동차에 쓰이는 배터리 중 가장 효율이 높은 종류는 리튬 계열 배터리다. 지금까지는 안전성이 떨어져 휴대전화 등 소형 전자제품에 주로 쓰였지만 최근 수년 사이엔 자동차용으로도 쓰기 시작했다. 하지만 이런 리튬이온 배터리도 용량에 따라 다르지만 일반적으로 급속충전에 30분~1시간이 걸린다.

글로벌 차원의 환경규제는 전기자동차 시장의 확산을 촉진할 전망이다. 향후 5년간 글로벌 전기자동차 시장은 고성장이 예상되며 배터리 시장은 이 보다 빠른 성장이 예상된다.

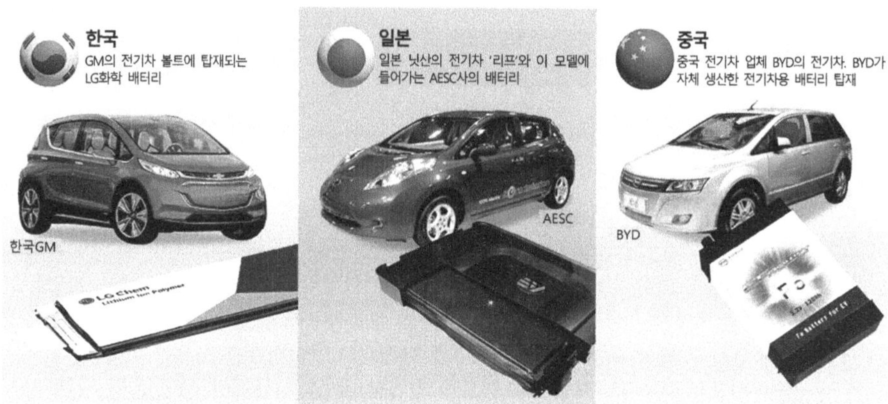

그림 3-6 각국의 전기자동차 배터리 타입

3-2 국내외 개발현황

전기자동차에 대한 자동차 기업의 적극 행보의 배경에는 엄격해지는 환경 규제가 있다. 각 국은 자동차 기업들의 평균 CO_2 배출량 제한 강도를 높이고 있다. 유럽은 2015년 기준 평균 CO_2 배출량 기준이 130 g/km 수준이었으나 2021년부터는 95 g/km로 줄여야 한다. 디젤 차량의 경우 연비를 21.2 km/L에서 27.8 km/L로, 가솔린은 18.7 km/L에서 25 km/L로 높여야 한다.

최대 자동차 시장인 중국은 물론이고 연방 보조금의 지속 여부가 불투명한 미국도 규제 강도는 계속 높이고 있다. 이미 신차 비중의 절반이 전기자동차인 노르웨이는 2025년부터는 내연기관차 판매를 금지한다. 네덜란드도 2030년부터는 내연기관차 판매가 금지될 예정이다. 그 외에도 영국과 프랑스가 2040년부터는 내연기관차 판매를 중단할 예정이고 인도와 중국에서도 비슷한 논의를 진행 중이다. 자동차 기업으로서는 규제 강화 대응을 위해서 기존 내연기관의 연비 개선뿐 아니라 전기자동차와 같은 친환경차의 비중을 고려하지 않을 수 없게 된 것이다.

다수의 조사기관은 2025년 즈음이 전기자동차 시장의 또 다른 변곡점이 될 것으로 전망하고 있다. 전기자동차 시장이 소비자 주도 시장으로 탈바꿈할 시점이라는 기대 때문이다. 전기자동차는 규모의 경제에 힘입어 가격이 지속해서 하락할 것이기 때문에 머지않아 내연기관차보다 비용 면에서 우위인 시점이 온다. 3년간의 총소유비용 관점에서 보면 2020년대 중반에는 전기자동차가 내연기관차보다 저렴해지게 될 전망이다.

전기자동차를 타는 것이 내연기관차를 타는 것보다 비용 면에서 더 유리할 수도 있으니, 소비자들이 전기자동차를 구매하게 될 가능성이 커진다. 자율주행 기술의 확대도 전기자동차 시장 성장을 견인할 전망이다. 전동화 기술과 함께 자동차 산업의 변화를 이끄는 자율주행 기술은 2025년경 기술과 가격 면에서 한층 성숙할 것이다. 폭스바겐, 포드, GM 등은 기술 면에서는 2025년 이전에 완전자율주행을 구현한다는 목표를 밝히고 있다.

자율주행 기술은 내연기관차보다 전기자동차에서 제어가 쉽다. 자율주행 기술에 필요한 많은 전력 소모량은 전기자동차에서 보다 용이하게 공급해 줄 수 있다. 그리고 자율주행이 적용된 차는 일반 차보다 평균 주행거리가 길어 연료비 측면에서도 전기자동차로 대체하는 것이 유리하다. 자율주행 기술의 보급은 전기자동차 수요에도 긍정적인 영향을 줄 것으로 예상된다.

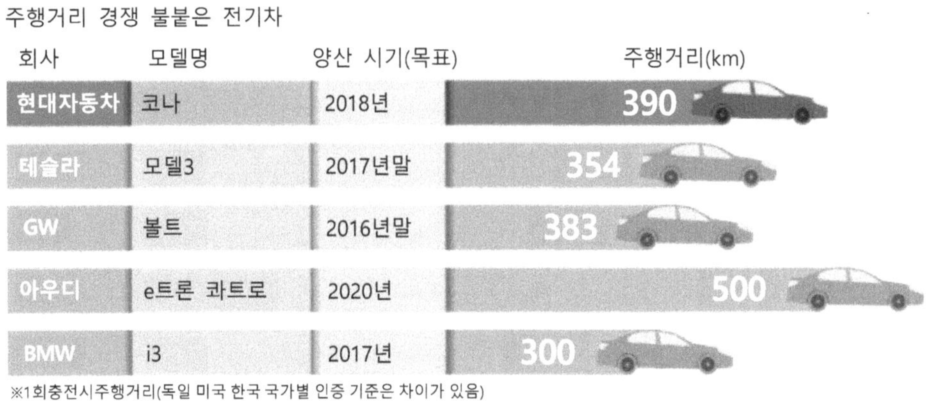

그림 3-7 주행거리 경쟁 불붙은 전기자동차

친환경차 시대의 예상보다 빠른 개막은 전기자동차의 기술 발전 속도와 밀접한 연관이 있다. 과거 테슬라와 르노닛산 등 일부 차 메이커가 주도했던 전기자동차 개발은 글로벌 자동차 업계 전반으로 확산되고 있다. 투자가 늘면서 브랜드별 기술경쟁이 붙고 세단, SUV는 물론 트럭, 버스 등 전 차종의 전기자동차 개발이 진행중이다. 전기자동차 대중화의 관건인 주행거리도 500 km의 벽을 넘어 600 km의 고지를 바라보고 있다.

(1) 주행거리 500 km, 테슬라의 도전

현 시점에서 주행거리가 가장 긴 전기자동차는 테슬라의 모델 S로 1회 충전에 594 Km을 갈 수 있다. 모델 S의 최상위급 모델인 P100D는 기존 주행거리 478 km에서 82 km 연장됐다. 90 kWh의 배터리팩 대신 에너지 밀도를 높인 100 kWh 배터리를 장착하며 주행거리를 늘렸다. 가속능력도 스포츠카 못지 않다. 96 km까지 도달하는데 2.5초 걸린다. 일론 머스크 테슬라 CEO는 지금까지 생산된 전기자동차 가운데 가장 빠른 차라고 강조했다. 다만 이 차의 가격은 최소 1억5000만원 정도로 대중적인 전기자동차로 보기엔 무리가 있다.

대중적인 가격대의 전기자동차로는 다임러-BYD와 르노가 400 km의 장벽을 넘었다. 독일의 메르세데스-벤츠 모기업인 다임러는 중국 전기자동차업체 비야디(BYD)와 합작벤처를 통해 새로운 전기자동차 덴자(DENZA)400을 공개했다. 이 차의 최대 주행거리는 400 km으로, 메르세데스-벤츠 B클래스의 플랫폼을 활용했다.

프랑스의 르노는 2017 파리모터쇼에서 전기자동차 조에(ZOE)의 신 모델을 공개했다. 이 모델은 배터리 용량을 기존 22 kWh에서 41 kWh로 늘려 400 km의 주행거리를 확보했다. 르노사는 일반차 가운데 400 km의 주행거리는 세계 최고기록이라고 밝혔다.

(2) 300 km 전기자동차 시대 개막

차 메이커들의 전기자동차 개발에 속도가 붙으면서, 새로이 출시되는 전기자동차는 대부분 300 km의 주행거리를 넘어섰다.

그중 볼트 EV와 모델3의 치열한 경쟁이 예상된다. 쉐보레 볼트 EV는 미국 환경청에서 383 km의 주행거리를 인증 받았다. 전기자동차 대중화에 한몫할 것이라는 전망이 나온다.

테슬라가 양산하는 모델 3도 1회 충전시 354 km를 달릴 수 있으며, 고가 브랜드인 테슬라의 대중화를 이끌 모델이다.

BMW가 출시하는 전기자동차 신형 i3는 주행가능 거리가 300 km(유럽기준)로 확장됐다. 기존 모델이 최고 132 km(국내기준)였던 것과 비교하면 2배 이상 주행거리를 늘렸다.

그림 3-8 르노 조에

그림 3-9 쉐보레 볼트EV

그림 3-10 테슬라 모델S

그림 3-11 닛산 리프

그림 3-12 BYD다임러 덴자400

세계 누적 판매 1위 모델인 닛산 리프도 업그레이드 된다. 주행거리 130 km대에서 대폭 개선해 400 km 이상 주행거리를 확보한다.

주행거리가 300 km이상으로 늘면 기존 내연기관차의 세컨드카 개념이 아닌 대체품으로도 전기자동차가 기능할 수 있을 것으로 보인다. 전기자동차의 대중화는 주행거리 300 km를 기점으로 이뤄질 수 있다는 전망이다.

LG경제연구원 책임연구원은 전기자동차 주행거리가 300 km이상으로 늘어나고 가격도 3만 달러대의 2세대 전기자동차가 시장에 등장할 것이라며, 2세대 전기자동차는 내연기관 자동차와 본격적인 경쟁을 시작할 것이라고 밝혔다.

[표 3-4 자동차별 주행거리 비교]

구분	배터리용량(KWh)	주행거리(Km)	완충시간(예상)	배터리 공급사
BMW i3	21	132	3 ~ 5시간	삼성SDI
닛산 리프	24	132	4 ~ 5시간	AESC
현대 아이오닉	28	191	4 ~ 5시간	LG화학
BMW 뉴 i3S	33	300	4 ~ 5시간	삼성SDI
테슬라 모델3(표준)	55	354	6 ~ 8시간	파나소닉
기아 니로 EV	60	380	8 ~ 9시간	SK이노베이션
GM 볼트(Bolt)	60	383	8 ~ 9시간	LG화학
현대 코나 EV	60	390	8 ~ 9시간	LG화학
닛산 리프 2세대	60	400	8 ~ 9시간	AESC
르노 조에(ZOE)	41	400	8 ~ 9시간	LG화학
테슬라 모델3(장거리)	75	450	9 ~ 10시간	파나소닉
테슬라 모델s 90D	90	512	10 ~ 12시간	파나소닉
테슬라 모델s P100D	100	594	11 ~ 12시간	파나소닉
루시드 에어	130	643	11 ~ 12시간	삼성SDI

평균 *30 KWh/200 Km *60 KWh/400 Km *90 KWh/500 Km / 주행거리는 국가별 인정기준이 다름

(3) 600 km 장벽 넘겠다. 청사진 제시

글로벌 차 메이커들은 너도나도 전기자동차 주행거리 연장을 목표로 청사진을 제시하고 있다.

그중 디젤 게이트의 오명을 쓴 폴크스바겐은 전기자동차 개발에 가장 적극적이다. 폴크스바겐 그룹은 2025년까지 총 30종 이상의 전기자동차를 개발, 연간 100만대의 전기자동차를 판매하겠다는 계획을 발표했다. 이와 함께 1회 충전으로 600 km 달리는 전기자동차 I.D를 공개, 2020년 상용화하겠다고 밝혔다.

아우디는 2020년까지 3종의 순수 전기자동차를 출시, 500 km 이상 주행거리를 확보하겠다는 목표다.

메르세데스-벤츠는 파리모터쇼에서 500 km 주행가능한 전기자동차(콘셉트카) 비전 메르세데스-마이바흐6를 공개했으며, BMW의 'i'와 같은 전기자동차 브랜드 'EQ'를 론칭했다. EQ 브랜드는 2020년 세단 2종과 SUV 2종을 출시할 계획이다. 첫 모델인 제너레이션 EQ는 1회 충전시 500 km를 확보하겠다는 목표다.

재규어는 스포츠카 콘셉트의 전기자동차로 기술력을 과시했다. I-TYPE은 순수하게 전기로 구동되는 레이싱카로, 정지 상태에서 100 km/h까지 2.9초만에 주파할 수 있다. 재규어는 모터스포츠에서 담금질한 기술을 향후 상용차 개발에 사용할 계획이라고 밝혔다.

전기자동차의 기술력은 주행거리 확보와 충전 시간 축소 등이 최대 관건이다. 주행거리는 차체 경량화와 배터리 기술 등 다양한 요인의 영향을 받는다. 전문가는 경량화로 프레임의 무게를 최소화해 배터리를 최대로 실을 수 있는 기술과 배터리의 밀도를 높이는 기술이 동시에 발전해야 한다고 설명한다.

그림 3-13 폴크스바겐 I.D. 컨셉카

그림 3-14 현대자동차 코나 EV

3-2-1 테슬라 모델 3

미국 전기자동차 업체 테슬라모터스가 모델 3를 시판하고 있다. 모델 3의 가장 큰 특징은 주행 성능이다. 정지 상태에서 시속 100 km를 내기까지 6초밖에 걸리지 않는다. 1회 충전으로 354 km 주행이 가능하며, 배터리 용량은 55 kWh이다. 기존의 전기자동차보다 두세 배 큰 용량이다. 이 때문에 주행거리도 두 배 이상 늘었다. 모델3는 경쟁 전기자동차 가운데 유일하게 자율주행이 가능한 모델이기도 하다. 테슬라 오토파일럿 시스템을 갖춰 레벨3에 해당하는 부분 자율주행이 가능하다.

중형세단 수준의 실내공간과 높은 안전도를 확보할 것이라는 게 테슬라의 설명이다.

전기자동차는 새로운 아이디어가 아니다. 1970년대 오일쇼크 때는 물론이고 제너럴모터스(GM) 같은 굴지의 회사도 90년대 전기자동차를 선보였다. 하지만 모두 실패했다. 기름차와 맞붙을 때마다 짧은 주행거리가 발목을 잡았다. 하지만 테슬라가 전기자동차에 뛰어든 타이밍이 좋았다. 전기자동차는 결국 배터리 싸움인데 기술 발전 덕분에 시중에 과거보다 강력하면서도 가벼운 배터리가 있었다.

무엇보다 큰 경쟁력은 소형 리튬이온 배터리에서 나온다. 머스크는 파나소닉이 만든 리튬이온 배터리를 고집하는 이유에 대해 양산 배터리 중 에너지 밀도가 가장 높은 데다 내구성이 강하다. 게다가 값도 싸다고 설명한다. 노트북 컴퓨터나 휴대전화 등에서 쓰는 이 배터리는 오랫동안 검증된 옛날방식이다. 하지만 테슬라는 그 덕분에 배터리 공급에 어려움을 겪지 않았다. 대부분 전기자동차가 고도로 전문화한 대형 배터리를 쓰는 것과 대조적이다. 기존 전기자동차가 보통 뒷좌석 밑에 넣는 배터리 때문에 탑승 공간, 짐칸이 좁다는 문제도 해결했다. 배터리를 바닥에 깔아 실내 공간을 넓히고 무게중심을 낮춰 승차감·안전성을 높였다. 게다가 가볍다. 납작한 수천 개 배터리를 용접해 붙이는 대신 접착제로 붙인 덕분이다.

그림 3-15 테슬라 모델3

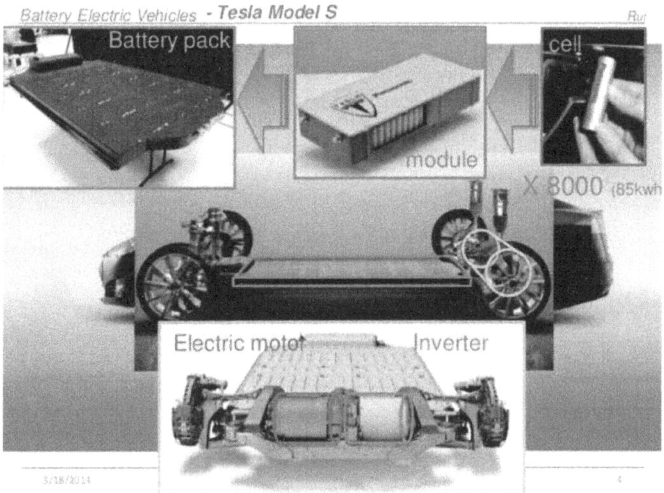

그림 3-16 테슬라 모델S 전지 팩

물론 리튬이온 배터리는 치명적인 약점을 갖고 있다. 손상·과열될 경우 불이 나거나 심지어 폭발할 수 있다. 이에 테슬라는 화재 예방을 위한 여러 안전장치를 설치한다. 또한 충전·방전을 거듭하면 다른 배터리에 비해 성능이 급속히 떨어지는 단점도 있다. 테슬라를 제외한 다른 자동차 회사가 이 배터리를 쓰지 않는 이유이기도 하다. 배터리 충전 문제 해결을 위해 테슬라 측은 배터리 교체 서비스를 구상 중이다.

1회 충전 주행거리

60	60D	75	75D	90D	100D	P100D
372KM	381KM	450KM	466KM	512KM	594KM	572KM

그림 3-17 테슬라 전기자동차의 모델별 주행거리

90초 만에 배터리 교체하는 테슬라

테슬라는 '스왑 스테이션(Swap Station)'이라는 기술을 발표했다. 전기자동차의 배터리 교체기술로 휴대전화 배터리를 교체하듯 자동차의 배터리를 쉽게 교체할 수 있는 것이 특징이다.

배터리 수명이 다 돼서 교체하는 게 아니다. 테슬라는 긴 시간 배터리를 충전하는 대신 아예 교체하는 방법을 내놓은 것이다. 테슬라의 배터리교체는 슈퍼차저 스테이션(Supercharger Station)에서 90초 만에 이뤄진다. 전기자동차 시장에서 스왑 스테이션이 가지는 의의는 생각보다 크다. 우선, 기본 2시간 이상 소요되는 재충전을 할 필요가 없어지고 90초만 투자하면 배터리 완충 상태가 된다.

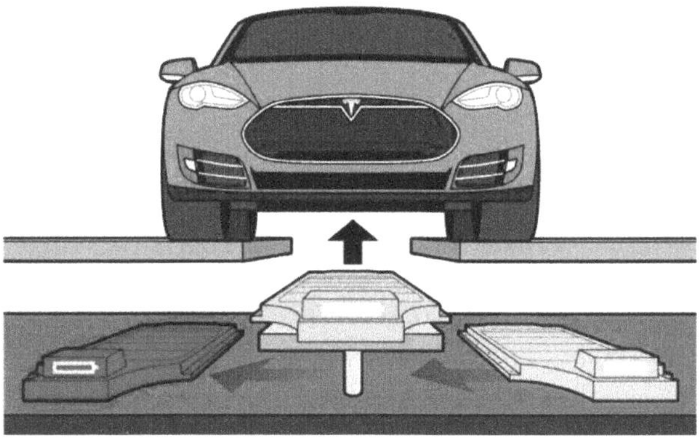

그림 3-18 테슬라 '스왑 스테이션(Swap Station)'

3-2-2 현대차 아이오닉과 코나

현대자동차는 1회 충전으로 390 km를 달릴 수 있는 소형 SUV 코나 기반의 2세대 전기자동차(EV)를 시판하고 있다. 2세대 전기자동차는 기존 1세대 전기자동차의 단점인 짧은 주행거리와 높은 가격을 내연기관차와 경쟁할 수 있는 수준으로 개선한 모델이다. 현재까지 시판된 1세대 전기자동차는 높은 배터리 가격과 낮은 에너지 밀도로 주행거리가 내연기관차의 25~35% 수준인 150~200 km에 그쳤지만, 2세대 전기자동차는 1세대보다 두 배 가까이 증가한 300 km를 넘어선다.

그림 3-19 현대차의 전기자동차 코나

현대차가 제시한 1회 충전 주행거리 390 km는 테슬라가 내놓은 보급형 전기자동차 모델3의 주행거리 354 km보다 40 km 정도 높은 수준이다.

기아차도 출시 예정인 니로 EV의 주행거리를 380 km로 잡았다. BMW가 선보일 전기자동차 i3s의 주행 거리는 280 km에 달할 것으로 알려졌다. 현대차의 차세대 수소연료전지차는 580 km 이상 주행하는 것이 목표다.

이는 지금까지 출시된 전기자동차 주행거리의 2~3배 수준이다. 올해 대부분 전기자동차의 1회 충전시 주행가능 거리는 100 km대에 머물렀다. 현대차의 아이오닉 일렉트릭과 르노삼성의 SM3 Z.E. 주행거리는 각각 191 km, 135 km다.

지금까지 현대·기아차, 르노삼성 등 국산 전기자동차와 비교해 배터리 용량은 불과 1~3 kWh 늘었지만, 주행 성능은 30%가량 향상됐다. 전용 플랫폼에 따른 차량 경량화나 구동 효율을 높였고 배터리 충전 성능이 높아졌다. 이용자 주행거리 불만이 해소될 전망이다.

그림 3-20 현대차의 전기자동차 아이오닉

그림 3-21 현대자동차와 테슬라의 전기자동차 개발 전략

현대자동차가 아이오닉 전기 자율주행차는 전기자동차 기반의 완전 자율주행 콘셉트카로, 미국자동차공학회(SAE)의 자율주행 기준 레벨 가운데 완전 자율주행 수준을 의미하는 레벨4를 만족시킴으로써 시선을 모았다. 현대·기아차는 국내 자동차 업체 최초로 미국 네바다주 고속도로 자율주행 면허를 획득하기도 했다. 현대·기아차는 투싼 수소연료전지차와 쏘울 전기자동차 등 미래형 친환경차에 자율주행 기술을 탑재하는 등 자동차의 완벽한 변신을 꾀하고 있다. 현대·기아차는 2020년까지 고도 자율주행차를 상용한다.

3-2-3 닛산 LEAF

닛산 리프는 배기가스가 전혀 없는 제로 에미션(Zero Emission)의 순수한 전기자동차를 개발한다는 전략하에 개발된 미래형 친환경 순수 전기자동차이다. 리튬 이온 전지를 동력원으로 100% 전기로만 움직이며, 기존 내연엔진과 달리 시동 순간부터 최대 토크를 전달해 부드럽고 균일한 가속을 가능하게 하는 것이 특징이다.

리프는 용량 24 kW의 리튬이온 배터리와 최대 토크 280 Nm짜리 전기모터를 탑재한 전륜구동 차량이며, 탑승인원은 4~5명인 준중형차이다. 전지의 충전시간은 가정용 200 V

전압으로 완속충전 할 경우 4~5시간 정도 소요되며, 급속 충전할 경우에는 30분 내에 최대 용량의 80%까지 충전할 수 있다.

한번 충전으로 주행 할 수 있는 최대 주행거리는 132 km, 최고속도는 시속 140 km 이상이다. 정지상태에서 시속 100 km에 도달할 때까지 걸리는 시간(제로백)은 10~11초이다.

리프가 미쓰비시의 아이미브 등 여러 경쟁차와 다른 점은 차량의 곳곳에 최첨단 정보기술(IT)을 적극 활용했다는 점이다. 특정 시간대에 충전되도록 시간을 정할 수 있고, 배터리가 완전히 충전되면 휴대전화로 알려주는 기능 등 우리가 예견치 못한 여러 기능들이 적용되고 있다.

리프는 지난 2010년 첫 출시 이후 7년 만에 완전 변경을 거친 2세대 모델을 공개하였다. 신형 리프는 60 kW 용량의 리튬 이온 배터리팩을 탑재하고 1회 충전에 400 km이상 주행할 수 있는 것으로 알려졌다. 기존 리프는 24 kWh 배터리를 탑재하고 1회 충전으로 최대 132 km까지 주행할 수 있다. 국내에는 미출시된 30 kWh 배터리를 장착하면 최대 172 km까지 주행 가능하다.

그림 3-23 닛산의 전기자동차 '리프(LEAF)'

그림 3-22 닛산의 전기자동차 '리프(LEAF)'

또한 신형 리프는 프로파일럿이라고 불리는 닛산의 반자율주행 기술을 탑재한다. 단일 차선 고속도로 주행이 가능한 프로파일럿 기술은 닛산의 미니밴 세레나에 최초 적용됐다.

3-2-4 BYD e6

전 세계 전기자동차시장의 1위 업체는 중국의 BYD와 테슬라가 순위를 다투고 있다. BYD와 테슬라의 뒤를 일본의 미쓰비시와 닛산, 독일의 폭스바겐과 BMW가 줄줄이 따르는 구조다. BYD를 앞세운 전기자동차를 포함한 중국의 친환경차 생산량과 판매량에서 모두 세계 1위 친환경차시장이다.

BYD의 주력 모델 중 하나인 전기자동차 e6는 1회 충전에 400 km를 달릴 수 있다. BYD e6의 초기 모델의 주행거리는 300 km였다. 이렇게 주행 거리가 늘어 난 것은 배터리 용량이 60 kWh에서 82 kWh로 늘어났기 때문이다.

독일의 메르세데스-벤츠 모기업인 다임러는 중국 전기자동차업체 비야디(BYD)와 합작 벤처를 통해 새로운 전기자동차 덴자(DENZA) 400을 공개했다. 덴자 400은 이름 그대로 1회 충전으로 400 km를 달릴 수 있는 5도어 해치백 전기자동차다. 메르데세드-벤츠 B-클래스의 플랫폼을 활용했고, 배터리 용량을 기존 47.5 kWh에서 62 kWh로 향상했다. 벤츠는 최근 BMW의 'i'와 마찬가지로 전기자동차 서브 브랜드를 출범할 계획을 밝힌 바 있어 비야디와 합작해 제품을 선보일 것으로 보인다.

중국 BYD, 전기자동차 대세가 된 3가지 이유

- 중국 전기자동차업체 비야디(BYD)가 **중국 정부의 전폭적 지원과 광활하고 탄탄한 내수시장, 내부혁신** 등을 통해 중국 친환경자동차 시장을 호령하고 중국 뿐만아니라, 전 세계 전기자동차 시장에서 선두를 질주하고 있다.

- 후발주자인 BYD의 **첫번째 성공요인은 정부지원이다.** 중국의 전기자동차 보조금은 차량 가격의 40% 이상으로 전 세계 평균인 10~15%보다 훨씬 높다. 중국은 또한 '13.5 규획'과 '중국제조 2025' 등에서 전기자동차 육성계획을 포함시켰다.
- 급성장하는 내수시장은 BYD 성장의 밑거름이다. 중국 내 전기자동차 생산량은 큰 폭으로 증가했다. 올해부터 중국 전기자동차 시장의 성장세는 더욱 가팔라질 것으로 전망된다.
- BYD의 주요 성공 요인이 정부의 막대한 지원에 있는 것은 사실이다. 하지만 많은 전기자동차업체 가운데 BYD가 성공한 것은 관련 시장의 수요를 제대로 파악하고 그것을 충족시킬 수 있는 배터리 부문에서의 강점이 있었기 때문이다. BYD는 회사 설립 때부터 배터리 제조업체였으며, 해당 업계에서 1위였음에도 안주하지 않고 전기자동차 시장으로 뛰어들었다.
- BYD는 배터리 관련 브랜딩과 고객 확보 역량을 가지고 전기자동차 시장을 빠르고 효율적으로 잠식하고 있다. 현재 배터리 시장에서의 점유율은 17%인데, 전기자동차시장에서는 30%에 육박하는 시장점유율을 확보함으로써 그 시너지 효과를 입증하고 있다.

3-2-5 전기자동차 '세기의 전쟁' 시작 된다

테슬라 `모델3` vs GM `볼트` vs BMW `i3` vs 닛산 `리프`

테슬라가 1회 충전으로 354 km 달리는 전기자동차 모델3를 소개하면서 GM, BMW, 닛산 등 경쟁업체들이 바짝 긴장했다. 모델3는 플래그십 세단 모델S, 대형 SUV 모델X에 적용된 기술을 그대로 담으면서 가격은 절반 이하로 낮췄다.

테슬라 모델3의 가장 큰 특징은 주행 성능이다. 정지 상태에서 시속 100 km를 내기까지 6초밖에 걸리지 않는다. 동급 내연기관 차량인 BMW 320d(7.4초)보다 가속력이 뛰어나다. 배터리 용량은 기존의 전기자동차보다 두세 배 큰 용량이다. 이 때문에 주행거리도 두 배 이상 늘었다. 모델3는 테슬라 오토파일럿 시스템을 갖춰 경쟁 전기자동차 가운데 유일하게 자율주행이 가능한 모델이다.

가장 큰 경쟁 상대는 GM 쉐보레 볼트(Bolt)다. 1회 충전으로 383 km 주행이 가능하다.

BMW 신형 i3는 주행 성능과 친환경 면에서 모델3와 비교된다. 신형 i3는 한번 충전으로 주행할 수 있는 거리를 기존보다 약 50% 이상 개선시켜, 주행거리가 최대 300 km로 늘어났다. 특히 에어콘과 히터를 켜놓는 일상적인 조건에서도 최대 220 km를 달릴 수 있다.

현재 글로벌 전기자동차 시장의 왕좌는 닛산 리프가 보유하고 있다. 지난 5년 동안 누적 판매량이 20만대 이상이다. 하지만 모델3는 공개 후 나흘 만에 닛산 리프의 기록을 잠재적으로 깼다. 신형 리프는 60 kW 용량의 리튬 이온 배터리팩을 탑재하고 1회 충전에 400 km이상 주행할 수 있는 것으로 알려졌다.

그림 3-24 주요 전기자동차 비교

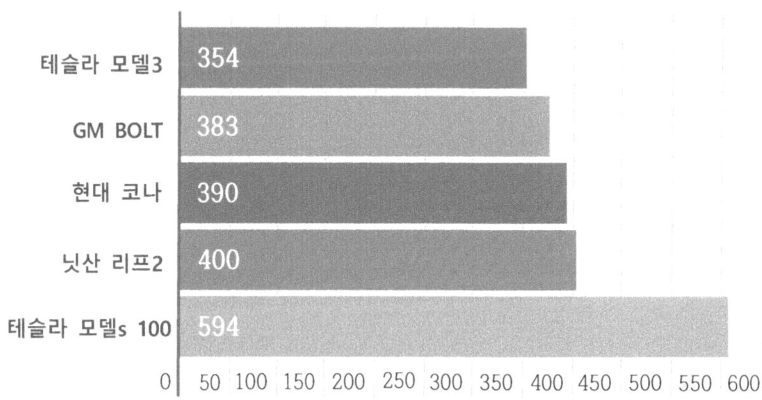

그림 3-25 차량 주행거리 비교(단위:km)

전기자동차 300킬로미터 이상 주행시대 돌입

- 전기자동차 업계에 따르면 현대차 '코나EV'와 기아차 '니로EV'가 각각 LG화학, SK이노베이션 배터리를 채용한다. 이들 모델은 배터리 용량에 따라 장거리형(60 kWh), 일반형(40 kWh)으로 구분해 나온다. 현대·기아차는 한국 시장 처음으로 소비자가 주행 거리 성능(배터리 용량)을 선택하도록 모델을 세분화했다.
- 국내 출시되는 재규어·랜드로버 '아이 페이스(I-PACE)'는 LG화학의 90 kWh급 대용량 배터리를 장착한다. BMW 2세대 i3인 '뉴 i3s'는 삼성SDI 33 kWh급 배터리를 쓴다. 반면에 테슬라 '모델X'와 '모델3'만 일본 파나소닉 제품을 탑재한다.
- 르노 '조에'는 LG화학(41 KWh), 닛산 신형 2세대 '리프'는 일본 AESC(40 kWh) 제품을 각각 채용한다.
- 구형 전기자동차 기반의 2018년형 부분 변경 모델도 모두 8종이 시장에 판매된다. 보급형 차량으로 383 km를 주행하는 제너럴모터스(GM) '볼트(Bolt)'를 포함해 르노 'SM3 Z.E.' 배터리 확장(22 kWh→35.9 kWh) 모델은 LG화학 배터리를 채용했다. 기아차 '쏘울 EV' 배터리 확장(28 kWh→30 kWh) 모델은 SK이노베이션 배터리, BMW 'i3 94Ah' 확장(22 kWh→33 kWh) 모델은 삼성SDI 제품을 각각 쓴다.
- 신형 전기자동차 6~7종과 부분 변경 모델 7종 등 내년에 국내 판매되는 배터리전기자동차(BEV)는 13~14개 모델로, 4종을 제외하고 전부 국산 배터리를 채용하게 된다.
- 전기자동차 전문가는 "1회 충전 주행 거리가 300 km 이상인 '장거리 배터리 전기자동차' 등장은 완성차 업체의 전기자동차 전략이 구체화됐다는 것"이라면서 "NCM811 기반의 중대형 리튬이온 배터리나 21700 원통형 이차전지 등 이전보다 고도화된 제품이 출시되면서 전기자동차의 물리 형태 배터리 의존도는 점차 낮아질 것"이라고 말했다.

(1) 시계 빨라진 세계 전기자동차 시장

유럽에서 '내연기관차 퇴출'은 머지않은 미래다. 영국 런던은 2019년부터 기준치 이상의 배기가스를 배출하며 도심에 진입하는 차량에 12.5파운드(약 1만7천원)의 과징금을 부과하기로 했다. 독일 상원은 화석연료 차를 2030년까지 퇴출한다는 결의안을 의결했고, 영국과 프랑스도 2040년까지 내연기관차 판매를 금지하기로 했다.

중국도 신에너지차(NEV) 의무생산 할당제도를 도입해 전기자동차 시장을 키우고 있다. 공해를 줄이고 자국 자동차 산업을 육성하기 위해, 중국은 승용차를 연간 3만대 이상 생산하거나 수입하는 자동차 제조사에 한해 NEV 의무비율을 정했다. 제조사는 NEV 차량을 수입 또는 생산해 목표치를 달성할 수 있다. NEV 목표치는 2019년에 내연기관차 시장의 10%, 2020년에는 12%로 잡았다.

이런 흐름에 발맞춰 글로벌 완성차업체들은 전기자동차 전환을 서두르고 있다. 폴크스바겐, 다임러, 베엠베 등은 2025년엔 전체 모델에서 전기자동차 비중을 20% 전후로 키울 계획이다. 특히 폴크스바겐은 2025년까지 전기자동차 개발에 약 12조1100억원을 투자해 30종 이상의 전기자동차를 선보이겠다고 밝혔다. 수소차에 집중하던 일본 도요타도 전략을 바꿔, 마쓰다와 자본제휴를 강화해 전기자동차를 공동개발하기로 했다.

미국에서도 시장이 크게 확대되고 있다. 테슬라는 2018년 모델3를 출시했다. 또 파나소닉과 손잡고 미국 네바다주에 기가팩토리(리튬-이온 전지공장)을 완공하였으며, 2020년에는 모델3를 연 100만대 생산할 계획이다. 지엠(GM)은 볼트(Bolt)를 출시했고, 2025년 50만대 판매를 목표로 한다. 글로벌 완성차업체들은 2020년 이후에는 전기자동차 양산체제를 갖춰 수익성을 내연기관차 이상으로 늘리겠다는 목표로 분주한 셈이다.

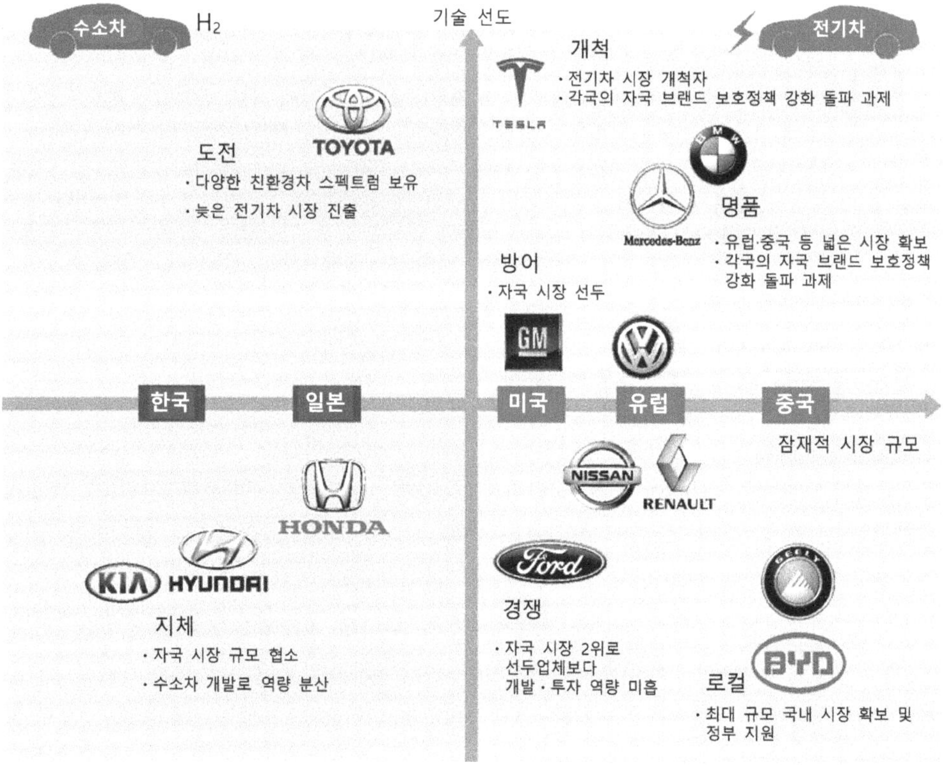

그림 3-26 전 세계 완성차 업체들의 전기자-수소연료전지차 경쟁력 비교(자료:유진투자증권)

(2) 웃는 전기자동차 배터리업체

글로벌 업체들이 전기자동차를 속속 출시하면서 배터리 업체들이 미소 짓고 있다. 일본시장조사업체는 전기자동차 배터리 시장이 2020년에는 18조8천억 원으로 성장할 것으로 내다봤다. 예상보다 빨리 전기자동차 시장이 성장하면서 관련 국내 기업의 전망을 밝게 하고 있다.

글로벌 전기자동차 배터리 시장에서 국내 업체들이 약진하고 있다. 시장조사업체인 SNE리서치에 따르면 세계 전기자동차용 배터리 출하량은 5만9470(MWh)로 1년 전보다 37% 늘었다. 에너지업계 전문 시장조사업체인 SNE리서치에 따르면 CATL의 전 세계 전기자동차 배터리 시장 점유율은 23%로 세계 1위 수준이며 LG화학은 10.2%로 4위, 삼성SDI는 5.5%로 5위다.

하지만 중국의 독주가 그리 길게 가지 못할 것이라는 의견도 있다. 업계 관계자는 CATL은 정부 보조금을 바탕으로 배터리 시장을 선점해 글로벌 완성차 제조업체를 고객으로 많이 확보할 수 있었다면서 보조금이 끊기면 지금과는 다를 것이고, 국내업체들보다 기술력도 낮아 경쟁력이 높지 않다고 말했다. 국내 배터리 업체들의 선전은 앞으로도 당분간 이어질 것으로 보인다. 국내 업체들이 최근 생산 능력을 크게 늘리고 있기 때문이다.

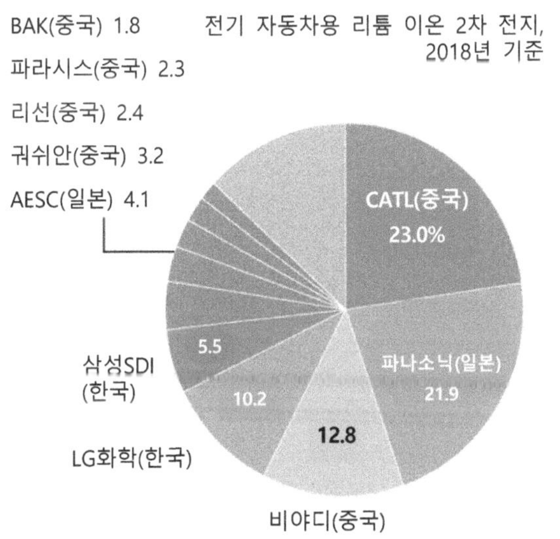

그림 3-27 전기자동차 배터리 시장 점유율(2018년 기준)

(3) 유럽 각국이 '내연기관차 퇴출'을 선언

세계 각국이 내연기관차의 시판금지 계획을 발표하고 나섰다. 내연기관차의 종주국 독일이 '2030년까지 휘발유와 경유차 판매를 금지하는 결의안'을 채택한 게 대표적이다. 이 나라가 내연기관차 부문에서 막대한 경제적 이득을 얻고 있는 점을 떠올리면 시장 포기를 선언한 건 눈여겨볼 만하다. 독일만 그런 게 아니다. 노르웨이와 네덜란드는 2025년 자국 내 내연기관차 판매중지를 선언했고 인도는 2030년으로 못 박았다. 영국과 프랑스 역시 2040년 판매 중지라는 목표를 설정했다. 중국은 기한을 설정하지 않았지만 적극 고려중이다. 여기에 발맞춰 세계 주요 자동차 업체들도 친환경자동차 마스터플랜을 속속 내놓고 있다.

디젤게이트로 곤욕을 치르던 폭스바겐은 2019년까지 약 80여개의 전기자동차를 개발하겠다고 선언했다. 이를 위해 2030년까지 엄청난 금액을 투자할 계획이다. 재규어랜드로버는 2020년부터 내연기관으로만 달리는 자동차를 더 이상 출시하지 않겠다고 밝혔다. 세계 각국이 잇따라 내연기관차 시판금지 계획을 발표하는 이유는 간단하다. 내연기관차의 입지가 급속히 좁아지고 있어서다. 글로벌 완성차 기업들의 자동차 배출가스 조작혐의가 드러나고, 미세먼지 등 공해문제가 심각해졌다. 더구나 파리기후변화체제가 발효된 후 에너지 신산업이 새 성장동력으로 부상했다. 이를 선점하기 위한 글로벌 패권 다툼이 치열해졌다. 이제 글로벌 자동차 시장에서 친환경자동차는 선택이 아닌 필수요소다. 이는 선진국 대비 내연기관차 원천기술 개발에 한계를 느끼던 중국이 친환경자동차 개발에 사활을 거는 이유이기도 하다.

자동차와 정보기술(IT)의 경계는 없어지고 자동차는 움직이는 IT기기로 변신하고 있다. 자율주행 기술에 대한 사회적 기대와 요구가 점점 커짐에 따라 전기자동차를 생산하던 완성업체는 자연스럽게 자율주행 기능이 탑재된 전기자동차의 연구개발에 주력하고 있다.

4

연료전지 자동차 개요

한국의 자동차산업 또한 생존을 위해서는 현재 북미의 배기가스 규제, 캘리포니아주의 무공해 자동차(ZEV) 의무 판매 및 유럽연합의 이산화탄소 규제 등에 대응할 수 있는 환경친화적 자동차 개발이 필수이며 그 중 연료전지자동차의 개발은 친환경자동차 개발의 핵심적 요소라 할 수 있다.

연료전지자동차 개발은 기존 자동차 부품 산업계에 큰 변화를 야기할 것으로 예상되며 연료전지자동차와 관련된 핵심부품 및 기술을 조기 개발해 기술 경쟁력 강화와 해외 의존도를 탈피함으로써 핵심기술의 선점에 따른 새로운 산업수요를 창출할 수 있다.

연료전지자동차는 수소를 연료로 사용하며 이를 공기 중의 산소와 전기화학반응을 시켜 발생하는 전기를 이용해 구동용 모터를 작동시킴으로써 운전되는 자동차를 말한다.

수소(Hydrogen)은 우리가 과학시간에 배우던 원자의 주기율표 1번에 해당되는 물질이다. 수소는 지구상에 존재하는 원소 중 가장 가볍고 우주 질량의 75%를 차지하는 가장 풍부한 원소이다. 특히 수소는 물을 전기분해 하기만 하더라도 얻을 수 있는 자원으로 공해물질을 배출하지 않아 매우 친환경적이다. 수소의 장점은 친환경적이면서도 에너지 효율이 매우 높아 가솔린, 디젤, 프로판, 메탄, 에탄올 등 경쟁 에너지 자원들과 비교하였을 때 단위 무게당 에너지효율이 가장 높은 장점을 갖고 있다. 특히 수소는 액화할 경우 에너지 저장매체로도 뛰어난 효율을 갖고 있어 미래의 에너지원으로 충분한 경쟁력을 갖추고 있다.

수소는 다양한 원재료와 방식을 통하여 제조가 가능한 원소이다. 천연가스, LPG, 나프타 등의 탄화수소로부터 수소를 제조하는 수증기 개질법(steam reforming)을 비롯하여 중질유나 석탄을 이용한 부분산화법(partial oxidation)등의 방식이 이미 실용화되어 있으며, 정유 화학 플랜트의 석유정제 공정이나 제철소의 코크스 공정 등에서도 부수적 생산물로 수소가 생산되기도 한다.

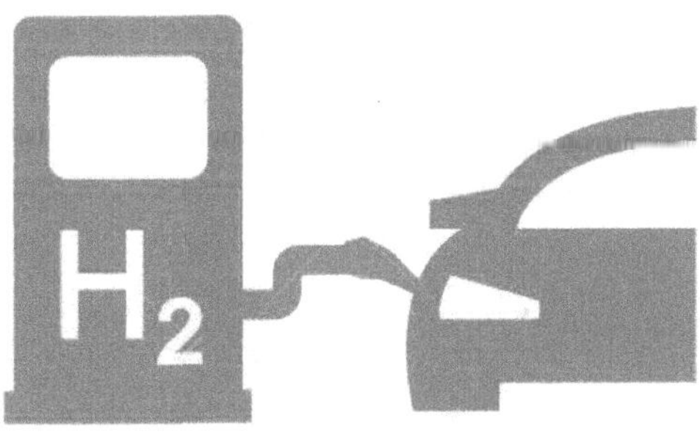

그림 4-1 수소연료전지자동차

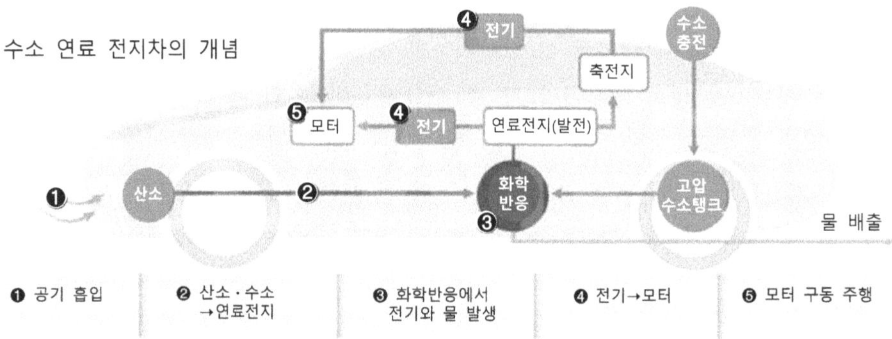

그림 4-2 수소연료전지차 구조

전기자동차에 전기를 공급하는 방법은 무엇이 있을까? 방법은 연료전지와 배터리 두 가지이다.

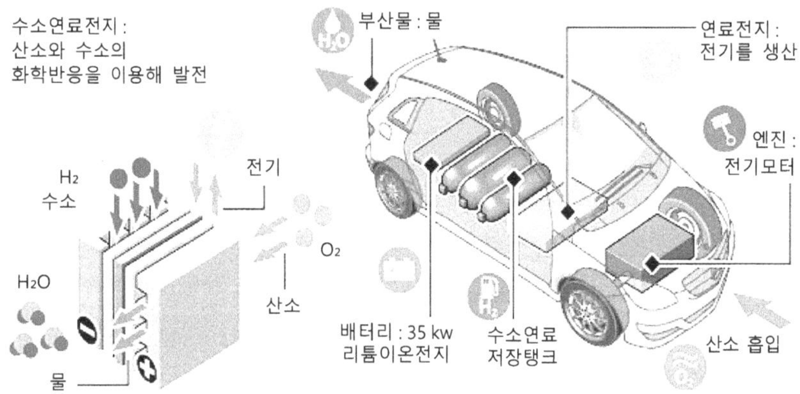

그림 4-3 수소연료전지자동차 구조

전기자동차와 수소연료전지자동차 비교

- 수소 연료전지자동차 개발에 적극적인 곳은 현대차와 일본 도요타·혼다 등이 꼽힌다. 현대차는 2013년 세계 최초로 '투싼ix' 수소 연료전지자동차 양산에 성공했으며, 2028년에 넥쏘를 출시했다. 도요타는 '미라이', 혼다는 '클래리티'를 내놨다. BMW와 닛산·GM·포드 등도 2020년 수소 연료전지자동차 출시를 앞두고 있다.

- 하지만 수소 연료전지자동차는 제조비용 많이 든다는 치명적인 단점이 있다. 연료전지에 들어가는 50~70 g의 백금 때문이다. 다른 부분은 기술이 올라가면서 가격을 낮출 수 있지만, 연료전지의 가격은 낮추기가 쉽지 않다. 인프라 구축도 만만찮다. 충전시설 설치비용이 한 곳당 수십억 원이나 든다.
- **당분간 전기자동차와 연료전지자동차는 경쟁 관계가 아니라 동반자 관계로 발전할 것이라는 게 전문가들의 시각이다.** 지금 내연기관 자동차가 가솔린·디젤엔진으로 시장이 나뉜 것과 비슷하다.

현대차 수소차 넥쏘, 1회 충전거리 609 ㎞ 달성

- 현대차의 미래형 SUV '넥쏘'의 항속거리가 공개됐다. 공개된 넥쏘의 1회 충전 주행거리는 609 ㎞로, 기존에 목표로 했던 580 ㎞를 뛰어넘을 뿐만 아니라 현재까지 글로벌 시장에 출시된 수소전기자동차 중 가장 먼 거리를 주행할 수 있다. 넥쏘의 복합연비는 96.2 ㎞/㎏(17인치 타이어 기준)이며, 한 번에 총 6.33 ㎏의 수소를 충전할 수 있다.

- 현대차는 최대의 주행거리를 위해 고효율 차세대 수소연료전지시스템을 개발했다. 특히 수소탱크의 수소 저장밀도와 저장용량을 증대시켜 기존보다 더 많은 수소량을 사용할 수 있도록 했다.

4-1 연료전지자동차 개요

최근 내연기관자동차는 배출가스 저감기술의 발전으로 배기가스가 거의 존재하지 않는 자동차를 개발하고 있으나, 화석연료의 특성상 지구온난화의 주범인 이산화탄소 배출 문제를 안고 있다. 이에 비해 연료전지자동차는 이산화탄소의 배출이 전혀 없는 완전 무공해 자동차이다.

연료전지자동차는 화학에너지를 전기화학 반응에 의해서 직접 전력으로 변환하기 때문에 연소 시 발생하는 유해한 배기가스가 없는 자동차이며, 차세대 에너지원으로 주목받고 있는 연료전지(Fuel Cell)는 수소, 메탄올, 천연가스, 석유 등이 연료전지용의 연료로써 검토되고 있다.

수소 연료전지자동차의 개요는 다음과 같다.

물을 전기분해하면 수소와 산소가 나온다. 이러한 과정을 역으로 수소와 산소를 결합시키면 물과 전기가 발생하는데, 이 때 발생한 전기를 이용해 모터를 구동하는 방식의 차량이 바로 수소 연료전지자동차이다.

연료전지자동차의 최대 매력중의 하나는 높은 연료전지의 효율에 있다. 연료전지는 낮은 온도에서 작동하면서도 최적 조건에서는 60% 이상의 효율을 가지고 있다. 이는 우리가 열역학에서 일반적으로 배워 온 이상적인 내연기관 사이클의 효율을 훨씬 뛰어넘는 것이다. 요즘 대부분의 연료전지자동차는 하이브리드 기능을 가지도록 고전압 배터리나 슈퍼 커패시터를 동시에 장착한 형태로 개발되기 때문에 일반적으로 연료전지자동차(FCEV)라 하면 연료전지 하이브리드 자동차를 의미한다.

[표 4-1 동력원에 따른 효율 비교]

구분	Well to Tank 연료생산효율(%)	Tank to Wheel 차량효율(%)	Overall Efficiency 총괄효율(%)
가솔린 내연기관	88	18	16
디젤	89	22	20
HEV	88	30	26
EV	42	80	31
FCEV	**75**	**48**	**36**
FCEV(목표치)	70	60	42

연료전지는 수소와 공기만 공급하면 전기에너지를 끊임없이 만들어내는 반면, 물 이외에는 전혀 공해물질을 배출하지 않기 때문에 친환경성과 대체에너지의 조건을 완벽하게 만족시킨다. 세계 각국이 수소 연료전지자동차를 환경친화적 미래형자동차의 최종적인 목표로 삼고 있는 것도 이런 까닭이다.

고출격 연료전지 스택(Stack), 수소저장탱크 등에 대한 기술적 문제도 있지만, 수소를 원활하게 생산, 보급, 판매하기 위한 수소 인프라 구축이 아직은 필요하다. 수소 연료전지자동차 실용화에 박차를 가하고 있는 유럽연합(EU)의 경우에는 유럽 내 수소 파이프라인의 설치가 완료되는 2030년 이후에 수소 연료전지자동차의 보급이 가능할 것으로 예상한다.

연료전지 이외에 혁신적인 자동차를 만드는데 필요한 기술은 연료전지와 전자제어 운전기술의 통합이다. 수소 연료전지자동차는 실내 공간이 넓을 뿐만 아니라 기존의 동력 전달 장치가 없어지므로 구조와 형상 면에서 설계의 제약이 사라진다.

연료전지자동차의 실용화에 큰 장애 요소는 높은 차량 가격이었다. 연료전지자동차의 가격이 비싼 이유는 연료전지의 가격 때문이며, 연료전지의 화학반응에 필요한 촉매로 사용되는 백금이 상대적으로 비싸며, 차량 대당 많은 양의 백금이 사용되기 때문이다. 따라서 수소 연료전지 분야의 기술개발은 백금을 사용하지 않거나 적게 사용하지 않는 방법에 집중되고 있다.

현재의 천연가스 공급망을 이용해서 가정이나 직장에서 수소를 공급하는 방법을 사용하면 수소 연료전지자동차로의 전환은 급격히 이루어질 수 있다. 많은 지역에서 가솔린 주유기와 함께 천연가스 파이프라인이 설치되어 있으므로 천연가스를 개질하여 수소를 생산하면 자동차에 수소를 공급할 수 있다.

연료전지자동차용으로 사용하려는 연료전지는 80℃ 정도의 저온에서 작동하는 장점을 갖고 있는 고체고분자형 연료전지(PEMFC : Proton Exchange Membrane Fuel Cell)이며, 연구되고 있는 여러 유형의 연료전지 중 가ㅎㅎㅎ장 먼저 실용화 단계에 다가서고 있나. 그러나 PEMFC는 고순도의 수소를 연료로 해야 하기 때문에 연료개질장치(Fuel Reformer)가 반드시 필요하며, 저온에서는 활성화가 잘 되지 않기 때문에 고가의 백금촉매를 사용해야 한다는 단점을 가지고 있다. 또한 활성을 유지하기 위해 연료는 반드시 순수한 수소를 사용해야 하며, CO의 농도를 수십 ppm 이하로 억제해야 하는 어려움이 있다.

[표 4-2 연료전지의 특징]

장 점	
고효율	· 연료전지는 연료의 연소과정과 열에너지를 기계적 에너지로 변환시키는 과정이 없어 기존에너지원보다 효율이 10 - 20% 정도 높아진다.
무공해	· 연료전지는 연료로써 화석연료를 사용하므로 개질기에 의한 조작이 반드시 필요하다. 이 경우 탈황, 분진제거를 충분히 할 수 있어서 SOx와 분진의 방출은 거의 없다. 또, 종합 효율이 높기 때문에 이산화탄소(CO_2)의 발생도 적게 된다.
열의 유효이용	· 반응의 과정에서 발생하는 열을 유효하게 이용하는 것이 가능하고, 전기와 열을 동시에 발생하는 시스템에 최적이다. 투입한 도시 가스의 에너지의 약 40%가 전기로, 약 40%가 온수나 증기로 되고, 종합적으로는 약 80%가 유효하게 이용할 수 있는 유효에너지 효율이 뛰어난 장치이다.
연료의 다양성	· 신뢰도가 중요시 되는 특수목적용으로 순수소가 사용되나 일반전력 공급용으로는 비교적 가격이 저렴한 탄화수소계열의 연료가 모두 사용이 가능하다.
부지선정의 용이성	· 연료전지를 이용해 발전을 할경우 공해요인이 없으므로 도심지 속에서의 건설이 가능하고, 다른 발전방식에 비해 소요면적이 적으며 지속적인 냉각수 공급이 불필요하기 때문에 발전소용 부지의 선정이 용이하다.
저소음, 저진동	· 연료전지는 기계적 구동부분이 없고, 가스공급기 등에 약간의 소음, 진동 등이 있을 뿐이므로 기계식의 발전기와는 비교도 안 될 정도로 적다.

[표 4-3 연료전지자동차의 특징]

장 점	단 점
· 높은 효율 · 조용 · 차량의 레이아웃 설계 용이 · 공해물질 배출 없음 · 부품교체 비용이 상대적 저렴 · 단 시간에 연료보급·충전 가능	· 높은 차량 가격 · 수소연료 공급기반이 구축되지 않아 지금은 당장 실용화를 기대하기는 어려움 · 보급의 최대 장애는 안전하면서 효율이 좋은 수소 저장기술의 미흡

4-1-1 수소 자동차의 구분

먼저 수소 자동차의 분류는 수소를 직접 연소하느냐 수소를 간접적인 에너지원으로 사용하느냐의 차이를 두고 구분 분류한다.

수소에너지는 수소를 직접 연료로 사용하는 방법과 연료전지에 사용하는 방법이 있다. 연료전지는 연료에 산화제를 섞고 촉매를 통해 전기화학반응을 일으켜 전기를 생산하는 장치이다. 이때 연료로 수소를 사용하면 수소연료전지가 되는 것이며, 이 전기로 자동차를 굴리면 수소연료전지자동차(FCEV)가 된다. 그러니까 FCEV도 전기자동차(EV)의 일종이다.

현재 수소에너지를 사용하는 자동차로는 BMW가 1979년에 최초로 개발한 액체수소와 휘발유의 연료겸용 방식에 의해 수소를 직접 연료로 사용하는 수소엔진자동차가 있다. 또 벤츠가 1994년 NECAR1(New Electric Car)이라고 하는 이름으로 처음 주행시키면서부터 널리 알려졌다.

FCEV는 EV의 배터리가 갖는 문제점을 극복하는 과정에서 나온 것이다. 사실 EV는 배터리문제만 극복되면 세상에서 가장 완벽한 자동차이다. 배터리문제란 가볍고, 부피가 작고, 반영구적이며 값이 싼 배터리를 만들어야 한다는 것이다. 여기에 무엇보다 충전시간이 짧아야 한다. FCEV는 EV의 배터리 충전문제를 해결하기 위해 수소만 공급해 주면 계속 전기가 생산되는 연료전지를 사용한다. 말은 간단하지만 이렇게 바꾸기 위해서는 많은 부분이 달라져야 한다.

그림 4-4 1994년 NECAR1(New Electric Car)

EV에는 필요 없는 연료저장용기, 연료공급 및 제어장치, 연료전지스택 제어 및 조절장치 등이 추가로 필요하다. 결국 EV와 달리 현재의 내연기관자동차처럼 복잡한 장치에 연료전지까지 추가되는 매우 비효율적인 시스템이 되어 버린다. 그래서 현재는 버스나 SUV에만 적용하고 있는 것이다.

그런데 수소경제라는 용어의 의미는 현재의 문명이 상당부분 석유에 기반을 두고 있는데, 이를 수소로 대체하여 수소기반의 문명을 건설하자는 것이라고 이해할 수 있다. 그러나 천연수소는 천연가스에 조금 포함되어 있을 뿐 자연에는 대체에너지 자원으로 사용할 만큼 존재하지 않는다. 물론 물을 전기분해하면 필요한 양만큼 얻을 수 있지만 그 때 얻은 수소의 에너지는 물을 만드는데 필요한 전력보다 적다. 또 전력을 얻는 과정에 CO_2를 발생시킨다. 따라서 천연가스나 나프타로부터 제조하는게 현재까지의 현실이다. 그런데 천연가스에서 수소를 제조하면 수소연료 1 kcal당 0.4 g 정도의 CO_2를 발생시킨다. 천연가스를 직접 태웠을 때의 CO_2발생량 0.23 g/kcal 보다 오히려 많다. 물론 수소를 연료전지자동차에 사용할 경우 전지의 효율이 높아 주행거리당 총 CO_2발생량은 천연가스 자동차보다 낮아질 것으로 기대할 수 있지만 CO_2발생이 크게 줄어드는 것은 아니다. 수소를 직접 연료로 사용하면 배기가스에 NOx가 포함되고 효율이 휘발유차와 같아지기 때문에 합리적이지 않다. 따라서 수소가 확실한 대체에너지가 되려면 CO_2의 발생이 적은 바이오매스 가스로부터 추출하거나 CO_2발생이나 다른 문제가 적은 에너지원(자연에너지)을 사용한 물분해로 수소를 제조해야 할 것이다. 물분해 방법은 EV와 다시 효율성 문제로 경쟁해야 한다. 그래서 현 단계에서 수소연료전지자동차나 수소엔진 자동차는 그 자체의 어려움 보다 오히려 합리적인 가격으로 대량의 수소를 얻는 기술의 장벽이 더 큰 문제로 보인다.

수소 생산의 경제성이 해결되어도 수소보급을 위한 충전소 설치가 또 문제이다. 수소는 지구상에서 가장 가볍고 끓는 점이 영하 260도일 정도로 불안정한 기체이다. 따라서 매우 안전한 수송시스템을 만들어야 하며, 일단 충전소에 공급된 수소를 저장하는데도 높은 비용과 위험을 동반하게 된다. 충전소에서 개별적으로 유휴전력으로 수소를 생산하면 수송의 문제는 생기지 않으나 저장과 자동차 충전을 위해 가압장치가 필요한데 가압비용만으로도 상상할 수 없는 비용이 발생한다.

따라서 FCEV는 여전히 가능성을 탐색하는 수준에 머물러 있는 아주 장기적인 과제이다. 얼마나 오래 기다려야할까? 정답은 '모른다'이다. 석유의 고갈 혹은 환경오염으로 지구가 종말을 고하는 시점이 오기 전에 해결해야 하는 여러 가지 대안 중에 하나일 뿐이다. 그런

[표 4-4 수소 자동차의 구분]

구분	비고
수소연료 자동차 (Hydrogen Fueled Car)	· 수소내연기관 자동차 · 수소를 연료로 이용하는 자동차 · 휘발유, 경유가 아닌 수소가스의 폭발력으로 움직이는 자동차
수소연료전지자동차 (Fuel Cell Vehicle)	· 수소연료전지자동차는 수소를 산소와 반응시켜 전기를 생성하는 연료전지를 동력원으로 하는 전기자동차 · 연료전지가 엔진을 대체하는 전기자동차 · 연료전기 자동차

대안 중에는 EV가 있다. 어차피 전기를 사용해야 한다면 환경에 부하를 주지 않는 태양광발전이나 풍력발전 등으로 전기를 생산하고 생산된 전기를 충전해서 사용하는 방법 말이다. 이를 위해서는 빠른 속도로 충전이 가능하게 만드는 것이 가장 큰 과제인데, 이 문제 하나를 해결하는 것과 FCEV의 보급을 위해 해결해야 할 여러 가지 난제를 해결하는 것 중에서 어느 것이 먼저 해결될지는 아무도 장담할 수 없지만 EV쪽이 훨씬 가능성이 큰 것 같다.

수소연료전지자동차는 에너지효율이 높고 에너지 전환과정이 안정적이여서 상용화에 있어서 매우 유리한다. 수소연료전지자동차는 내연기관이 연료전지로 대체된 자동차이며, 바퀴를 구동하는 방법은 전기모터의 회전으로 구동되는 경우이며, 승용차와 버스 모두 고가여서 가격을 낮추기 위한 연구가 계속되고 있다.

(1) 수소연료 자동차 (Hydrogen Fueled Car)

수소 자동차는 수소를 연료로 이용하는 자동차이다.

그림 4-5 수소연료 자동차 구조

그림 4-6 1924년 제작된 수소 자동차 포드 모델T

수소를 직접 엔진에서 연소하는 자동차로서 이 차량은 지금의 휘발유나 경유 대신 수소를 연료탱크에 넣어서 차량을 움직이는 것이다. 물론 엔진의 각 부나 연료저장 및 공급 장치는 수소에 적합화된 장치가 장착되어 있다.

수소가 에너지원으로서 가지는 장점은 연소하면 매우 적은 양의 질소산화물만을 발생할 뿐 다른 공해물질이 생기지 않는다는 점이다. 또한, 수소는 지구상에 존재하는 거의 무한한 양의 물을 원료로 만들어내며, 사용 후에는 다시 물로 재순환되기 때문에 고갈될 걱정이 없는 무한 에너지원이다.

따라서 수소는 저공해자동차의 필요성이 대두되는 현대사회에서 자동차의 연료로서 환영받고 있다. 이외에도 수소는 산업용 기초 소재, 일반 연료, 수소비행기 등 넓은 범위에서 에너지원으로 사용되고 있다.

수소 자동차는 일반 가솔린자동차와 달리 가솔린 대신에 수소를 연료로 하므로 배기가스의 주성분은 물이며, 질소산화물이 약간 배출되는 것 외에는 공해물질이 거의 배출되지 않는다.

수소 자동차를 실용화하는 데 가장 중요한 문제는 수소의 저장방법이다. 액체수소 저장탱크와 금속수소화물을 이용한 수소저장탱크 등 두 가지 방법이 쓰인다. 액체수소를 이용하는 경우, 수소를 액화시키는 것이 어렵고 저장 도중에 수소가 손실될 수 있으며 저장탱크를 만드는 것 또한 쉽지 않다.

수소저장탱크에 금속수소화물을 이용하는 경우, 수소저장합금이 무거운 금속이므로 이를 이용한 수소저장탱크가 너무 무거워 어려움을 겪고 있다. 만일 현재의 연료통 정도되는 40 L짜리 연료통을 부착한다면 수소저장합금의 무게만 300 kg이 넘게 된다. 따라서 이를 움직이는 데에만 엄청난 에너지가 필요하고, 다른 목적으로 저장합금을 수송하는 데에도 여간 어렵지 않다.

수소 자동차는 미국·일본·독일 등의 선진국에서 오랫동안 연구되어 많은 실험차량들이 제작되고 있으며, 한국에서는 1993년 5월 최초의 수소 자동차 '성균1호'를 개발하였다.

연료전지 발전과 수소발전의 구조적 차이

- 수소를 에너지로 사용하는 방법은 2가지가 있다. 하나는 수소자동차와 같이 연료전지를 사용하여 전기를 만드는 방법, 다른 하나는 수소발전소로 대표되는 터빈 등으로 수소를 연소시키는 방법이다.
- 수소자동차(연료전지차/FCEV)는 몇 년 전, '궁극의 에코카'로 불리며 크게 주목받은 바 있다. 수소와 산소를 화학 반응시키는 장치가 '연료전지'이다. 기본적인 구조는 탱크 안의 수소와 공기 중의 산소를 화학 반응시켰을 때 발생하는 에너지로 전기를 발생, 그 전기로 모터를 돌려 자동차를 움직이는 것이다. 오직 물만을 배출하는 깨끗한 방법이다. 연료전지 이외의 부분은 전기자동차(BEV)와 같기 때문에 배터리 대신 연료전지를 실은 EV를 수소자동차라고 할 수 있다.
- 이러한 연료전지는 수소자동차 이외에 '정치형'이라 불리는 타입이 가정 및 빌딩에서 사용되는 코제너레이션(열병합) 시스템으로 이용되고 있다. 일본 도쿄도에서는 도쿄 올림픽의 선수촌에 설치할 것이라고 발표했는데, 그 출력은 5대가 최대 200 kW(킬로와트) 정도이다.
- 한편, 지역 전체에 전력을 공급할 수 있는 수만, 수십만kW(킬로와트) 수준의 '수소발전소'는 연료전지와는 또 다른 방법으로 화력발전소에서 중유, 석탄, LNG(액화 천연가스)를 태우는 대신 수소를 연료로 사용하는 방식으로 전기를 발생시킨다.
- 수소발전에서는 수소 자체를 연소시켜 공기 중의 산소와 격렬한 화학반응을 일으키게 하여, 그 에너지로 터빈을 돌려 전기 에너지를 만든다. 원리는 기존의 화력발전소와 같기 때문에, 수소와 LNG, 수소와 석탄 등 다른 연료와 함께 태우는 '혼연'을 할 수 있다.
- 또한 이 방법은 이제 막 시작된 것이 아니다. 화석연료인 중유나 석탄, LNG에도 일정량의 수소가 들어 있으며, 화력발전소에서 탄소 또는 산소와 함께 태워 에너지를 만들어온 바 있다. 액화수소 연료는 아폴로 새턴 로켓의 추진력에도 사용되어, 인간을 달에 보냈다.

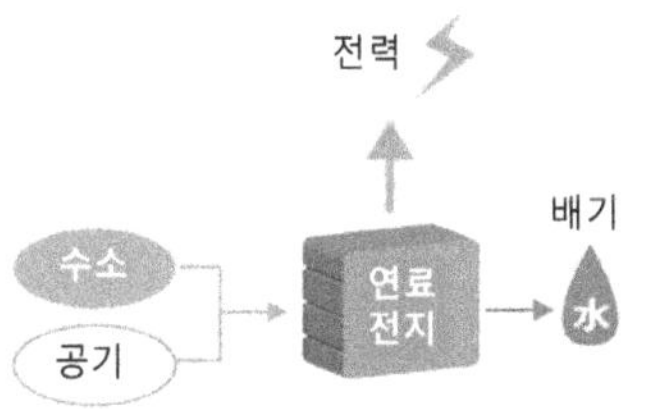

연료전지발전

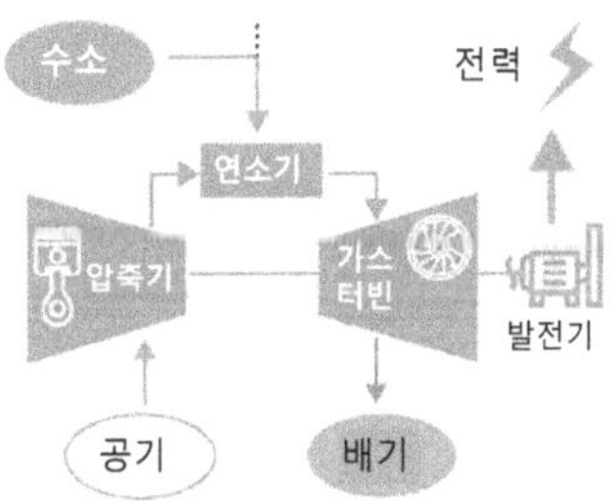

수소발전

(2) 수소연료전지자동차 (Fuel Cell Vehicle)

수소연료전지자동차는 수소를 산소와 반응시켜 전기를 생성하는 연료전지를 동력원으로 하는 전기자동차이다. 연료전기자동차라고도 한다.

수소연료전지자동차는 연료전지 안에서 수소와 산소가 화학반응이 일어나는 것에서 전기를 얻어 차를 움직이게 하는 것으로 연료전지가 엔진을 대체하는 것이다. 수소전지의 양극인 니켈전극과 수소흡장(음극)전극이 일으키는 물의 전기적 분해작용에 의해 전기가 발생되고 그 전기가 동력원이 되어 모터를 회전시켜 자동차를 움직이게 하는 것이다.

엔진이 없기 때문에 배기가스가 나오지 않는 친환경 자동차이다. 1980년대 후반에 캐나다의 벤처기업인 '밸러드 파워 시스템즈'사가 연료전지를 작고 가볍게 만드는 데 성공하여 실용화 가능성이 높아졌다.

그 뒤 2002년 7월 일본의 혼다기연공업이 미국 캘리포니아주에서 세계 최초로 판매인가를 얻어 상용화에 성공했고, 2003년에는 독일의 다임러크라이슬러가 연료전지 버스를, 2004년에는 미국의 포드자동차가 충전지 겸용 하이브리드 자동차를 생산했다.

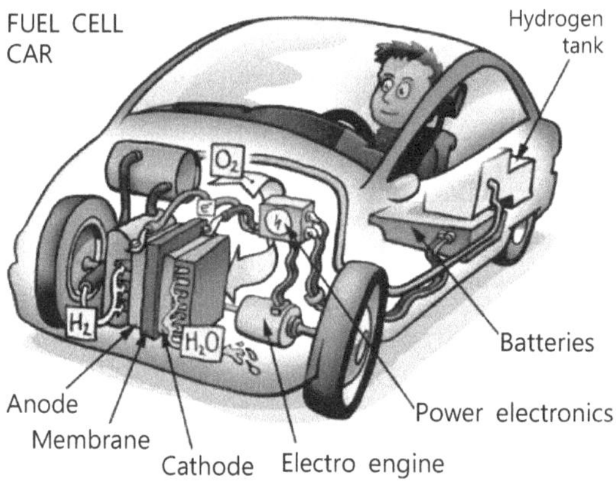

그림 4-7 수소연료전지자동차의 구조

연료전지 상식 11가지

1. 배터리와 비슷하게, 연료전지도 전기화학적 반응으로 전기를 만든다. 하지만, 배터리와는 달리, 연료가 공급되는 한, 작동이 멈추거나 충전할 일은 없다.
2. 1839년 윌리엄 로버트 그로브(William Robert Grove)가 고안해낸 이래, 1960년대까지는 상업화 이용되지 못했다. 1962-1966년 나사(NASA)의 제미니 우주 프로젝트로 우주선에서 사용되어 전기와 물을 공급해 주었다.

3. 수소가 연료전지 연료로 일반적으로 쓰이기는 하지만, 유일한 것은 아니다. 연료전지는 수소를 많이 함유한 물질, 즉 바이오가스, 천연가스, 메탄올, 디젤 등으로도 전기를 만들어 낼 수 있다.
4. 연료전지는 국가에 혁신적으로 동력을 공급해주는 가능성을 가지고 있다. 수소를 연료로 하는 연료전지는 공해물질을 만들지 않을 뿐 아니라, 전통적인 내연기관보다 효율도 두배 이상 높다.
5. 2012년, 미국은 1천개의 연료전지 특허를 가지고 있는데, 이는 어느 청정에너지 관련 특허보다 많은 양이다. 미국 에너지부가 지원하는 수소연료전지 프로그램으로 413개의 특허, 39개의 상용화 기술, 3-5년 이후 상용화 가능한 65개 이상의 기술이 개발되었다,
6. 단일 셀은 1V를 내며, 전기량을 늘리려면 각 단일 셀을 연결하여 스택으로 만든다. 용도에 따라 몇개에서 수백개(자동차용)까지 적층할 수 있다.
7. 2002년 이후, 미국 에너지부는 연료전지자동차 가격을 80% 이상 인하하였으며, 내연기관과 가격경쟁이 가능한 수준으로 가는 성과이다.
8. 연료전지는 적용범위가 넓으며, 수송용뿐만 아니라 화물취급용(지게차 등), 백업파워용으로 미국 내 여러 곳에서 사용 중이다.
9. 연료전지는 군용 이동형 전원이나 해군 잠수함에서도 사용 중이다.
10. 전기뿐만 아니라 열을 만들어 내기 때문에 가정용/상업용 열병합 발전용으로 쓰인다.
11. 미국 에너지부는 공항에서 운용되는 지원차량이나 대형 컨테이너선박의 보조동력으로 사용하는 것을 시험해 왔다.

4-1-2 연료전지자동차 특징

(1) 장점

① 긴 주행거리

수소의 열량은 동일 중량당 내연기관 연료의 약 3배나 된다. 거기다 전기차 특유의 고효율이 결합되면서 주행거리를 늘리기가 쉬운편이라 현재 출시되는 수소차량들은 1 ㎏당 100 km의 주행거리를 제공하며, 대체로 축전지 기반 전기자동차보다 주행거리가 길게 나온다.

② 무공해

수소연료전지 자동차는 연료에 탄소(C)나 다른 불순물이 없고 수소와 산소가 만나 물이 생성될 뿐이므로 유해한 배기가스가 전혀 나오지 않는다.

	전기차	평가	수소차
친환경성	오염물질 미배출	<	물 배출, 미세먼지 정화
주행거리	350~400km	<	600km 이상
충전시간	현대차 코나 급속 20~30분	<	3~5분 현대차 넥쏘
유지비	1km 당 25원	>	1km 당 73원

그림 4-8 전기자동차와 수소연료전지차의 장단점 비교

③ 대기중 미세먼지 제거

수소연료전지 스택이 효율적으로 작동하기 위해서는 미세먼지가 제거된 청정한 공기가 필요하므로 수소차는 달리는 동안 주변 공기를 빨아들여 정화한 후 수소연료전지에 사용하고 다시 배기구로 깨끗한 공기를 내보내게 된다. 공기 중 먼지나 화학물질은 3단계 공기정화 시스템을 통해 정화된다. 그래서 매연이 나오기는커녕 오히려 공기정화기로써의 기능도 수행할 수 있다.

④ 저렴한 수소 단가

과거에는 수소 제조에 들어가는 비용이 기름 값보다 비쌌지만, 현재는 천연가스 개질법이나 나프타 분해를 통해 저렴하게 수소의 대량 생산이 가능해 1 ㎏당 약 5,000원의 단가로 생산이 가능하다. 해당 기술들은 현재도 수소 대량 생산에 쓰이고 있으며 일상적인 기술이다. 실제로 수소자동차들이 대량으로 늘어났을 때 어떻게 바뀔지는 알 수 없지만 일단 생산단가는 화석연료보다 훨씬 넉넉하게 확보된 상황이다.

⑤ 짧은 충전시간

충전시간을 5분 내외로 예상하고 있다. 현재의 화석연료 주입시간과 거의 비슷해서 그냥 화석연료 자동차를 탔을 때처럼 연료 넣고 달리면 된다. 반면에 전기자동차는 충전시간을 짧게 하기가 어려워 최소 30분 이상의 시간이 필요하며, 이 때문에 장거리 주행 시에 불편함이 있다.

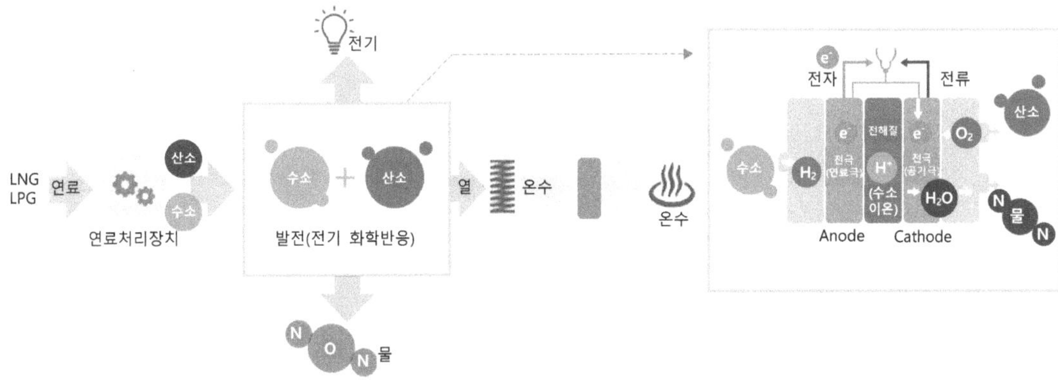

그림 4-9 연료전지의 구동순서

(2) 단점

① 수소 사용

사실 열량으로만 보면 수소 자체의 성능은 우수한 편이지만 우주에서 가장 가벼운 물질이라 부피가 너무 크다. 때문에 초고압으로 압축해서 투입해야 하는데 그래도 부피가 커서 승용차 정도에서는 공간을 아무리 짜내도 7~8 kg밖에 넣지 못하고 있으며, 이 때문에 실제로 한 번에 들고 다닐 수 있는 열량이 화석연료 자동차보다도 작아서 오히려 주행거리를 늘리는데 의외로 제약이 크고 차량 체급에 영향을 많이 받는데다 탱크 중량 때문에 화석연료보다 차지하는 무게가 되려 더 크다. 현재의 주행거리는 수소의 성능이 우수하다기보다는 전기시스템 특유의 고효율로 확보하는 것이다. 현재 수소연료전지 자동차들은 1회 충전 당 주행거리가 600~800 km에 달하지만 효율을 개선하여 1회 주유당 주행거리가 1000 km가 넘어가는 화석연료 자동차도 늘어나고 있기 때문에 수소차도 마찬가지로 동급의 화석연료 차량에 비해 주행거리가 길다는 장점이 있다고 보긴 어렵다. 현재 상황에서 주행거리를 더 늘리는 방법은 더 고압으로 집어넣는 것이 유일한데 이러면 연료압이 차량마다 다르게 되므로 충전소에서 문제가 생기다. 그리고 운행용 수소야 좀 더 자주 주입하는 것으로 넘어갈 수 있는데 수소생산지로부터 충전소까지의 운송은 더 큰 문제다.

② 이산화탄소 등 오염물질 배출

수소자동차는 매연이나 이산화탄소를 배출하지 않지만 수소를 생산하는 과정에서 온실가스인 이산화탄소를 대량으로 배출한다. 현재 수소를 생산할 수 있는 방법 자체는 많이 있지만 전기분해는 경제성이 낮고 대량생산과 경제성을 확보하려면 천연가스 개질법 등의 화석연료를 가공한 방법이 최선이다. 그러나 이 방법들은 필연적으로 온실가스를 배출하고 결정적으로 화석연료 의존도를 낮출 수가 없다는 문제가 있어서 대체연료를 쓰는 의미가 없어져 버린다. 또한 이산화탄소 포집 등의 각종 탄소저감기술은 아직 대규모로 경제적으로 하기 힘들뿐더러, 수소의 생산은 민간에서 하기 때문에 탄소저감을 안해버리면 그만이고 법으로 강제한다면 가격을 올려받을 좋은 이유가 된다. 천연가스 개질은 80%를 넘나드는 높은 열효율을 가질 수 있으며 이를 통해 생산된 수소를 연료전지를 통해 발전에 사용하면 화력발전소에서 천연가스를 태워 전기를 생산했을때와 비슷하거나 그 이상의 변환 효율을 기대할 수 있다.

또한 이산화탄소의 발생원이 개질 공정만으로 국한되기 때문에 다른 에너지 생산방식에 비하여 추후에 이를 포집하기가 유리하다. 일부 석유 정제, 분해 공정에서 부산물로 생성되는 수소를 활용하자는 의견도 있지만 그런 부생수소의 양이 절대 부족하다. 석유 정제 과정에서 나오는 수소는 대부분 탈황공정이나 휘발유 개질(크래킹)의 수소첨가 등에 대부분 자가 소모되어 따로 판매할 만큼 남지 않고 판매되는 것은 대부분 나프타 분해공정의 부산물로 나오는 부생수소이다. 또한 그렇게 수소가 부산물로 나오는 산업은 애당초 수소생산이 목적이 아니기 때문에 이를 위주로 대량생산을 할 수도 없고 기존의 수요가 어디로 가는 것도 아니므로 경제성이 확보 되는 것도 아니다. 결국 현재 공짜나 마찬가지인 부생수소 생산량이 부족해질 정도로 수소차가 대량보급되면 결국 천연가스를 변환해 사용할 수밖에 없다.

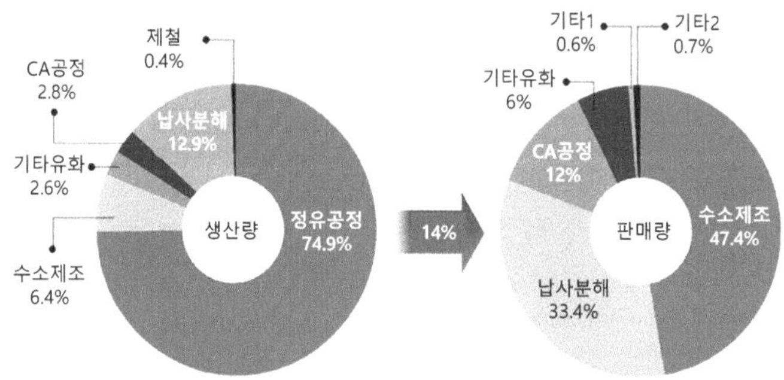

그림 4-10 부생수소 현황과 활용

③ 충전소 인프라 부족

현재 대한민국에는 수소차 충전소가 절대적으로 부족하다. 폭발 시 안전거리 확보가 필수적이며 안전성 확보를 위한 자동화된 감시 장치가 필수적이고 관리를 위한 전문인력을 고용해야 한다. 충전도 아무나 할 수 없고 교육을 받은 전문인력이 해야 한다. 이 때문에 도심지와 인구 밀집지에 설치가 곤란하며 설치 및 운영 비용이 상당히 높다. 따지고 보면 기존 LPG 충전소나 주유소와 비슷하나, 기존 전력 공급 시설을 그대로 이용가능하고 전용충전소를 짓더라도 변전시설 정도만 마련하면 되는 BEV에 비해 뚜렷한 열세. 또한 수소 인프라 구축이 대대적으로 이루어져야 하므로 많은 비용이 들게 되며, 특히 수소의 특성으로 인해 다른 에너지보다 충전시설의 규모당 초기비용이 훨씬 커지는 문제가 있다.

그림 4-11 수소 주유

수소충전소 1군데 건설에 약 30억 원이 든다고 한다. LNG 충전소는 10억 정도 든다. 충전시간도 최대 30분 가량 걸린다. 또한 수소는 장기적으로 금속을 점차 약하게 하므로 안전성을 확보하기 위해 정기적으로 탱크와 파이프 라인 등을 교체해주어야 하므로 수명이 짧고 유지보수비가 높다. 전기자동차의 경우도 인프라 구축이 필요한 것은 마찬가지지만 그 난이도가 수소 에너지에 비해 엄청나게 낮으며 유지하기도 훨씬 쉽다. 전기 자체가 다루기가 쉽고 비용도 워낙 저렴하다보니 필요하면 아예 무인 충전소로 만들기도 쉽다.

④ 충전 시간의 현실

전기자동차에 비해 수소자동차의 가장 큰 장점인 빠른 충전 시간이 현실 운용에서는 조금 달라질 수 있다. 충전 그 자체만으로는 5분 정도면 충분하지만 미리 탱크 압력에 맞추어 압축해서 저장해놓은 수소가 없으면 압축에 20분 정도의 추가 시간이 소요될 수도 있다.

⑤ 촉매제 단가

산소와 수소가 빠르게 반응하기 위해 필요한 촉매의 재료인 팔라듐, 백금, 세륨 등의 확보가 필요하며 이 때문에 연료전지의 가격이 너무 비싸다. 대략 현대모비스의 연료전지 스택이 부품가만 3800만 원 정도. 연료전지에서 촉매재료의 원가 비중은 40% 정도이다. 또 연료전지가 자동차에서 차지하는 원가 비중이 50% 이상이다. 연료전지의 수명도 짧다. 이런 귀금속은 양이 많지 않기 때문에 이를 대체하기 위한 새로운 촉매의 개발이 연구되고 있다. 팔라듐, 백금, 세륨 등을 안 쓰는 연료전지도 있지만 700-800도 이상에서 동작하므로 일반적 차에서 사용하기는 어렵다. 기본적으로 촉매는 반응에 직접 관여하거나 반응에 의해 소모되지 않기 때문에 사용법에 따라 필요량을 대폭 줄이는 것이 가능하다. 최근 기술 개발에 힘입어 현재 연료전지에서 사용되는 백금의 양은 매우 빠른 속도로 줄어들고 있으며 실제로 혼다의 Clarity에는 오직 11 g의 백금만 사용되어 촉매가 차지하는 원가 비중은 이미 비교적 무시할 수 있을만한 수준으로 줄어들었다.

⑥ 안전과 수명

일반인의 우려와는 달리 수소 자체의 폭발 가능성은 그리 크지 않으므로 결정적 결점이라고 보기 어렵다. 하지만 여전히 가연성이 높은 고압가스이므로 취급과 안전에 매우 주의를 해야하고 점검도 자주해야 하고 설비도 이에 맞게 안전성을 위해 강도와 신뢰성을 확보해야한다. 그러므로 수소 자동차나 수소충전소 등은 비슷한 규모의 천연가스 차량이나 천연가스 충전소 등에 비해 원가가 높고 비용이 많이 들어갈 수밖에 없다. 또 고압의 수소는 장기간 사용하면 금속 탱크나 금속 파이프 등 금속을 약하게 하는 수소취성 (hydrogen embrittlement) 이 있기 때문에 금속이 고운 가루로 바스라져 수소가 새거나 폭발할 우려가 있어서 신뢰성을 확보하려면 일정 기간 사용 후 파이프와 탱크 등을 교체해주거나 하므로 수명이 짧아 유지비가 많이 들어가게 된다. 토요타 미라이의 수소 탱크 수명은 대략 15년으로 보고 있고 수소 주입구 옆에 특정 시기 이후로는 수소를 주입하지 말라는 경고 문구가 붙어있다.外# 연료전지 스택의 수명도 짧아 15-20만 km 운행 10년 정도가 한계이다.

⑦ 복잡한 정비

수소차는 전기차의 특성을 그대로 가지고 있는데다 연료 전지 스택 및 수소 라인까지 포함된 복잡한 구조를 가지고 있어서 정비에는 추가 인프라가 필요하다. 예를 들어 수소 탱크 및 파이프 관련 정비를 할 때는 탱크 내의 수소를 비워야 하는데 폭발 위험성 때문에 따로 특별히 관리가 되는 전용 외부 공간에서만 허용이 되고 근처에 고층 빌딩이 있으면 아예 불허된다.

⑧ 수송비용 과다

수소는 운송비용이 매우 비싸다. 초고압 폭발성 연료이므로 천연가스 운송비보다 훨씬 비싸다. 수소 공장에서는 싸게 생산해도 이를 소비지까지 운송하기가 어렵다. 파이프라인으로 운송하면 싸지만 가스탱크 로리나 튜브 트레일러 등 트럭으로 운반하게 되면 생산지인 울산에서 소비지인 서울까지의 운송비가 가스값의 2배나 되어 가격 3배 이상으로 뛴다. 트럭 운송으로는 튜브 트레일러라는 특수차량을 이용하는데 40톤 트레일러 1대당 250-500 kg (금속 튜브/복합재튜브) 밖에 수송하지 못하므로 트레일러 1대로 자동차를 불과 30-60대 정도밖에 충전하지 못한다. 이에 비해 LNG/LPG 는 통상 탱크로리 대당 20 톤 정도 수송할 수 있고 이는 차 1천대를 충전할 수 있는 분량이다. 해상 운송을 하려면 LNG선 같은 가스운반선이 있어야 하지만 아직 실용화와는 거리가 멀고 비용도 아주 비싸서 경제성이 없다. 수소충전소도 1 개 건설에 30억이라는 막대한 비용이 소모된다. 취급에도 고압가스 기사자격이 필요하므로 운영비도 비쌀 수밖에 없다. 파이프 라인을 건설하면 운송 비용은 크게 낮출 수 있으나 초저온 고압 가스이고 위에서 말한 수소취성 문제로 정기적으로 금속 파이프 교체를 해주어야 하므로 건설이나 유지비가 석유나 LNG 파이프라인보다 훨씬 높아진다. 그러니 수소는 생산이 문제가 아니라 수송과 판매가 더 문제이다.

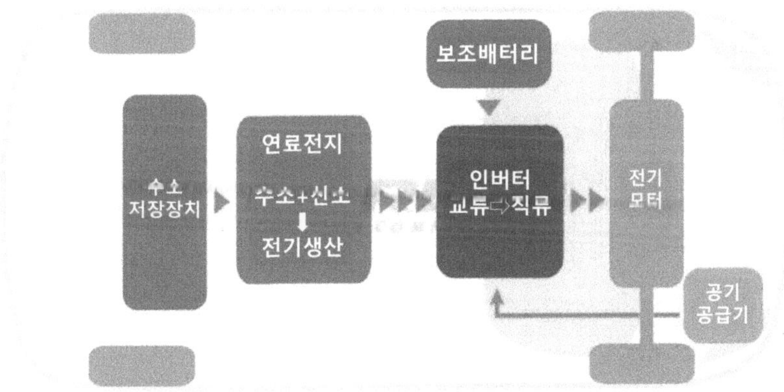

그림 4-11 연료전지 엔진의 구성

그림 4-12 GM 오토노미 컨셉카

(3) 연료전지의 발전원리

전류가 물속을 흐르면 물이 전기 분해되어 수소와 산소가 발생한다. 연료전지의 발전 원리는 전기분해의 역반응으로 수소와 산소가 흐르면서 반응하여 물을 생성하며, 그 과정에서 전기와 열을 발생한다.

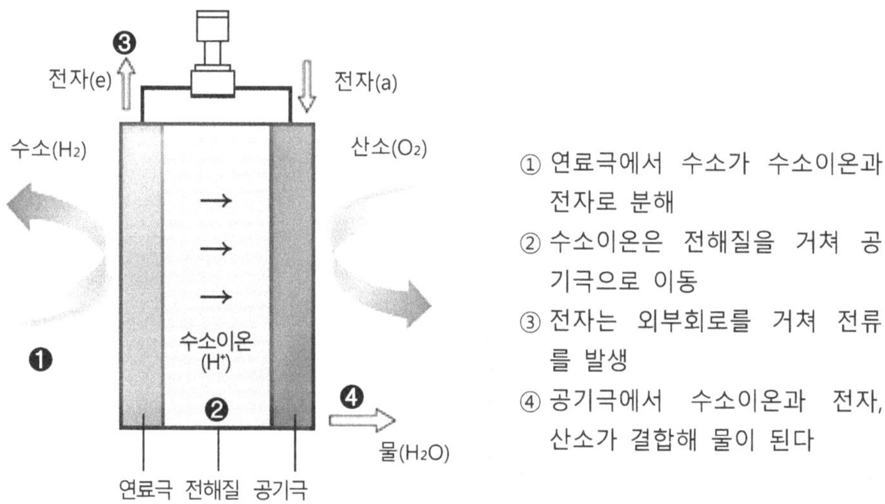

그림 4-13 연료전지의 전기발생원리

4-1-3 수소의 추출 및 전기발생

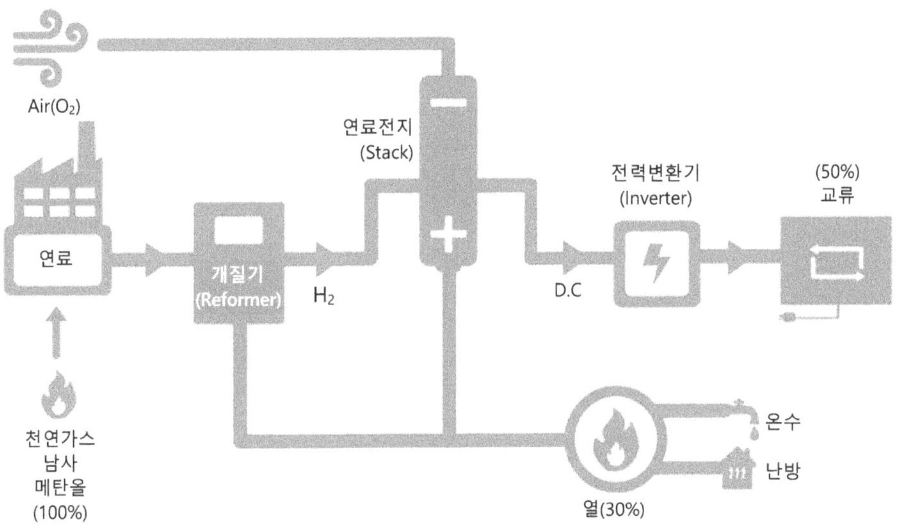

그림 4-14 연료전지 발전시스템 구성도

산소와 만나 전기에너지를 만들고 부산물로는 순수한 물만 배출하는 수소. 궁극의 청정에너지로 불리는 수소에 전 세계가 주목하고 있다. 그럼 수소는 어떤 과정을 통해 생산하고 소비하는 것일까? 수소의 생산 방식부터 수소로 에너지를 반드는 연료전지, 이를 탑재하고 달리는 수소전기차에 대하여 알아보자. 수소전기차는 수소와 산소의 전기화학 반응을 통해 발생한 전기를 동력원으로 사용한다. 부산물로는 순수한 물만 배출된다.

FCEV의 **수소공급 단계**는 다음과 같다.

1단계: 다양한 방법에 의한 수소추출

2단계: 생산한 수소를 저장 및 수송

3단계: 수소충전소에서 수소연료전지차로 충전

FCEV의 **전기생산 단계**는 다음과 같다.

1단계: 수소탱크에 저장된 수소가 수소연료전지 스택으로 공급

2단계: 유입된 산소가 수소연료전지 스택으로 공급

3단계: 수소연료전지 안에서 산소와 수소가 화학반응을 통해 전기생산

4단계: 발생된 전기가 모터와 배터리로 공급 & 물을 외부로 배출

수소차의 연료로 쓰이는 수소는 풍부한 자원이지만 자연상태에서 단독으로 존재하는 에너지원이 아니다. 수소는 물, 화석연료, 생명체 등에 내재하지만 에너지형태로 사용되기 위해서는 추출 과정을 거쳐야 한다.

수소생산기술로는 **화석연료를 활용한 개질방식과 수전해 방식(물 전기분해)**이 있다. 석탄은 가스화(gasification)를 통해, 천연가스는 수증기개질(Vapor reforming)을 통해 이산화탄소와 수소로 분리할 수 있다.

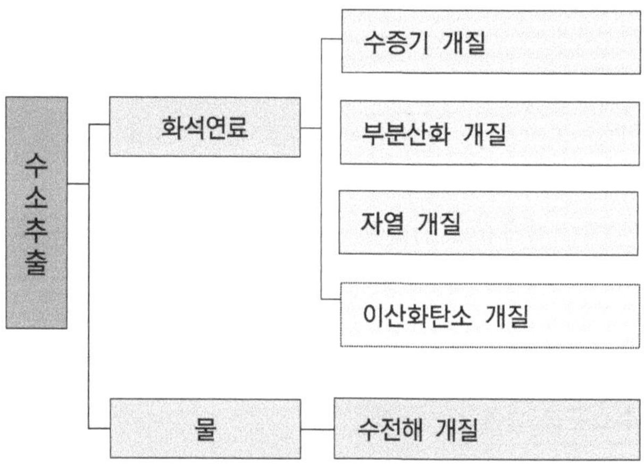

그림 4-15 수소 개질방법

(1) 화석연료 개질

화석연료를 개질해 수소를 추출하는 데는 일반적으로 수증기나 산소를 첨가해 촉매 상에서 접촉분해하는 방법이 이용된다. 대표적인 개질 방식에는 수증기 개질방식, 부분산화방식, 자열개질방식이 있다.

① 수증기 개질방식

탄화수소를 수증기와 반응시켜 물에 함유된 수소를 추출하는 방식이다. 이산화탄소 생성비가 낮고 일정량의 탄화수소로부터 많은 양의 수소를 얻을 수 있다는 장점이 있지만, 공정 온도가 750℃ 전후로 높아 에너지 소비가 많다는 단점이 있다.

② 부분산화방식

발열반응으로 외부가열이 불필요하며, 소정 온도에 도달할 때까지 가동시간을 단축할 수 있으나 공기를 산소원으로 할 경우에는 질소 혼입에 따라 수소농도가 저하되는 단점이 있다.

③ 자열개질방식

부분산화반응과 수증기개질반응의 2가지 반응에 의해 수소를 생산하는 방식으로, 부분산화방식의 가동성과 수증기개질방식의 효율성을 조합한 방식이다.

화석연료를 개질한 수소생산이 현재 가장 경제적인 방법이며, 천연가스에서 제조된 수소를 사용하는 수소연료전지차(FCEV)의 경우 운행과정에서의 배출가스가 없지만 수소생산과정을 포함할 경우 FCEV의 이산화탄소배출량은 가솔린차량의 약 70% 수준이다. 온실효과 측면에서 기존 화석연료는 주행 시 이산화탄소를 대부분 배출하지만, 수소는 제조(천연가스 개질시)과성에서 이산화탄소를 배출한다. 소비지가 아닌 생산지에서 환경오염을 유발한다는 한계가 있다는 뜻이다.

[표 4-5 탄화수소(메탄)의 개질방식비교]

구분	반응식	장단점	
수증기 개질반응 (SR : Steam Reforming)	$CH_4 + H_2O \rightarrow CO + 3H_2$ (흡열반응)	장점	고농도 수소제조 : 75%이상(Dry gas기준) 효율이 높음, 여러 운전조건에 대해 안정적 운영 가능
		단점	정상상태 도달시간이 오래 걸림, 에너지 사용량 많음
부분산화반응 (POX : Partial Oxidation)	$CH_4 + 1/2O_2 \rightarrow CO + 2H_2$ (발열반응)	장점	정상상태 도달시간 짧음 낮은 반응온도, 에너지 사용량 적음
		단점	수소농도가 낮음 : 35%이하(Dry gas 기준) 효율이 낮음, 운전제어 어려움, Hot spot 발생빈도 높음

<table>
<tr><td rowspan="2">자열개질반응
(ATR : Autothermal Reforming)</td><td rowspan="2">$CH_4+H_2O \rightarrow CO+3H_2$
$CH_4+1/2O_2 \rightarrow CO+2H_2$</td><td>장점</td><td>정상상태 도달시간 짧음
흡열/발열반응이 동시에 일어나므로 열 관리 유리</td></tr>
<tr><td>단점</td><td>수소농도가 낮음 : 55%이하, 운전제어 어려움</td></tr>
<tr><td rowspan="2">CO_2 개질반응
(CDR : Carbon Dioxide Reforming)</td><td rowspan="2">$CH_4+CO_2 \rightarrow 2CO+2H_2$
(흡열반응)</td><td>장점</td><td>반응물로 CO_2사용(온실가스 배출 저감)</td></tr>
<tr><td>단점</td><td>높음 CO생성량 및 반응온도 높음, 효율 낮음
Coke formation 발생빈도 높음, 에너지 사용량 많음</td></tr>
</table>

(2) 수전해기술

수전해기술은 물을 전기분해해 수소를 얻는 방법이다. 고순도의 수소가 생산되며 환경 오염이 적다는 장점이 있지만, 고가의 전력비용이 수소제조 과정에서 발생한다는 단점이 존재한다. 따라서 신재생 에너지의 발전과 같이 해야 한다. 태양광, 풍력 등 신재생에너지를 활용해 전기를 생산하고 이를 활용해 물을 전기분해해서 수소를 얻는 과정이 필요하다. 다만 환경에 따라 발전편차가 있고, 에너지변환효율이 낮아 현재는 수소생산단가가 가장 높은 방식이다.

[표 4-6 수소생산기술의 분류]

구분	방법	원료	에너지원	기술수준
화석연료 이용	수증기 개질	천연가스, LPG, 나프타	열	상용
	이산화탄소 개질	천연가스	열	-
	부분산화	중질유, 석탄	열	상용
	자열개질	천연가스, LPG, 나프타	열	상용
	직접분해	천연가스	열	상용
비 화석연료 이용	전기분해	물	전기	상용
	열화학 분해	물	고온열(원자력, 태양열)	연구중
	생물학적 분해	물 또는 바이오매스	열, 미생물	연구중
	광화학적 분해	물	태양광	연구중

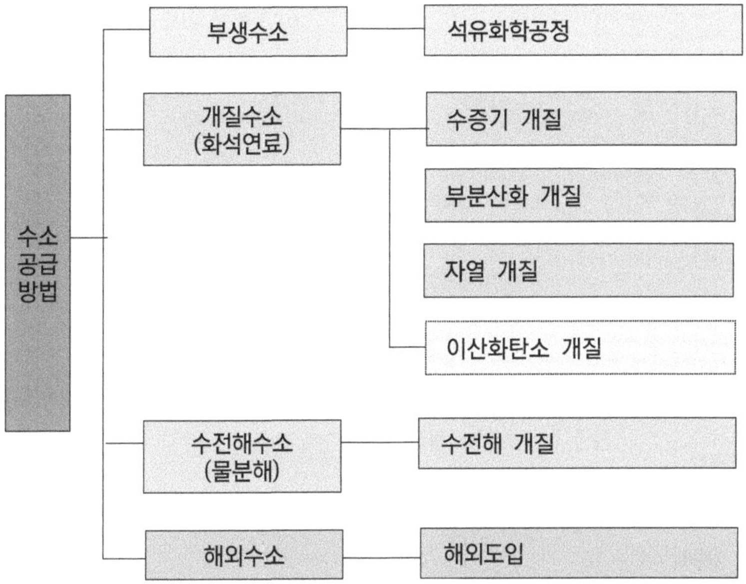

그림 4-16 수소공급방법

[표 4-7 추출공급에 따른 수소의 분류와 문제점

구분	비고
부생수소	· 석유화학 공정 중에 부산물로 발생하는 수소 · 관련 산업이 발달한 우리나라에서 보편화된 수소 공급 방식 · 부산물로 발생하는 수소를 활용하는 것으로 경제성이 높음 · 수소 생산을 위한 공정이 아니므로 생산량에 한계가 있음 · 가동률 한계로 증산 어려움
추출(개질)수소	· LNG(천연액화가스)를 고온/고압에서 분해해 생산하는 수소 · 세계 수소 생산 분야에서 가장 보편적인 방식 · 1톤 추출시 이산화탄소 10톤 발생(환경오염 우려) · 발생한 CO_2 를 포집해 탄산산업(탄산음료, 소화기 등) 원료로 활용 가능
수전해수소	· 태양열, 풍력 등 신재생에너지로 생산한 전기로 물을 분해헤 생산하는 수소 · 가장 친환경적인 수소 생산 방식 · 현재 다른 수소 생산 방식보다 높은 생산비용 발생 · 인프라 구축을 통해 중장기적으로 지향해야 할 수소 생산 방식
해외수소	· 해외 기지건설과 수소액화, 액상기술확보, 운반문제 등 기술 및 비용 큼 (경제적 미지수)

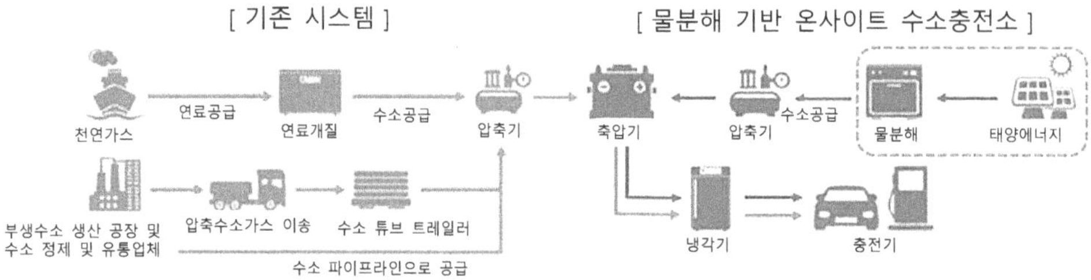

그림 4-17 수소공급의 방법 비교

[표 4-8 제조방법에 따른 수소제조비용 비교]

제조방법		제조비용($/Kg)
화석연료	천연가스 수증기 개질	0.62~1.35
	석탄 가스화	1.18~1.39
물 전기분해	태양광 발전 이용	5.02
	풍력발전 이용	2.42

(3) 수소 저장 및 수송 방법

수소는 궁극의 미래 에너지원으로 평가받고 있지만 생산만큼이나 저장이 쉽지 않아 일상생활에서 활용하기에 어려움이 있다. 액체에서 기체로 기화하는, 즉 끓어오르는 온도가 영하 253도에 이르며, 어떤 원소보다 가벼워 상온·상압 상태에서는 밀도가 낮다. 따라서 수소를 만들었다 하더라도 별도의 장소까지 수송하거나 연료 등으로 쓰기 위해서는 특별한 기술과 장치가 필요하다. 물론 수소를 상온에서도 쓸 수 있다. 하지만 부피가 너무 커져 도시가스 파이프라인과 같은 거대한 인프라가 없다면 무용지물이다.

수소연료전기차 용도로 쓰려면 더 큰 어려움이 있다. 기체 상태의 수소 부피를 가능한 한 작게 줄여 밀도를 높일 수 있어야 주행거리를 늘릴 수 있기 때문이다. 일반적으로 수소를 저장하는 방법은 고압탱크를 이용하는 것이다. 초고압에서도 얼마든지 견딜 수 있게 튼튼한 수소탱크를 만들면 되지만, 그럴수록 탱크가 무거워져 연비가 떨어지는 단점이 있다. 현대자동차의 수소전기차 투싼에 들어가는 수소저장탱크는 700기압을 견딜 수 있도록 제작됐다. 덕분에 1회 충전 때 총 5.64 ㎏ 무게의 수소를 채울 수 있다. 이를 통한 총주행거리는 약 594 km에 달한다. 탱크는 무게를 줄이고 강성은 유지하기 위해 알루미늄 위에 카본섬유로 둘러쌌다. 덕분에 심각한 충돌이나 화재에도 탱크가 폭발하는 경우가 없다.

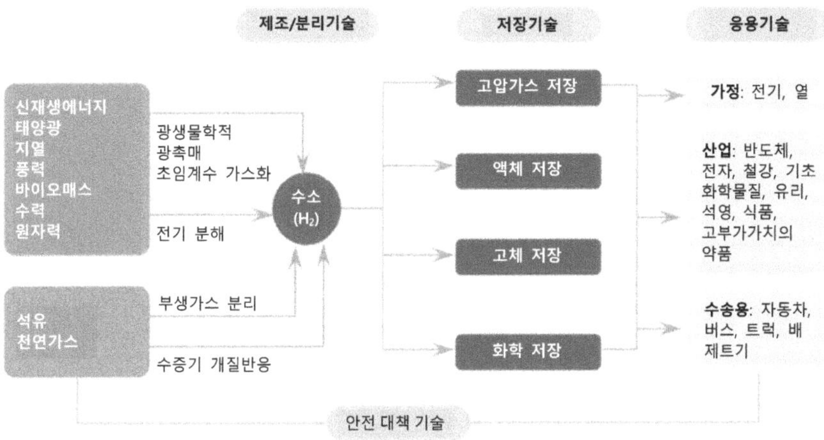

그림 4-18 수소 제조 및 저장기술

[표 4-9 수소 저장방법]

구분	비고
고압기체 저장법	· 고압가스를 압력용기에 담아서 기체형태로 보관하는 방법 · 수소의 경우 저장에너지밀도가 낮아 고압(700 bar)으로 공급해야함. · 많은 양을 보관하기는 어렵다는 단점이 있다.
액체수소 저장법	· 수소를 액체로 저장하는 것 · 액화수소는 부피/무게대비 가장 많은 양을 저장할 수 있는 방법 · 수소를 액체로 만들기 위해서는 온도를 영하 235℃까지 극저온으로 낮춰야 하기 때문에 비용이 증가. · 이를 위해서는 고난이도의 액화냉각기술(헬륨을 냉매로 이용)과 초진공 단열용기 등이 필요.

고압탱크 수소를 초고압 탱크에 저장. 현대차 수소전기차의 경우 700기압의 탱크에 수소가스 저장

액화수소 수소를 영하 253도까지 떨어뜨려 액화상태에서 저장

그림 4-19 수소저장방법

수소를 저장하는 또 다른 방법은 수소 기체를 액체로 바꾸는 것이다. 이렇게 되면 밀도가 800배나 높아져 연료로서 효율이 크게 올라간다. 하지만 수소액화 기술은 미국·일본 등 일부 선진국들이 주도하고 있는 어려운 기술이다. 언뜻 생각하면 압력만 높이면 특정 단계에서 액화될 것 같지만 그렇지 않다. 수소는 상온에서는 아무리 압력을 가해도 액체로 바뀌지 않는다. 기체가 액체로 바뀌기 위해서는 물질마다 특정한 온도조건, 즉 임계온도(critical temperature)가 필요하다. 임계온도 이상의 온도에서는 압력을 아무리 가해도 액체가 되지 않는다. 수소의 경우 임계온도가 영하 240도에 달한다. 통상 수소를 액화할 때는 압력을 높인 다음 열교환기를 통해 영하 253도까지 온도를 떨어뜨리는 방법을 쓴다.

우주 강국인 미국은 우주 로켓의 연료로 액화수소를 주로 쓴다. 로켓 발사 장면을 잘 보면 발사 직전 연료탱크 주변이 냉동실 문을 연 것처럼 김이 피어오르고, 얼음덩어리들이 떨어지는 것을 볼 수 있다. 그 이유가 바로 영하 253도에 달하는 초저온의 액화수소가 연료탱크에 주입되면서 탱크 외벽의 온도가 떨어지고 주위의 습기가 얼어붙어 생기는 현상이다. 액체수소는 현존하는 로켓 연료 중 에너지 밀도가 가장 높다.

한국은 아직 액화수소 저장 기술이 초보 단계다. 현재 미국·러시아 등 세계 7개국 정도만 액체수소 추진 로켓 기술을 보유하고 있다. 한국의 나로호와 한국형발사체(KSLV)에 들어가는 연료조차도 등유를 쓴다. 등유는 에너지 밀도가 액화수소의 3분의 1 수준에 불과하다.

액체수소 기술은 생산된 수소를 대량 이송하고 저장할 때 가장 결정적인 역할을 하고 있으며, 인프라 구축에 없어서는 안 될 중요한 수소에너지 패러다임의 한 축이라고 관련 전문가는 말한다.

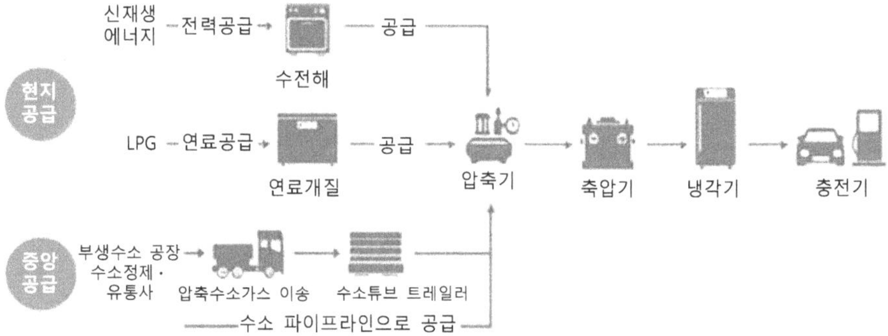

그림 4-20 수소충전소의 수소공급 유형

수소는 체적 당 에너지 밀도가 낮아(천연가스의 1/3 정도), 이를 높은 밀도로 유지하면서 수송·저장하는 것이 과제이다. 수소의 제조나 이용방법, 공급지와 수요지의 거리 등에 따라 여러 방법을 고려할 수 있다.

수소의 수송·저장 방식은 기존의 압축 방식과 최근의 액화수소 방식, 메탄화 방식 및 유기 하이드라이드 방식 등이 있다.

- 첫째, 압축 방식은 수소 파이프라인이나 트레일러로 수송하는 가장 전통적인 방식으로, 주로 사업용 및 공업용에 적용되어 왔으며 저장용량의 한계 및 압축에 필요한 에너지 비용이 단점으로 지적되고 있다.
- 둘째, 액화수소 방식은 수소를 -253℃로 액화시켜 운송하는 방식으로, 압축방식에 비해 12배 정도의 수송효율이 있으며 육상 및 해상 선박 수송에 적합하다.
- 셋째, 메탄화 방식은 수소를 CO_2와 반응시켜 메탄화하여 기존의 천연가스 망으로 수송하는 방식으로, 기존의 천연가스 망을 이용한 수소 운송의 경우, 적은 양은 특별한 전환과정 없이 그대로 천연가스에 혼합해 운송 가능하지만, 메탄화 방식을 이용할 경우 대용량의 수소 주입이 가능하다.
- 넷째, 유기 하이드라이드(Hydrate) 톨루엔을 수소와 반응시켜 메틸시클로헥산의 형태로 수송·저장하는 방식으로, 압축방식 대비 8배 정도의 수송효율이 있으며 상온·상압에서의 운송 가능 및 취급이 용이하다.

일본 수소 수송 분야에서는 이미 고압가스 수송, 액체수소 수송이 실용화되어 있으며, 신규 기술로 유기 하이드레이트(Hydrate) 수송이 실증 중이다. 장기적으로는 지역에 따라 수소 파이프라인을 설치하는 것도 고려하고 있다.

일본에서는 2025년부터 본격적인 수소의 화력발전 이용을 개시하여, 2030년에는 해외부터 수소연료의 수입을 본격화할 계획이지만, 수소를 대규모로 수송, 저장하는 것은 리스크가 크다. 여기에서 수소의 저장·수송기술로서 착안하고 있는 것이 '유기 Hydrate'이다.

한편, 국내의 수송·저장 기술 경쟁력은 상대적으로 낮은 수준이다. 우선, 수소 가격 중 수송 비용은 수소 가격에 큰 영향을 준다.

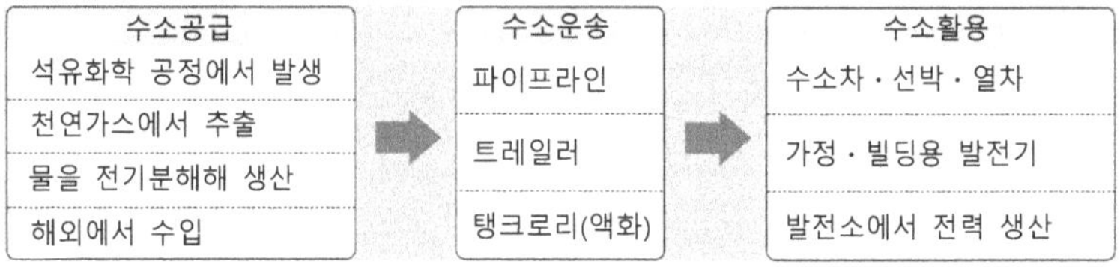

그림 4-21 수소경제 개념도

그림 4-22 수소에너지 보급 현황

(4) 수소충전소에서 수소연료전지차로 충전방법

수소는 수소충전소에서 사용하기 적합한 압력으로 조정해 수소전기차의 수소탱크로 전달된다.

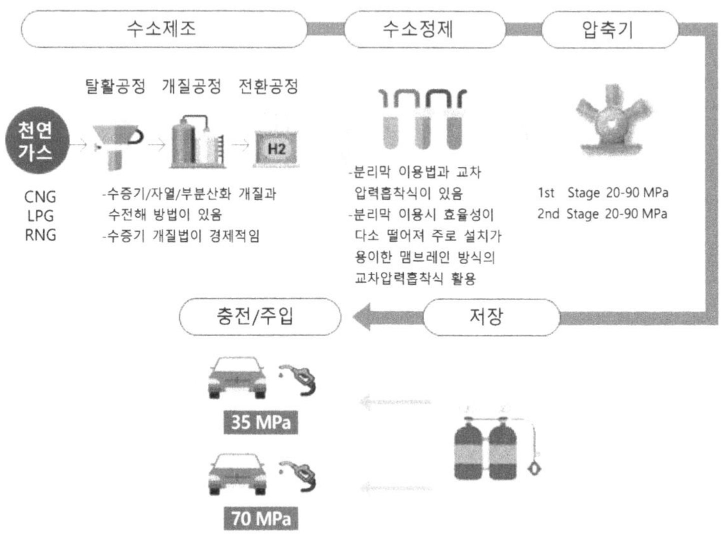

그림 4-23 수소제조에서 수소연료차 충전과정

(5) 수소전지차가 산소를 얻는 방법

수소연료전지 스택이 효율적으로 작동하기 위해서는 미세먼지가 제거된 청정한 공기가 필요하므로 수소차는 달리는 동안 주변 공기를 빨아들여 정화한 후 수소연료전지에 사용하고 다시 배기구로 깨끗한 공기를 내보내게 된다. 공기중 먼지나 화학물질은 3단계 공기정화 시스템을 통해 정화된다. 그래서 매연이 나오기는커녕 오히려 공기정화기로써의 기능도 수행할 수 있다. 현대 넥쏘의 경우 한 시간 주행 시 26.9㎏의 공기를 정화할 수 있는데, 이는 성인 48.9명이 한 시간 동안 호흡하는 공기량에 해당한다. 다만 공기 여과에 필요한 필터가 소모성이기 때문에 환경적으로는 장점이지만 차량 소유주 입장에서는 유지비가 늘어나는 꼴이라 단점이 될 수 있다.

- 3단계 공기정화 시스템
  ① 먼지 및 화학물질을 포집 하는 공기필터에서 초미세먼지 97% 이상이 제거
  ② 막 가습기(가습막을 통한 건조공기 가습)의 표면에서 초미세먼지가 추가로 제거
  ③ 연료전지 스택 내부 미세기공 구조의 탄소섬유 종이로 된 기체확산층에서 제거

3단계 공기정화 시스템을 통해 이물질(먼지, CO 등)을 제거한 공기를 사용하고 배출하기 때문에 대기 오염을 정화하는 역할도 한다.

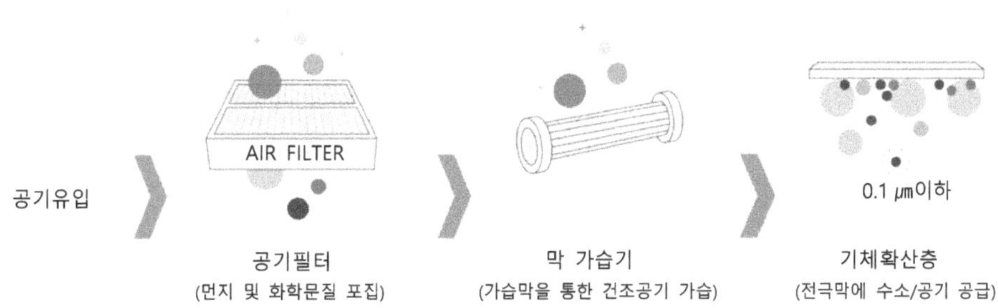

그림 4-24 수소전지차가 산소를 얻는 방법

(6) 연료전지 구동방법

수소탱크에서 공급된 수소와 외부의 공기에서 공급된 산소는 수소전기차의 연료전지에서 만나 전기와 순수한 물을 생산한다. 전기는 동력원으로 사용되고, 물은 밖으로 배출된다.

하이브리드, 플러그인 하이브리드 차량은 내연기관과 모터를 동시에 사용함으로써 기존 내연기관 차량에 비해 배기가스를 적게 배출한다.

전기차와 수소전기차는 운행 과정에서 배기가스를 전혀 배출하지 않는 친환경차입니다. 특히, 수소전기차는 공기 정화 효과까지 있어 친환경에 가장 부합하는 차량으로 평가받는다.

FCEV의 전기생산 단계는 다음과 같다.

- 1단계: 수소탱크에 저장된 수소가 수소연료전지 스택으로 공급
- 2단계: 유입된 산소가 수소연료전지 스택으로 공급
- 3단계: 수소연료전지 안에서 산소와 수소가 화학반응을 통해 전기생산
- 4단계: 발생된 전기가 모터와 배터리로 공급 & 물을 외부로 배출

그림 4-25 수소연료전지차 상황별 구동방식

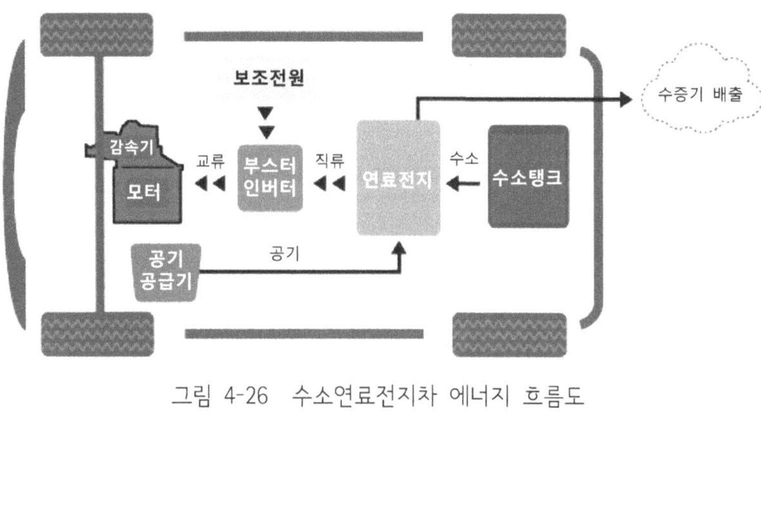

그림 4-26 수소연료전지차 에너지 흐름도

4-2 연료전지자동차 역사

수소연료전지자동차는 연료가 수소이온이다. 수소와 산소가 만나면 물이 되는데 이 과정에서 전기가 발생한다. 이 원리를 적용한 기술인데 전기자동차의 단점인 짧은 순항거리를 보안한 기술이다. 그리고 매연을 전혀 발생안하는 환경에도 좋은 기술이지만 치명적인 단점이 있다. 수소연료 확보이다. 지구상에는 수소가스는 거의 존재 안한다. 하지만 물은 풍부하다. 물에서 수소를 추출하려면 전기분해가 필요한데 역시나 에너지가 든다.

우리나라의 경우 절반이상이 화석에너지로 발전을 하기 때문에 파급효과가 미흡하다. 하지만 원자력 발전이나 수력발전으로 모든 전기를 생산한다면 쓸만한 기술이라고 본다. 하지만 원전건설 비용도 많이 들고 당장 대체하기엔 매우 힘들다. 그래서 최근에 미생물을 이용한 수소 생산연구를 하고 있지만 그 생산량은 채산성이 아직까진 미흡하다. 그리고 인프라 구축에도 많은 자금이 들어가서 당장에는 실용화되기 힘든 기술이다

2차 오일쇼크 이후 세계 각국의 자동차 회사들은 각국 정부의 전폭적인 지원으로 전기자동차에 대한 연구를 활발히 하였다. 그러나 최초의 전기자동차는 1830년 경 내연기관차보다 먼저 발명되었다. 그러나 내연기관의 높은 파워밀도와 장시간의 충전이 필요없는 편리함에 밀려났던 것이다. 그러나 이제 배터리의 기술이 많이 발달 되었다는 판단아래 1990년부터 세계적으로 전기자동차 개발에 박차가 가해졌다. 그러나 계속되는 저유가에 전기자동차의 필요성이 힘을 잃었고, 예상과는 달리 짧은 시간에 충전이 될 수 있는 배터리도 개발되지 않았다. 결국 GM이 개발 판매한 전기자동차를 모두 회수해 폐기처분하면서 전기자동차 개발을 포기하자 전기자동차는 세계적으로 조명을 잃게 된다.

그럼 왜 전기자동차가 실패를 했을 지 생각해볼 필요가 있다.

전기자동차의 가장 큰 단점은 불편하다는 것이다. 내연기관차의 경우, 주유소에 가면 3분이면 주유를 할 수 있다. 그리고 한번 주행으로 약 500 km이상을 주행 할 수 있다. 그러나 전기자동차는 몇 시간을 충전하여 약 400 km정도 밖에 가지 못한다. 비록 우리가 하루 평균 2시간 미만으로 자동차를 운전하긴 하지만 1년에 1-2회 이상은 하루에 5시간에서 10시간은 운전을 할 필요가 있는데 전기자동차의 경우에는 현재로서는 도저히 장거리 주행이 불가능하다.

이렇게 전기자동차가 조명을 잃어 갈 때 세계에서 가장 좋은 배터리 기술을 획득한 도요타는 외부 충전이 필요없이 엔진으로 충전하고 필요하면 배터리만으로 주행을 하여 공해도 줄이고 연료소모비율도 낮춘 하이브리드차를 1997년 개발하였다. 그리고 현재까

지 세계 각국에서 높은 판매량의 보이며 절찬리에 판매중이다. 사실 하이브리드 자동차의 가장 큰 기술적인 걸림돌은 배터리이다.

그러나 하이브리드 자동차가 기존의 내연기관만을 사용하는 차에 비해서 연료소모비율이 적기는 하지만 그래도 휘발유나 디젤유가 있어야만 운행을 할 수 있다.

궁극적으로 전기자동차의 단점도 극복하고 화석연료 의존도도 낮출 수 있는 기술이 수소를 연료로 사용하는 연료전지자동차의 개발이다. 수소연료전지자동차는 일반 가솔린차처럼 3분이면 연료인 수소를 충전을 할 수 있다. 그리고 요즘 친환경이 큰 이슈인데 연료전지자동차의 배기가스는 수증기와 물뿐이다. 이와 같은 장점으로 1990년대 후반부터 연료전지자동차의 개발이 자동차사간 경쟁뿐아니라 나라별 경쟁이 되어 각광을 받게 된다.

4-2-1 1800년대

21세기에 큰 역할이 기대되는 연료전지. 그러나 그 메커니즘의 발견은 의외로 오래되었다.

수소차의 힘의 근원은 연료전지다. 연료전지란, 화학반응을 통해 에너지를 얻는 장치로, 이 개념이 처음 발견된 시기는 1801년이며 영국의 화학자 험프리 데이비(Humphry Davy)가 처음 발견했다.

1839년 초에 **윌리엄 그로브**(William Grove:1811~1896)는 수소와 산소로부터 전기를 만들어내기 위해서 물의 전기분해를 반대로 뒤집음으로서 오늘날 사용되고 있는 연료전지의 기본적인 작동원리를 발견하였다. 그가 발견한 이 원리는 아직까지도 수소차의 연료전지에 사용되고 있다. 연료전지는 연료와 산화제가 공급되는 동안 화학적 에너지를 전기적인 에너지(및 약간의 열)로 연속적으로 변환시키는 전기화학적인 "장치"이다

그림 4-27 William Grove

연료전지 발견의 계기가 된 것은 '물의 전기분해'이다. 물의 전기 분해란 물에 백금 전극을 넣고 전기를 통하면 물이 분해되어 수소 가스와 산소 가스가 발생하는 것이다. 지금은 중학교 수준에서도 하는 유명한 실험이다. 전기 분해는 1800년에 영국의 물리학자 니콜슨(1753~1815) 등에 의해 발견된 이래 연구의 대상이 되고 있었다.

어느 날 물의 전기 분해 실험을 하던 그로브는 기묘한 일을 깨닫게 되었다. 실험 장치의 전원을 끄면 전류가 역류하는 것이었다. 그는 이것을 보고 생각했다. '물에 전기를 흐르게 하면 수소와 산소로 분해된다. 그렇다면 수소와 산소를 합하면 전기를 발생시킬 수 있는 것이 아닌가?

그로브는 곧바로 물의 전기 분해를 끝낸 상태의 실험 장치(연료전지의 원형)를 4개 준비해서 그것들을 직렬로 이었다. 그리고 이들이 만들어 내는 전기를 써서 다른 장치에 들어 있는 물을 전기 분해해 보였다. 이것이 인류 최초의 연료전지의 실증 실험이다.

그는 이 결과를 논문으로 정리하고 전통 있는 영국의 과학잡지 '필로소피컬 매거진' 1839년 2월호에 발표했다. 그러나 그로브의 대발명도 증기기관에 가려 별로 빛을 보지 못하고 100년 이상이나 파묻히고 말았다.

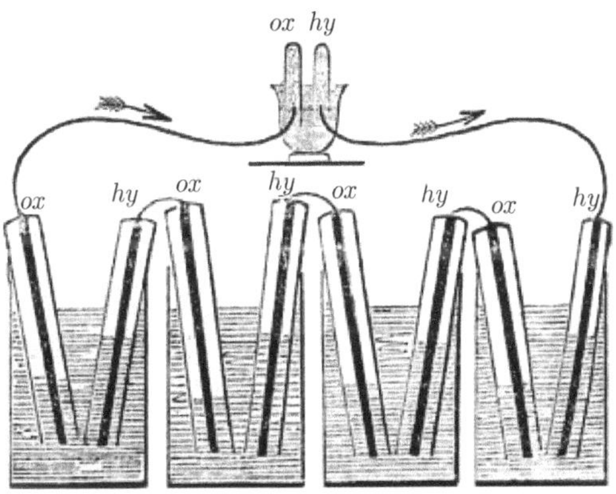

그림 4-28 그로브(1842)-4전지 기체 배터리

기체 동전기 배터리

- "연료전지"라는 이름(Rideal and Evans, 1922)을 얻기 전인, 처음에는 "기체 동전기 배터리"라고 알려져(Grove, 1842) 있었다. 그로브의 기체 동전기 배터리는 수소 및 산소를 반응물질로 사용하며, 백금 전극과 황산 전해질을 사용했었다. 이 시대에도 백금은 이미 산소와 수소 사이의 반응을 위한 촉매로 알려져 있었으며, 이 원리에 대한 그로브의 실험결

과가 최초로 출간된 것은 "중요한 실례"였다(Grove, 1839). Schoenbein은 1838년에 백금전극을 사용한 실험에서 측정된 전류에 대해서 설명하면서 이 원리에 대해 언급하였지만, 그에게 있어서 그로브의 배터리 전지에 대한 논증은 과학협회의 주의를 끌기위해 필요했을 뿐이었다(Schoenbein, 1843). 연구자들이 선행 작업에 대해서 언급한 사례로는 Mond와 Langer(1889)의 기체 배터리에 대한 것으로, 이것은 훨씬 더 실제적이었다; Alder Wright과 Thompson(1889)은 그들의 "급기판(aeration plate)" 전극이 전해질을 수용하는 수용체(matrix)로서의 역할도 수행한다는 점에 관심을 두었다. 그 외에, 기체 배터리의 개선과 관련되어 조금 덜 중요하지만, Lord Rayleigh(1882)의 논문에서는 표면적을 넓히기 위해서 백금 망사천을 사용한 것을 보고하였다. 또한 레일레이와, 나중에 Mond 및 Langer는 석탄으로부터 추출한 순수하지 않은 수소를 연료로 사용했는데, 이는 "석탄으로부터 직접 추출"방식 연료전지 개발 노력을 선도하였다.

4-2-2 1900년대

그로브의 발명으로부터 약 100년 뒤 마침내 연료전지의 실용화에 뛰어든 인물이 나타났다. 영국 케임브리지 대학교의 **베이컨**(1904~1992)이다. 1930년에 연구를 시작한 베이컨은 1932년 고가의 백금 대신 저렴한 니켈을 촉매로 사용한 산화수소 연료전지를 개발하고 1952년에 특허를 얻었다. 이 유형의 연료전지는 '알칼리형 연료전지'라고 불린다. 1959년에는 2톤 용량의 지게차를 움직일 수 있는 5 kW의 연료전지를 만들어 직접 시운전하기도 했다.

그림 4-29 1959년 6kW 연료전지 적층-Bacon

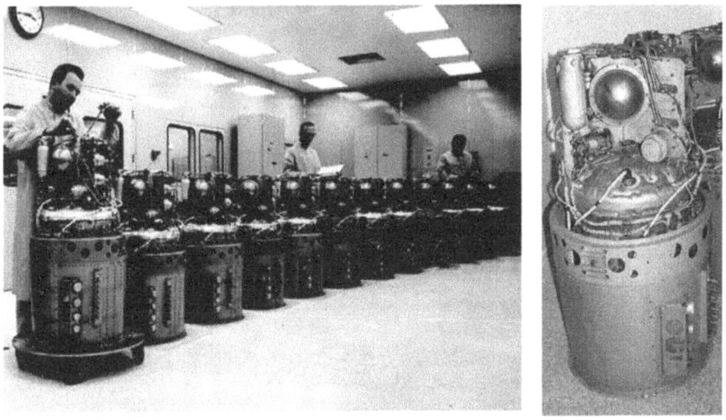

그림 4-30 조립중인 아폴로 연료전지 시스템

한편 미국의 GE사도 1950년대에 연료전지를 개발했다. 전해질에 수지(고분자)로 만든 막을 쓴 GE사의 연료전지는 '고체 고분자형 연료전지(PEFC)'라 불리는 유형이다. 출력은 1킬로와트이면서 알칼리형 연료전지보다 작았다.

연료전지의 실용화는 우주에서 시작되었다. 1965년 NASA의 유인 우주선 제미니 5호에 통신기기나 컴퓨터의 전원으로 GE사의 연료전지가 실린 것이다. 우주라는 한정된 공간에서는 더욱 작고 고출력의 전원 장치가 요구된다. 태양전지 등 여러 후보 가운데 NASA가 선택한 것은 연료전지였다. 부피당 발전량이 크고 연료전지의 부산물로 생기는 물을 승무원의 음료수로 이용할 수 있기 때문이었다.

1969년에 인류 최초의 달에 착륙한 아폴로 11호도 연료전지를 싣고 있었다. 아폴로 우주선에 실린 것은 GE사의 것보다 출력이 높은 알칼리형 연료전지였다. 영화 [아폴로 13호]에서도 묘사된 것처럼 1970년에 아폴로 13호가 운항 중에 가스 누출 사고로 전력을 절약해야 할 위기에 몰린 것도 수소와 산소로 발전하는 연료전지를 쓰고 있었기 때문이다.

그림 4-31 아폴로 11호의 달착륙 모습

알칼리형 연료전지는 우주왕복선에도 실려 선내의 전기와 음료수는 공급하는 원천으로 활용된다. 단 알칼리형 연료전지는 수소와 산소 모두 고 순도의 것을 사용할 필요가 있다는 점 등에서 우주 개발 이외의 분야에서는 거의 실용화되지 않고 있다.

우주 개발 분야에서 성능과 '깨끗함'을 증명한 연료전지에 세계 기술자들의 시선이 집중되기 시작했다. 현재까지 많은 연구개발 작업이 이루어지고 다양한 연료전지가 등장했다.

초기 연구를 통해 꾸준한 발전이 이루어져 1952년 5 kW급의 연료전지 발전소가 세워지게 되었고, 때마침 불어 닥친 우주개발 붐에 힘입어 우주선의 에너지원으로 개발되어 1960년대 초 Gemini 우주선에 탑재됨으로 상업적인 이용을 목표로 한 연구가 시작되었다.

1970년대의 유류 파동을 겪으면서, 그 동안 특수 상황에서 사용할 목적으로 개발, 연구되어 왔던 경우에서 벗어나 화력 발전을 대체할 대체 에너지원으로까지 주목 받게 되었다. 지상에서의 연료전지 실용화는 1970년대에 미국에서 시작되어 호텔이나 병원의 발전기로 도입되기 시작했다. **1994년에는 다임러 벤츠**(현재 다임러 크라이슬러)사가 연료전지자동차를 발표했다. 세계 최초로 연료전지 자동차인 '네카 1'(NECAR 1)을 발표한 것이다. 당시만해도 네카 1은 운전석과 보조석을 제외한 공간이 모두 연료전지 장치로 채워져 있었다.

1980년대 후반에 캐나다의 벤처기업인 '밸러드 파워 시스템즈'사가 연료전지를 작고 가볍게 만드는데 성공하여 실용화 가능성이 높아졌다.

그림 4-32 다임러 벤츠의 네카 1'(NECAR 1)

4-2-3 2000년대

2002년 7월 일본의 혼다 기연공업이 미국 캘리포니아주에서 세계 최초로 판매 인가를 얻어 상용화에 성공했고, 2003년에는 독일의 다임러크라이슬러가 연료전지 버스를, 2004년에는 미국의 포드자동차가 충전지 겸용 하이브리드 자동차를 생산했다.

독일의 다이뮬러 벤츠사는 계속해서 개발하고 있는데 모두 고압수소 봄베(bombe)에 수소를 충전하는 타입으로 차량도 대형차에 국한되어 있다. 때문에 벤츠에서는 캐나다의 발라드 파워시스템과 공동으로 신형 연료전지를 개발하여 이것을 내장한 소형자동차의 실험차를 공개하였다. 실험자동차에는 새로 개발한 메탄올에서 수소를 만드는 전환시스템도 도입하여 수소보다도 취급이 용이한 메탄올을 충전함으로써 편리성을 향상시키고 있다.

도요타 자동차가 개발한 연료전지자동차의 수소 저장에는 새로 개발된 수소흡장 합금을 채용하고 있으며 100 ㎏의 합금으로 2 ㎏(약 2만 5000리터)의 수소를 저장할 수 있게 되어 있다. 96년에 발매한 니켈수소전지 탑재 전기자동차에 탑재한 시험제작 자동차는 정격출력 20 ㎾, 최고시속 100 km 이상, 1회 충전 주행거리는 약 250 km를 달성하고 있다.

지금은 대규모 및 소규모 발전시스템, 그리고 전기자동차용 동력, 휴대용 전원으로까지 다양한 분야로 연구가 확장되고 있다.

요즘 차세대 자동차에 대한 관심도 높지만 차세대 자동차와 연관된 사업이 각 기업의 새로운 성장동력으로 자리 잡을 가능성이 높아 이에 주목하고 있다.

현재 내연기관(가솔린 · 디젤) 자동차 대안으로 하이브리드 자동차, 전기자동차, 수소연료전지자동차 등이 거론되고 있다. 이 가운데 상당수 관련 업체들의 관심은 효율이 높고 오염물질 배출이 없는 수소연료전지자동차에 집중되는 분위기다.

BMW는 전기자동차 개발과 함께 2007년 수소연료전지자동차 `하이드로겐7`을 선보인 바 있나. 입세 관계지는 "친환경차의 궁극적 목표가 수소 자동차라는 데는 이견이 없다"며 "다만 폭발 위험성이나 충전 인프라 부족 등이 현실적 문제로 대두되면서 그 중간 단계로 하이브리드 자동차와 전기자동차가 나오고 있는 것이라고 말했다.

[표 4-10 연료전지 발전 현황]

구 분	특 성
알칼리형(AFC) (Alkaline Fuel Cell)	· **1960년대** 군사용(우주선 : 아폴로 11호)으로 개발 · 순 수소 및 순 산소를 사용
인산형(PAFC) (Phosphoric Acid Fuel Cell)	· 1970년대 민간차원에서 처음으로 기술개발 된 **1세대 연료전지로 병원, 호텔, 건물 등 분산형** · **전원으로 이용** · 현재 가장 앞선 기술로 미국, 일본에서 실용화 단계에 있음
용융탄산염형(MCFC) (Molten Carbonate Fuel Cell)	· 1980년대에 기술개발된 **2세대 연료전지로 대형발전소, 아파트단지, 대형건물의 분산형** · **전원으로 이용** · 미국, 일본에서 기술개발을 완료하고 성능평가 진행 중 (250㎾ 상용화, 2MW 실증)
고체산화물형(SOFC) (Solid Oxide Fuel Cell)	· 1980년대에 본격적으로 기술개발 된 3세대로서, MCFC보다 효율이 우수한 연료전지 · 대형발전소, 아파트단지 및 대형건물의 분산형 전원으로 이용 · 최근 선진국에서는 가정용, 자동차용 등으로도 연구를 진행
고분자전해질형(PEMFC) (Polymer Electrolyte Membrane)	· 1990년대에 기술개발된 **4세대 연료전지로 가정용, 자동차용, 이동용 전원으로 이용** · 가장 활발하게 연구되는 분야이며, 실용화 및 상용화도 타 연료전지보다 빠르게 진행되고 있음
직접메탄올형(DMFC) (Direct Methanol Fuel Cell)	· 1990년대 말부터 기술개발된 연료전지로 이동용(핸드폰, 노트북 등) 전원으로 이용 · 고분자전해질형 연료전지와 함께 가장 활발하게 연구되는 분야

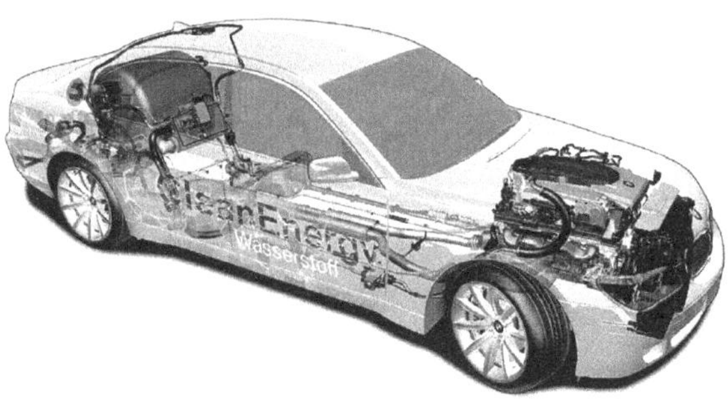

그림 4-33 BMW 수소연료전지자동차 하이드로겐7

90년대 후반은 우리나라 자동차 산업이 한 단계 발전할 기회였다. 당시 우리나라 정부는 독일, 일본, 미국등 선진국 (G7) 수준의 첨단 기술과 경쟁력을 확보하기 위해 1999년까지 G7 프로젝트를 진행했다.

현대 자동차는 연구성과에 그치지 않고 자동차 시장의 미래가 될 기술로 수소연료전지차를 지목했고, 추가 연구에 착수했다. 이는 당시 현대자동차가 해당 기술을 미래 자동차 산업의 핵심 기술로 여겼기 때문에 가능한 결정이었다.

처음에는 SUV 모델 싼타페를 기반으로 수소차 개발을 진행했으며, 1999년~2001년 사이 한국과학기술원과 함께 10 kW 및 25 kW급 연료전지 스택을 개발해, 싼타페와 스포티지 연료전지 하이브리드 자동차를 개발하는데 성공했다.

싼타페와 스포티지는 순수 수소연료전지차량이 아니었기 때문에 최초의 수소차는 아니었지만 수소차 기술의 초석을 마련한 계기가 되었다.

이후 미국의 연료전지 기업 UTC 퓨얼셀과 수소연료전지 자동차를 공동 개발하기로 하는 계약을 맺게 되었다. 특히 1999년 시작된 캘리포니아 연료전지 시범사업에 참여하면서 수소차에 관한 주목할 만한 기술성장을 이루게 되었다.

이를 통해 2000년 11월, 국내 최초 수소차 싼타페 FCEV가 세상 밖으로 나오게 되었다. 약 1년 동안 UTC퓨얼셀사와 함께 진행한 연구성과로, 75 kW 연료전지 스택을 장착해, 주행가능거리 160 km, 최고속력 124 km/h를 낼 수 있었다.

특히 세계 최초로 수소를 저장하기 위한 350 bar 가량의 고압 탱크를 개발해 주목받기도 했다. 고압 탱크는 수소차에 있어 주행거리와 밀접한 관련이 있는 부분으로, 높은 기압으로 눌러 담는 만큼 저장 용량이 늘어나 더 먼 곳까지 주행할 수 있게 된다.

싼타페 FCEV는 동시대 내연기관 자동차들과 비교해, 부족한 성능이었으며 양산 모델도 아니었다. 하지만 수소연료전지를 기반으로 고속주행을 할 수 있고 일정 거리를 주행할 수 있는 차량을 만들어냈다는 점은 국내 수소차 역사에 한 획을 긋는 기념비적인 사례가 되었다. 이를 통해 현대자동차는 수소차 개발에 대한 전반적인 기술을 확보하게 되었고, 성능 업그레이드 및 국산화에 집중하면서 해외 유명 제조사들과 어깨를 나란히 하기 시작했다.

2003년에는 싼타페 FCEV의 개발 성공을 바탕으로 수소연료전지에 대한 기초를 확립하고 핵심기술 개발과 국산화 연구 등 수소차를 양산 단계까지 끌어올리기 위한 노력들이 계속되었다. 싼타페 FCEV가 개발된 이후인 2004년, 투싼 FCEV가 개발되었다. 그리고

[표 4-11 현대차 수소연료전지차와 경쟁차종 비교]

구분	**넥쏘**	**미라이**	**클래라티**	**투싼ix**
제작사	현대차	도요다	혼다	현대차
판매시기	2018.03	2014.12	2016.03	2013.02
주행거리	609 km	502 km	589 km	426 km
타입	중형SUV	중형세단	중형세단	준중형SUV
최고속도	177 Km/h	175 Km/h	164 Km/h	160 Km/h
배터리	리튬이온	니켈수소	리튬이온	리튬폴리머

/ 주행거리는 국가별 인정기준이 다름

이듬해 스포티지 연료전지 자동차가 등장했다. 이 시기 현대자동차는 미국 정부에서 진행하던 연료전지 시범운행 시행사로 선정되어, 총 32대의 수소차를 2004년~2009동안 시범운행할 기회를 얻게 되었다. 이때 투싼 및 스포티지 연료전지 자동차가 미국 전역을 누비게 되었다.

2009년에는 모하비 FCEV가 등장했다. 현대 아이 블루(i-Blue) 콘셉트카에 적용된 기술을 실제 자량에 적용되었으며, 엔진룸에 붙어있던 연료전지를 바닥으로 옮겨 무게 배분을 개선해 안정성이 더욱 높아졌다.

모하비FCEV는 그동안 등장한 국산 수소차와 달리 성능 향상에 초점을 둔 모델이다. 이전 모델들에 비해 44% 출력 향상이 이루어졌으며, 연료 효율이 62%에 달했다.

특히 350 bar에 그쳤던 고압수소연료탱크의 최대 압력을 700 bar로 끌어올리고 3개의 연료탱크를 장착해 이론상 685 km를 주행할 수 있었다.

현대자동차는 2013년 2월 세계 최초로 수소연료전지차를 양산, 글로벌 자동차 업계 이목을 집중시켰다. 현대차는 1998년 수소연료전지차 개발에 착수한 후 15년 만에 상용화에 성공했다. 현대차는 양산성을 고려해 투싼ix 연료전지 시스템을 모듈화하고 전기동력 및 제어 부품과 배터리 시스템 등 각종 부품 95% 이상을 국산화했다. 사실상 완벽한 독자 기술로 양산에 성공한 셈이다. 연료전지, 구동모터, 인버터 등 주요 핵심 부품을 모듈화해 기존 가솔린 엔진 크기와 유사한 수준으로 소형화하며 생산 효율성과 정비 편의성도 향상시켰다. 독자 기술에 바탕을 두고 수소연료전지차 파워트레인으로는 최초로 북미 10대 엔진에 선정되는 쾌거를 이뤘다. 현대차는 독자 기술로 개발한 100 ㎾급 연료전지와

그림 4-34 투싼ix 수소연료전지차

구동모터를 탑재해 차세대 친환경차 경쟁에서 한발 앞섰다는 평가를 받았다. 투싼ix는 파워트레인 부품 외에 24㎾ 고전압 배터리, 700기압(bar) 수소저장 탱크 등을 탑재해 최고속도 160㎞/h를 낸다. 정지상태에서 100㎞/h에 도달하는 시간은 12.5초로 내연기관 자동차에 견줄 수 있는 동력 성능을 갖췄다.

미국 라스베이거스 'CES 2015'에 세계에서 두 번째 상용모델인 도요타 '미라이(Mirai)'가 발표되었다. 미라이는 도요타 4인승 세단형 수소연료전지차(FCEV)로 2013년 세계 최초 양산에 성공한 현대차 '투싼ix 수소연료전지차(이하 투싼ix)'에 이은 두 번째 상용 모델이다. 미라이의 큰 특징은 1회 충전 시 주행 거리(650㎞)가 투싼ix에 비해 50% 이상 길다는 점이다. 최고속도도 175㎞/h로 투싼ix보다 빠르다. 후발주자로서 독자 플랫폼 개발과 주행거리 연장에 심혈을 기울였음을 알 수 있다. 연료전지 시스템과 하이브리드 기술을 융합하고 3분 정도의 짧은 충전 시간으로 기존 내연기관 자동차와 동등한 편의성을 갖췄다.

그림 4-35 도요타 '미라이(Mirai)

최근 등장한 수소차는 많은 사람들이 익히 알고 있는 넥쏘다. 2017년 제네바 모터쇼에서 콘셉트카로 공개되었으며, 여의도 수소전기하우스에 전시되기도 했다. 2018년 평창 올림픽 당시에는 자율주행기술 시연과 함께 일반인 공개가 이루어지기도 했다.

넥쏘는 덴마크에 위치한 섬의 이름이며 '첨단 기술'의 의미를 담고 있다. 동시에 고대 게르만어로 '물의 정이라는 뜻을 가지고 있다. 수소 연료를 통해 전력령'이라는 의미가 있으며, 라틴어와 스페인어로는 '결합을 생산하여 앞으로 나아가는 첨단 자동차라는 점에서 어울리는 이름이다.

넥쏘의 성능은 최대마력 154 ps, 최대토크 40.3 kgm을 발휘한다. 출력만 보자면, 2.OR 디젤엔진을 장착한 투싼보다 조금 낮은 수준이다. 주행가능 거리는 최대 609 km이며 최대 177 km/h의 속력으로 달릴 수 있다. 즉, 내연기관 차량과 동일한 성능을 가지게 되었다고 볼 수 있다.

차세대 친환경차 시장을 놓고 벌어질 현대차와 도요타의 치열한 경쟁을 유추할 수 있는 상징적 장면이었다. 세계 자동차 산업 역사에서 추격자에 머물던 우리나라가 진정한 '퍼스트 무버'로 나선 것이 수소연료전지차 분야다. 시장을 놓고 한국과 일본의 소리 없는 전쟁이 가열되고 있다.

한 번 충전으로 주행할 수 있는 거리를 비교해도 수소연료전지자동차가 하이브리드 자동차와 전기자동차를 압도한다. 현대차 넥쏘의 주행가능 거리는 최대 609 km이다.

이에 비해 현재 미국에서 팔리는 전기자동차 `볼트`는 한 번 충전해 고작 383 km를 주행할 수 있다. 수소 폭발력이 차량 효율성을 높이기 때문이다.

그림 4-36 현대차 수소연료전지차 넥쏘

수소연료전지자동차는 차내 수소탱크에서 수소를, 공기공급기에서 산소를 받아 이를 연료전지에 보내고 전기를 발생시켜 모터를 돌리는 원리다. 부산물로 물이 나올 뿐 유해 물질은 나오지 않는 등 친환경적 면에서도 다른 그린자동차보다 우수하다.

하이브리드 자동차는 고속에선 내연기관(엔진) 힘을 빌리고 저속에서 전기모터를 돌리기 때문에 오염 물질을 일정 수준 배출한다. 게다가 배터리 무게와 부피 때문에 일반 가솔린 자동차보다 출력이 떨어진다.

전기자동차도 배터리 제작 과정에서 오염 요인이 있고 배터리가 수명을 다하면 폐전지는 또다시 환경오염을 유발할 수 있는 구조다.

수소연료전지자동차의 연료전지는 명칭만 `전지(배터리)`일 뿐 기본적 구조가 달라 이러한 오염 요인에서 자유롭다. 수소연료전지자동차 연료전지의 양극과 음극 소재는 백금을 코팅한 흑연이 주요 소재다. 여기에 전해질로 된 얇은 막이 추가된다.

그러나 수소연료전지자동차도 결정적 약점을 갖고 있다. 수소탱크, 연료전지, 인버터, 모터로 이어지는 시스템을 갖추다 보니 가격이 가장 비싸다. 하이브리드 자동차가 가솔린차보다 두 배가량 비싼 데 비해 수소연료전지자동차는 5~6배 비싸다. 특히 핵심 원료를 저장하는 수소탱크는 안전성에 대한 논란이 계속되고 있다. 또 충전소 설치에 대해선 지역 주민의 `님비현상`도 넘어야 한다.

수소연료전지자동차 가격을 낮춰도 차량 충돌 시 수소탱크가 안전한지에 대한 질문은 남는다며 수소는 상온에서 반응이 워낙 격렬하기 때문에 저장탱크에 대한 이중·삼중 안전장치가 선결돼야 할 것이라고 말했다.

수소연료전지자동차 개발 분야에서 BMW 혼다 등 글로벌 메이커보다 후발 주자인 현대차도 이러한 문제 해결을 위해 고심해왔다.

[표 4-12 전기자동차와 수소연료전지자동차의 비교]

구분	전기차(EV)	수소차(FCEV)
핵심요소	• 배터리	• 수소연료전지 사용 + 수소저장탱크
구동방식	• 외부에서 전기에너지 충전	• 부생수소와 산소를 결합해 전기에너지 생성
가격	• 3933만원(테슬러 모델3)	• 6890만원(현대차 넥쏘)
주행거리	• 354 km	• 609 km
충전방식	• 전기충전(콘센트이용가능)	• 수소충전(충전소에서만 가능)
충전시간	• 20분~8시간	• 3~5분
운용비	• km당 25원	• km당 73원
최고속도	• 시속 209 ㎢	• 시속 177 ㎢
장점	• 저렴한 가격 • 충전 인프라(상대적)	• 짧은 충전시간 • 긴 주행거리 • 무공해(대기중 미세먼지제거/상대적)
단점	• 배터리 한계(짧은주행거리) • 화석연료 전력생산 • 배터리용 원자재(리튬,코발트)고가 • 온도에 따른 성능 저하	• 높은 수소 생산단가 • 충전인프라 미비 • 고가의 차량 • 사회적 수용성 • 연료전지용 백금 촉매 가격

/ 주행거리는 국가별 인정기준이 다름

세계가 놀란 차, 수소연료전지자동차 투싼ix

- 현대자동차에서 생산된 '투싼ix 수소연료전지자동차(ix35 Fuel Cell)'가 벤츠를 제치고 벨기에에서 미래자동차상을 수상했다.
- 투싼ix는 벨기에에서 열린 브뤼셀 모터쇼에서 '2013 퓨처오토(FuturAuto) 어워드' 1위에 퓨처오토 어워드는 벨기에서 가장 혁신적인 기술로 만들어진 자동차를 자동차 기자단(UJBA)이 매년 자동차분야의 선정해 시상하는 기술상이다.
- 투싼ix 수소연료전지자동차는 후보에 오른 16개 기술 중에서 메르세데스-벤츠와, 볼보, 보쉬 등을 제치고 1위를 차지했다.

- 현대차의 투싼ix 수소연료전지자동차는 영하 20도 이하에서의 시동성을 확보해 추운 날씨에도 문제없이 달릴 수 도 있고 유럽 연비 시험 기준으로 100㎞를 주행할 수 있다.
- 투싼ix 수소연료전지자동차 양산형 모델은 순수한 물만 배출하는 무공해 차량으로 1회 수소 주입으로 최대 426㎞를 주행할 수 있으며 최고 속도는 시속 160㎞.

[표 4-13 연료전지자동차의 역사]

년도	특 징
1801	험프리 데이비(Humphry Davy)가 연료전지 개념 처음 발명
1839	윌리엄 그로브(William R. Grove/영국) - 오늘날의 연료전지의 개념 발명
1932	베이컨(F.T. Bacon/영국) - 산화수소 연료전지 개발/알칼리형 연료전지
1959	베이컨(F.T. Bacon/영국) - 5 kW 수소/산소 연료전지 실증시험
1965	제미니 5호(NASA의 유인 우주선) -컴퓨터 전원으로 GE사의 연료전지 사용
1969	아폴로 11호-연료전지 싣고 인류 최초의 달에 착륙
1970년대	인산형(PAFC/Phosphoric Acid Fuel Cell) 연료전지 개발
1980년대	고분자전해질(PEMFC/Proton Exchange Membrane Fuel Cell) 연료전지 개발
1994	다임러 벤츠- 연료전지자동차 발표
1994	피아트-크라이슬러- NECAR 1 발표
2000	포드-다임러- 포커스 FCEV 발표
2002	혼다기연공업 - 캘리포니아주에서 세계 최초로 판매 인가/상용화 성공
2002	연료전지 하이브리드 차량 출시(Toyota, Honda - 리스형태 판매 개시)
2003	다임러크라이슬러- 연료전지 버스 생산
2004	포드자동차- 충전지 겸용 하이브리드 자동차 생산
2005	가정용 연료전지 출시
2006	GM- '시퀄'을 개발, 공개
2007	BMW-수소연료전지자동차 `하이드로겐7`
2000	현대차-국내 최초 수소차 싼타페 FCEV
2004	현대차-투싼 FCEV가 개발
2013	현대차-세계 최초로 수소연료전지차(투싼ix) 양산
2014	도요타- 미라이(Mirai) 출시
2016	혼다-크래라티(Clarity) 출시
2018	현대차-넥쏘(NEXO) 출시

물을 전기분해하면 수소와 산소가 나온다. 이러한 과정을 역으로 수소와 산소를 결합시키면 물과 전기가 발생하는데, 이 때 발생한 전기를 이용해 모터를 구동하는 방식의 차량이 바로 수소 연료전지자동차이다.

5

연료전지 자동차 구조

5-1 수소연료전지자동차의 기본구조

5-2 연료전지 스택

5-3 수소저장탱크

5-4 연료변환기(개질기)

5-5 구동모터

5-6 인버터/컨버터

5-7 주변보조기기

5-8 보조전원

기존의 가솔린 내연기관이 석유(가솔린) 등 혼합연료를 폭발시킨 힘으로 구동축을 돌리는 데 비해, 연료전지는 전기모터가 구동축을 돌리게 되어 있다. 이 때 전기모터를 돌리는 에너지를 생산해 내는 것이 바로 연료전지이다.

수소연료전지자동차는 연료전지로부터 생산된 전기로 구동되는 전기자동차의 일종이다. 모터에서부터 바퀴에 이르는 구조는 기존의 전기자동차와 같은데, 기존의 전기자동차와는 달리 저장된 전기를 사용하는 것이 아니라 전기를 만들면서 모터를 돌려 차량을 달리게 하는 것이다. 그렇지만 연료전지만으로는 전기를 만들 수는 없고 연료전지 주위에 운전에 필요한 주변장치들을 장착해서 이 장치들이 자동차의 운전 상황에 따라 연료전지에 필요한 양의 연료와 공기를 공급해 주고, 적절한 온도를 유지하기 위해 냉각수도 돌려주게 된다. 이렇듯 연료전지와 연료전지를 구동시키는데 필요한 주변장치들을 합쳐서 연료전지 시스템이라고 말한다.

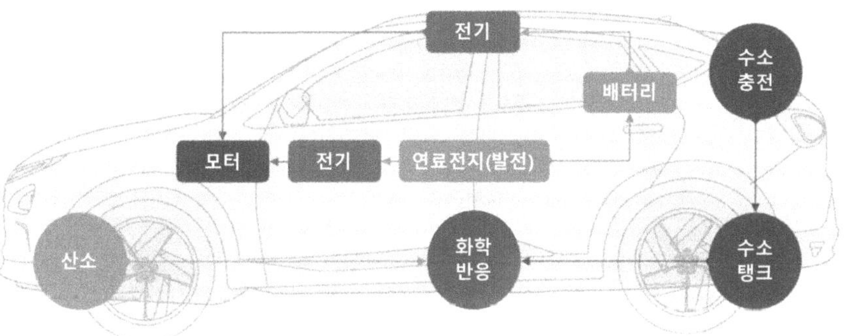

그림 5-1 수소연료전지자동차 구조

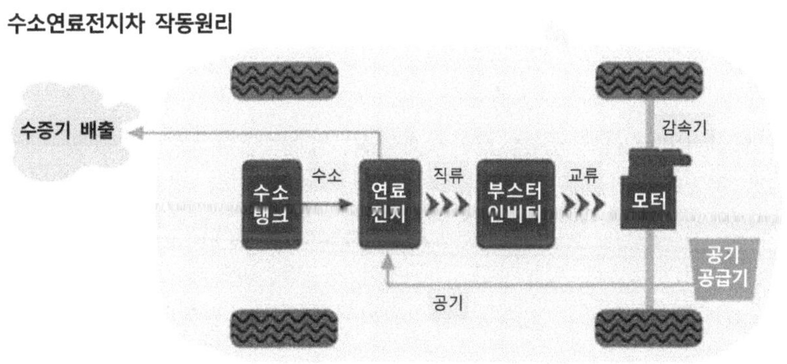

그림 5-2 수소연료전지자동차 작동원리

수소연료차와 수소연료전지차의 구분

- '수소연료전지자동차'는 크게 수소를 연료로 내연기관을 작동시키는 '수소연료차'와 수소를 산소와 반응시킬 때 만들어지는 전기로 움직이는 '수소연료전지차'로 구분
- 일반 전기자동차가 2차전지를 활용하여 저장/충전된 전기를 동력원으로 사용한다면, '수소연료전지차'는 수소를 에너지원으로 연료전지를 통해 전기를 자체 생산
- 수소연료전지차대표적인 모델은 현대 Tucson FCEV, 도요타 Mirai, 혼다 Clarity 등

구분	수소연료차 (Hydrogen Fueled Car)	수소연료전지차 (Hydrogen Fuel Cell Vehicle)
기본개념	• 가솔린 자동차와 비슷한 내연기관 엔진 사용 • 수소와 가솔린을 함께 사용하는 '하이브리드' 형태가 대부분	• 내연기관 엔진이 없음 • 연료전지를 통해 생산된 전기를 동력원으로 사용
구동원리	• 수소 또는 수소 및 가솔린이 함께 연소 • 내연기관 내에서 연소를 통해 얻어진 에너지 활용	• 연료전지 내에서 생산된 전기를 동력원으로 사용 • 수소/산소의 역전기분해 화학작용
엔진유무	• 수소 연소에 필요한 개량형 엔진 필요	• 엔진이 필요 없음
장점	• 내연기관 자동차와 유사, 빠른 보급 확대 가능	• 내연기관 대비 높은 동력 효율 • 생산되는 부산물은 전기+물+열, 무공해 운송수단
단점	• 낮은 동력 효율	• 높은 연료전지 가격
주요 업체	• 포드, 마즈다 BMW 등	• 현대, 도요타, 혼다, BMW 등

5-1 수소연료전지자동차의 기본구조

수소연료전지의 기본구조는 고분자전해질 막을 중심으로 양쪽에 다공질의 연료극(anode)과 공기극(cathode)이 부착되어 있는 형태로 되어 있다. 재료만 다를 뿐 보통의 전지 구조와 흡사하다. 양극에선 수소가 이온화되며 전자를 내놓는데, 이 전자는 중간의 전해질을 통해 음극으로 이동하고 그곳에서 공기와 반응해 물을 만든다. 이 때 전자가 이동하는 과정에서 우리가 얻고자 하는 전기에너지가 발생하는 것이다.

우리가 사용하는 수소연료전지는 양극, 음극, 전해질로 구성된 하나의 단위전지가 여러 개 겹쳐진 적층구조를 이루고 있다. 전류는 단위전지 면적에 따라 전압은 저장을 하고 단위전지 개수에 따라 조절되므로 수소연료전지는 전력을 자유자재로 결정할 수 있다는 장점도 있다.

그림 5-3 수소연료전지자동차의 기본구조

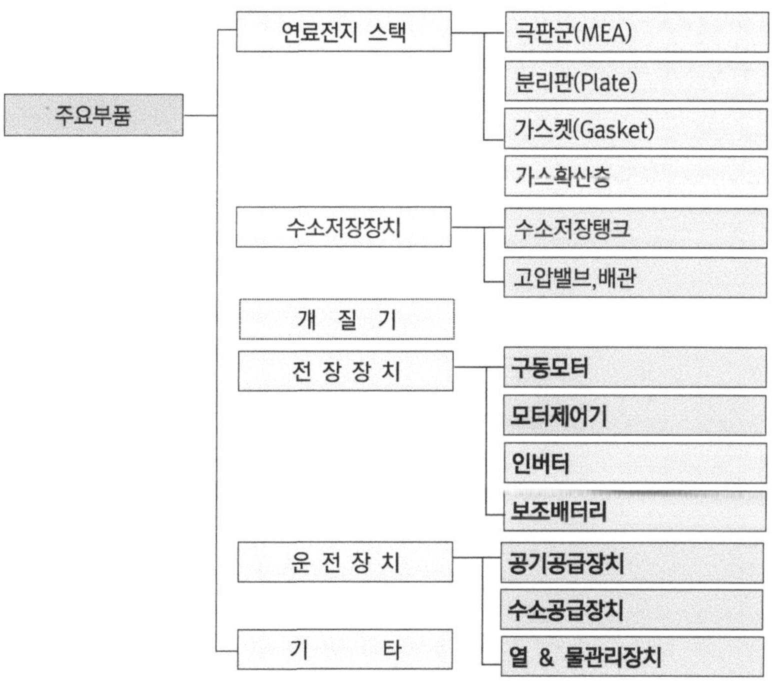

그림 5-4 수소연료전지자동차의 기본구성

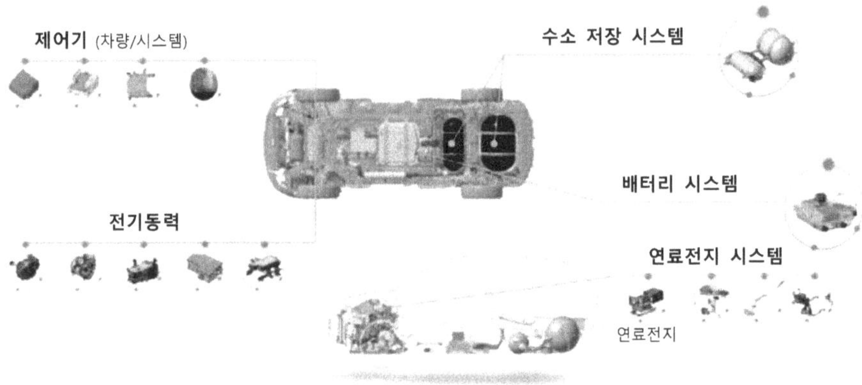

그림 5-5 수소연료전지자동차의 부품구성

5-1-1 구성부품

연료전지자동차는 연료전지 스택, 수소저장탱크, 주변보조기기(공기압축기, 열교환기, 연료공급장치 등), 보조전지, 그리고 모터 및 모터 제어기로 구성되어 있다.

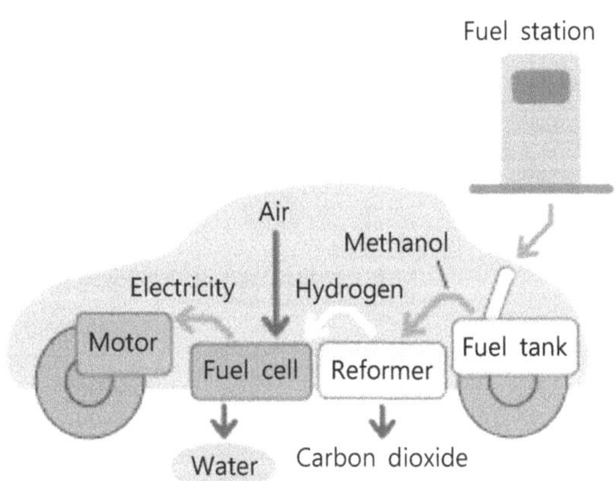

그림 5-8 연료전지자동차 구조

[표 5-1 수소연료전지자동차의 주요 구성품]

주요 구성품	특 징
연료전지 스택	**· 수소와 산소를 화학반응 시켜 전기를 생산** · 원하는 전기출력을 얻기 위해 단위전지를 수십장, 수백장 직렬로 쌓아 올린 본체 · 단위전지 제조, 단위전지 적층 및 밀봉, 수소공급과 열회수를 위한 분리판 설계·제작 등이 핵심기술임
수소저장탱크	**· 충전소에서 충전한 수소를 고압으로 저장** · 수소를 자동차에 탑재하기 위한 방법으로는 크게 고압수소가스 저장, 액체수소저장, 수소흡장물질에 의한 저장, 탄소나노기술에 의한 저장 등 네 가지 방법이 있다. · 고압용기 : 수소저장 용기는 가볍고, 부피가 작아야 하기 때문에 탄소섬유 복잡재로 만들어진 압력용기가 쓰임
연료변환기 (개질기)	**· 화석연료(천연가스, 메탄올, 석유 등)로 부터 수소를 발생시키는 장치** · 연료변환기는 시스템에 악영향을 주는 황(10 ppb이하), 일산화탄소(10 ppm 이하) 제어 및 시스템 효율향상을 위한 compact가 핵심기술 · 개발 초기에는 연료 변환기가 장착된 시스템의 연구가 활발하였으나 시간이 지나면서 **연료 변환장치를 자동차에 장착하지 않고 수소 충전소에서 연료 변환을 통해 생산된 수소를 충전하는 방식으로 연료 공급의 개념이 바뀌고 있다.**
주변보조기기 (Balance of Plant) BOP	· 공기압축기, 열교환기, 연료, 공기, 열회수 등을 위한 펌프류, Blower, 센서 등을 말한다. · 고압밸브, 배관류 : 고압의 수소를 저장탱크에 탑재가기 위해 필요한 고압배관, 압력조절 밸드 등 · 열 & 물 관리장치 : 전기화학 반응 중 발생하는 스택의 열을 방출 · 내연기관에는 연료 및 공기 공급, 냉각, 배기를 위한 장치로 구성된 엔진 운전 장치가 있듯이, 연료전지 발전 시스템에도 같은 기능을 하는 연료전지 운전 장치가 있는데, 열 및 물질 수지 개념을 중요시하는 화학 공정에서는 이를 BOP라 한다.
구동모터	**· 연료전지에서 생성된 전기로 자동차 바퀴를 구동** · 연료전지에서 나오는 직류전기는 인버터를 통하여 교류로 변환 후에 교류모터를 구동한다. · 교류모터는 브러시가 필요 없으나 교류의 타이밍을 모터로 얻고 싶은 토크나 회전수에 맞춰 조정하는 것이 어려워 효율이 낮다. · 요즘에는 회전자와 고정자의 위치관계를 정확히 알아서 교류전류를 흘리는 방식이 개발돼 마치 브러시 없는 직류모터와 같은 성능을 낼 수 있다. · 모터에 걸리는 전압은 회전수와 전류 양쪽에 관계된다. 전기자동차로 평지를 달리며 속도를 높이려면 전압을 올리면 되고 고갯길에서 같은 속도로 달리고 싶으면 전압을 올리고 회전수를 유지한 채 전류를 증가시키면 된다. · 최근에는 브러시리스 DC모터라고 불리는 유도식 교류모터가 개발돼 각광을 받고 있다.

모터제어기	· 엑셀 패달 조작량 및 속도를 검출해서 의도한 구동 토크 변화를 가져올 수 있도록 차속이나 부하 등의 조건에 따라 모터의 토크 및 회전속도를 제어 · 교류모터는 진폭이나 주파수/위상을 바꾸어서 자동차의 주행상황 변경한다.
인버터 Inverter	· **연료전지에서 나오는 직류전기(DC)를 우리가 사용하는 교류(AC)로 변환 시키는 장치**(연료전지스택에서 생산되는 DC 전력을 모터구동 전압 수준으로 변환) · 직류를 교류로 만들기 위해 변조기가 사용 · 인버터는 컨버터에 비해 구조가 복잡
보조전지	· **연료전지에서 생산된 전기를 저장** · 연료전지자동차에서 연료전지 스택의 내구수명을 증대시키고, 주행거리와 연비향상을 위하여 보조전원으로 이차전지나 슈퍼 캐퍼시터 등이 사용된다. · 보통 축전지액의 비중 또는 전압을 측정하는 두 가지 방식이 있다. 그런데 축전지 중 주위 온도에 따라 남아 있는 전력량이 달라지는 것도 있어 계기를 만드는 일이 쉽지 않다.

그림 5-9 수소연료전지자동차의 구조

[[표 5-2 연료전지자동차의 주요 구성품]

구분		비고
연료전지스택	극판군	· 전해질과 백금촉매의 접합체, 연료전지의 핵심 부품 · 수소와 산소의 화학반응이 일어나 전기가 생성되는 곳
	분리판	· 반응가스의 유로제공, 전기적인 연결 · 수소와 산소의 화학반응으로 생성된 물을 외부로 배출시킨다.
	가스켓	· 수소, 공기, 냉각수의 누설을 방지하는 역할을 수행
	가스확산층	· 수소, 산소 및 물을 공급하고 배출하는 장치
수소저장장치	수소저장탱크	· 가볍고, 부피가 작은 탄소섬유복잡재로 만들어진 압력용기
	고압밸브,배관	· 고압의 수소를 저장탱크에 탑재하기 위한 고압배관, 압력조절 밸드 등
운전장치	공기공급장치	· 전기화학반응을 위한 연료전지 양극에 산소 공급
	수소공급장치	· 전기화학반응을 위한 수소를 공급
	열&물관리장치	· 전기화학 반응 중 발생하는 스택의 열을 방출
전장장치	구동모터	· 연료전지에서 생산된 전기에너지를 기계에너지로 변환하여 구동
	모터제어기	· 차속이나 부하 등의 조건에 따라 모터의 토크 및 회전속도를 제어
	전력변환장치 (인버터)	· DC전력을 차량 내 전자기기 구동을 위한 AC 전력으로 전환. · 연료전지스택에서 생산되는 DC 전력을 모터구동 전압 수준으로 변환
	보조배터리	· 보조전원으로 이차전지나 슈퍼 캐퍼시터 등이 사용

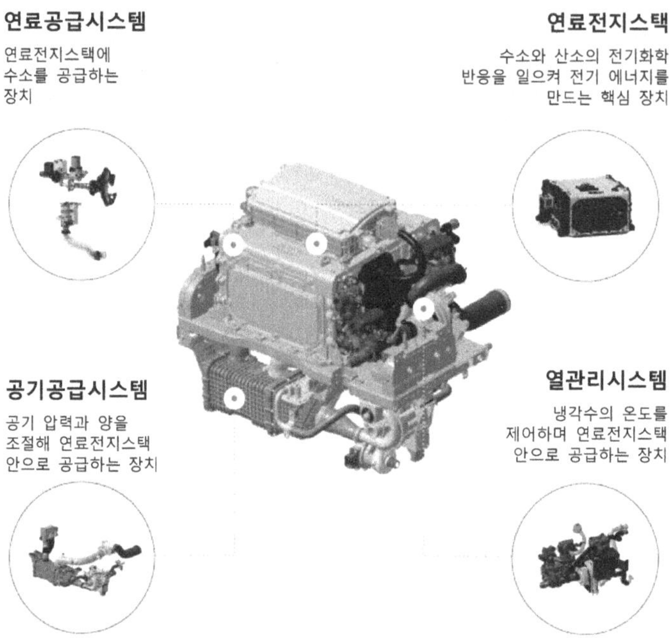

그림 5-10 연료전지시스템

(1) 수소연료 순환시스템

수소연료전지자동차가 에너지를 얻으려면 연료전지 외에 수소와 산소가 필요하다. 그리고 이 두 기체를 연료전지로 적절히 순환시키는 시스템이 필요하다. 이를 통해 수소연료전지자동차의 출력을 조절하고 과도한 연료 공급으로 차량에 무리가 가지 않도록 하는 역할을 한다.

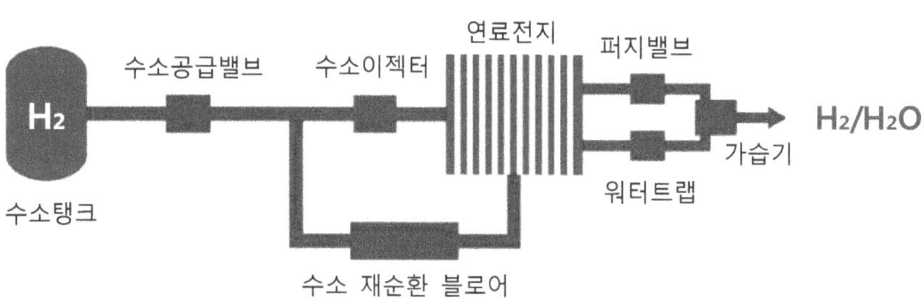

그림 5-11 수소연료 순환시스템

수소 고압 저장탱크 → 수소공급 드라이브(FPD) → 수소연료전지 자동차단/공급 밸브 → 수소이젝터 연료전지(스택) → 수소 재순환 블로어 → 워터트랩 / 퍼지밸브 → 가습기 → 물 배출

수소연료전지자동차의 연료탱크는 대기압의 약 690배에 해당하는 700 bar의 압력으로 수소기체를 가두고 있다. 이 때 운전자가 수소연료전지자동차 시동을 켠 이후 가속페달을 밟는 동안 내연기관의 ECU에 해당하는 FCU가 이를 감지한다. FCU는 주행 상황에 맞게 수소 차단/공급 밸브 등을 조절해 연료전지로 수소를 내보낸다. 이때 수소탱크가 고압이므로, 수소 연료를 공급 밸브를 동해 연료전지로 보낼 만큼의 낮은 압력으로 만든다. 이때 평균적으로 수소 연료의 압력은 9.5 bar다.

연료전지로 들어간 수소는 각종 반응을 통해 에너지를 만들어내고, 반응 과정에서 생성된 물은 워터트랩 장치로 들어가 배출된다. 그리고 반응에 불필요한 순도가 낮은 수소는 퍼지 밸브를 이용해 따로 빨아들여 물과 함께 배출한다.

또한 수소재순환 블로어는 연료전지 반응 후 남은 순도 높은 수소 기체를 다시 돌려보내 재순환 시키는 장치로. 자랑 출력 강도에 따라 작동 세기가 달라진다.

(2) 공기순환시스템

1. 외부공기 → 에어필터(화학필터) → 흡기 차단 밸브 → 레조네이터 → 공기블로어(슈퍼차저) → 가습기 → 연료전지
2. 가습기 → 배기라인 → 소음기 → 잔여공기 배출

연료전지로부터 에너지를 만들기 위해선 수소와 함께 공기(산소)가 필요하다. 때문에 수소연료 순환 시스템과 함께 공기 순환 시스템이 함께 존재한다.

우선, 수소연료전지자동차에 시동이 걸리면, 공기를 빨아들이기 시작한다. 이때 연료전지 효율을 극대화하기 위해 깨끗한 공기가 필수인데, 미세먼지와 일부 유해가스를 걸러내는 고성능 에어필터(화학필터)를 이용한다. 깨끗이 걸러진 공기는 흡기 차단 밸브와 공기 흡입에 따른 공명음(소음)을 없애는 레조네이터를 거치고 공기 블로어로 이동한다.

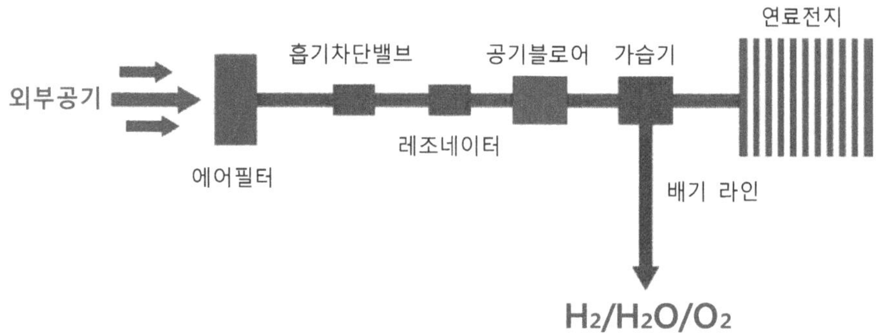

그림 5-12 공기순환시스템

공기 블로어가 필요한 이유는 고농도로 압축한 공기를 연료전지에 보내 반응성을 높이기 위해서다. 여기서 공기 블로어가 고속회전을 하게 되는데, 수소연료전지자동차의 출력의 10%를 사용할 만큼 에너지 소모량이 높다. 다음으로 수소와 산소의 화학반응에 필수인 습기를 위해 가습기로 공기 습도를 조절 하고, 연료전지로 보낸다.

연료전지에서 에너지 생성 후 발생한 물과 남은 산소(공기)는 배기라인을 따라 배출된다.

(3) 열순환 시스템

수소연료전지자동차의 공기 및 수소연료 순환 시스템 이외에 열을 식힐 열 순환시스템이 존재한다. 이 부분은 내연기관, 전기자동차 등 자동차라면 모두 갖추고 있는 시스템이지만 수소연료전지자동차에서는 더욱 중요한 역할을 하며 고난도 기술이 요구된다.

수소연료전지자동차 내 연료전지는 내연기관 발열량보다 2배 많다. 이 열을 제대로 관리하지 못하면 출력이 감소하고 연료전지 수명이 줄어든다. 즉, 수소연료전지자동차량 내 열 관리 수준에 따라 출력 차이를 보인다고 볼 수 있다.

또한 차량 내 각종 전자장치의 열을 식힐 필요가 있기 때문에 열 순환시스템이 반드시 필요하다. 이러한 열 순환시스템의 흐름에 대해 간단히 살펴보면 다음과 같다.

저온 냉각수 → 연료전지 → 스택 아웃렛 매니폴드 → 라디에이터 → 3way 밸브-냉각수 펌프 → COD 히터 → 연료전지 (반복)

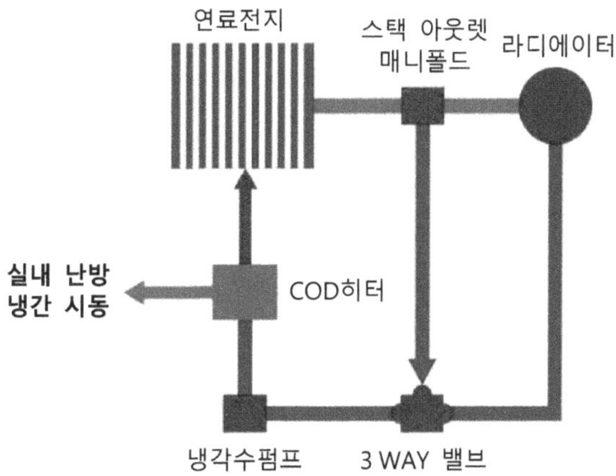

그림 5-13 열순환 시스템

연료전지에서 발생한 열은 냉각수를 이용해 적정 온도까지 낮춘다. 연료전지를 식히느라 뜨거워진 냉각수는 스택 아웃렛 매니폴드를 통해 라디에이터를 통과해 온도를 낮춘 후 3 way 밸브와 냉각수 펌프로 이동한다. 여기서 스택 아웃렛 매니폴드는 쉽게 말해 연료전지에서 나온 냉각수가 흐르는 통로로 보면 된다. 보통 뜨거워진 냉각수를 라디에이터로 보내는 통로 역할을 하지만 냉각수가 뜨겁지 않을 경우 라디에이터를 거치지 않고 바로 3 way 밸브로 보내 냉각수 온도를 조절한다. 차가워진 냉각수는 여러 펌프를 지나 고전압 전기 히터인 COD 히터에 도달하고 다시 연료전지로 흐르게 된다.

COD 히터는 수소연료전지자동차 시동을 갓 켰을 때 연료전지 내부에 남아있는 산소와 수소를 없애는 역할을 하며, 냉각수 온도를 조절해 시동이 잘 걸리도록 한다. 특히 실내 히터 용도로 사용되기 때문에 차량 내구성을 높이고 실내 최적화에 중요한 역할을 한다.

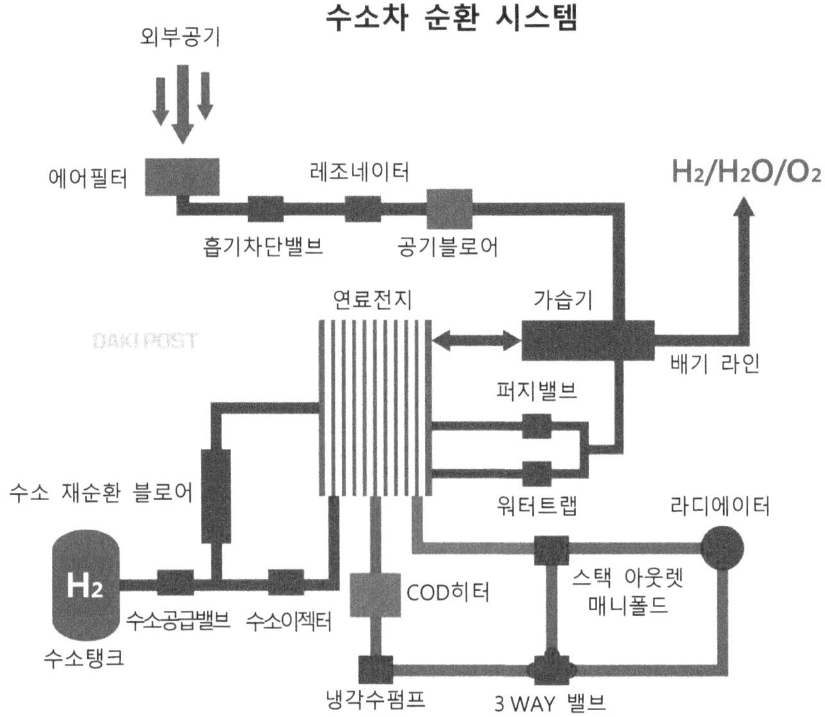

그림 5-14 수소연료전지차의 순환시스템

수소연료전지자동차가 에너지를 얻기 위해 내부에서 진행되는 과정들이다.

요약하면 수소연료전지자동차는 에너지를 만들기 위해 연료전지에 산소와 수소를 통과시킨다. 이때 수소는 매우 고압이므로, 압력을 조절해 연료전지로 보낸다.

동시에 산소는 연료전지의 효율을 높이기 위해 에어필터로 깨끗이 걸러내고 공기 블로어로 압축한 뒤. 습기를 첨가해 연료전지로 보낸다. 여기서 생긴 순도 낮은 수소기체, 물. 잔여 산소는 배기라인을 통해 배출된다.

그리고 연료전지의 에너지 생산 과정에서 발생한 열은, 라디에이터와 히터 등 냉각 및 가열 장치를 적절히 조절해 수소연료전지자동차가 온전한 출력을 낼 수 있도록 보조한다.

수소연료전지자동차에 대한 오해

- 여러 부분에 있어 섬세한 과정을 거치는 수소연료전지자동차는, 대중들에게 이름만 알려졌을 뿐 상세한 궁금증에 대해서는 제대로 알려지지 않아 괜한 오해를 사고 있다. 가장 많이 언급되는 부분은 역시 수소탱크에 대한 안전성이다.
- 일부 사람들에게 '수소=폭탄, 이라는 인식이 있어 매우 위험한 차량으로 본다. 실제로 수소는 불이 잘 붙는 기체이기 때문에 각별한 주의가 요구된다. 수소연료전지자동차를 연구하는 연구원들은 당연히 이러한 점을 모를 리 없다.

- 우선 수소연료 저장탱크는 690기압(700 bar)를 견딜 수 있는 탄소섬유 복합재료를 사용해 매우 튼튼하다. 현대차의 경우, 수소연료전지자동차가 교통사고가 발생할 것에 대비해 충격실험까지 거쳤다. 만약 수소기체가 유출된다면, 폭발 위험이 있다고 생각하기 쉬운데, 매우 고압의 수소기체가 하늘을 향해 분출되기 때문에 분출압력으로 불이 붙기 어려운 수준이다.
- 요컨대, 수소연료전지자동차 안전성은 매우 뛰어나다. 일부 사람들이 제기하는 수소연료전지자동차의 위험성은 내연기관에 적용해도 마찬가지로 위험하다. 불이 잘 붙는 휘발유 및 경유를 액체 상태로 담아 도로 위를 활보하니 말이다.
- 결국 내연기관 및 배터리가 아닌 새로운 차량이 등장함에 따라 막연한 두려움이 문제 제기로 발전한 것으로 생각해볼 수 있다.

수송용 연료전지 중에 자동차의 주동력으로 사용되는 연료전지는 대표적으로 프로톤 교환막 연료전지(Polymer Electrolyte Membrain Fuel Cell. PEMFC)이며 기본이 되는 연료는 수소이다. 수소 이외에 메탄올, 가솔린, 디젤, 천연가스와 같은 연료를 사용할 경우에는 이들 연료로부터 수소를 생산하기 위해 별도의 연료변환기를 장착해야 한다.

그림 5-15 수소연료전지자동차의 구조

연료전지자동차 개발 초기에는 연료 변환기가 장착된 시스템의 연구가 활발하였으나 시간이 지나면서 연료 변환장치를 자동차에 장착하지 않고 수소 충전소에서 연료 변환을 통해 생산된 수소를 충전하는 방식으로 연료 공급의 개념이 바뀌고 있다. 현재는 고압 수소 탱크를 사용하여 연료변환장치 없이 직접 가압된 수소를 연료로 사용하는 것이 일반적인 추세이다. 수소 연료전지자동차를 연료에서 구동에 이르기까지의 에너지 흐름의 관점에서 보면 연료 저장 시스템, 연료전지발전시스템, 전기 동력시스템으로 나눌 수 있다. 고압수소탱크에서 연료전지로 연료인 수소가 공급되며 전기화학 반응에 필요한 산소는 대기 중의 공기로부터 공급된다.

한번 연료전지 스택에 공급된 수소는 대기 중으로 방출 되는 것이 아니라 수소 이용률을 높이기 위해 수소탱크의 수소와 혼합되어 다시 연료전지 스택에 공급된다. 이런 방법을 통해 연료의 소비를 줄일 수 있을 뿐만 아니라 대량의 수소가 공기 중으로 방출되어 발생할 수 있는 위험을 줄일 수 있다. 공기와 수소의 반응에 의해 연료전지 스택에서 생성된 직류 전기는 인버터를 통해 바뀐 뒤 전기 구동모터에 공급된다. 구동 모터에서 발생되는 회전 운동 에너지는 감속기를 통해 적절한 회전수로 감속되어 바퀴에 전달된다.

[표 5-3 동력원에 따른 효율 비교]

구분	Well to Tank 연료생산효율(%)	Tank to Wheel 차량효율(%)	Overall Efficiency 총괄효율(%)
가솔린 내연기관	88	18	16
디젤	89	22	20
HEV	88	30	26
EV	26	80	31
FCEV	75	48	36
FCEV(목표치)	70	60	42

연료전지시스템을 좀 더 상세히 살펴보면 자동차의 엔진역할을 하는 연료전지 발전모듈에 연료인 수소를 공급하기 위한 연료공급계, 산화제인 공기를 공급하기 위한 공기 공급계 및 연료전지 발전모듈과 연료전지시스템의 열/물 관리를 위한 열 및 물 관리계, 연료전지시스템의 운전/제어를 위한 연료전지 제어기 및 제어 기술부로 구분할 수 있다.

연료전지자동차의 동력발생은 연료전지가 전기에너지 외의 별도의 기계적인 구동력을 발생시키지 않기 때문에 회전력을 필요로 하는 모든 샤시 부품들이 전기로 구동된다. 워터펌프, 에어콘 컴프레셔 등은 전기모터로 구동되며 진공을 형성하기 위해 별도의 진공펌프가 필요하다. 이러한 전기 구동모터 및 장치들을 운전하기 위해서는 각 부품들의 전압 사양을 맞추어 주어야 한다.

수소연료전지자동차의 구동방식은 고압으로 압축된 수소를 연료저장탱크에 충전했다가 수소연료전지에서 산소와 결합시켜 전기화학 반응을 일으킨다. 이 과정에서 전기에너지가 생성되고 전기모터를 돌려 자동차가 움직인다.

수소저장탱크와 수소연료전지가 가장 핵심 요소다. 전기자동차의 핵심이 배터리인 것과는 차이가 있다.

전기자동차와 수소연료전지자동차의 구조적인 큰 차이는 배터리(전기자동차)와 수소저장탱크, 수소연료전지(수소연료전지자동차)의 차이이다.

[[표 5-4 전기자동차 종류별 주요구성부품]

부품명	하이브리드전기자동차	전기자동차(EV)	수소연료전지자동차
전기모터	●	●	●
배터리	●	●	●
BMS	●	●	●
인버터/컨버터	●	●	●
차량제어기	●	●	●
엔진	●	-	-
변속기	●	-	-
수소저장탱크	-	-	●
연료전지	-	-	●

수소연료전지차는 사실 전기자동차의 한 종류다. 크게 보면 전기자동차로 분류할 수 있지만 에너지원이 수소라는 점이 다르다.

전기자동차가 배터리에 저장된 힘으로 달린다면 수소연료전지차는 차량 내 고압탱크에 저장된 수소를 공기 중의 산소와 반응시켜 만들어낸 전기로 움직인다. 다시 말해 전기자동차는 전력을 직접 저장하는 이차전지가 사용되지만 수소연료전지자동차의 전지는 수소를 주입해 충전한다. 수소연료전지차라고 불리는 이유다. 다만 수소연료전지차와 수소연료자동차는 다소 개념이 다르다.

둘 다 수소연료전지자동차로 불리고 있지만 수소연료차는 액화수소 자체를 연료로 삼고 수소연료전지차는 액화수소를 이용해 얻는 전기에너지로 동력을 발생시키기 때문에 엄밀히 얘기하면 다른 개념이다.

수소연료전지의 구조를 살펴보면 음극과 양극이 고분자막으로 분리돼있고 그 사이에 전해질이 채워져 있다. 음극을 채우고 있는 수소가 이온상태가 돼 전자를 잃으면 고분자막을 투과하고 전해질을 건너 양극으로 이동한다.

이에 양극에 있는 산소와 수소이온이 결합해 물로 변환된다. 이 때 전위차를 메우기 위해 음극에서 양극으로 전자들이 이동하면서 전압이 생성된다. 쉽게 말해 물을 전기분해하면 양극에서 산소가 생성되고 음극에서는 수소가 생성된다. 이를 반대로 수소를 이용해 물을 만들면 이 과정에서 전기가 생겨나게 된다.

여기서 주목할 점은 수소와 산소를 반응시키기 때문에 수소연료전지자동차에서 나오는 물질은 순수한 물 뿐이라는 것이다.

일각에선 배기가스가 없는 무공해 차량이기 때문에 내연기관차뿐만 아니라 전기자동차나 하이브리드차를 넘어서는 궁극의 친환경차라고도 주장한다.

하지만 수소 연료를 제작하는 과정에서 온실가스가 발생하기 때문에 100%무공해 차량이라고 할 수는 없다. 다만 내연기관차량에 비해 온실가스 배출량이 저감되는 것은 사실이다.

그림 5-16 수소연료전지차의 구성부품

5-1-2 전기자동차와 수소연료전지차의 비교

(1) 구조의 차이점

수소에너지를 논하는데 수소연료전지자동차는 빠질 수 없는 이슈다. 수소연료전지자동차는 수소를 공기 중의 산소와 반응시켜 전기를 생산하고 이를 동력원으로 삼는 전기자동차. 즉, 연료만 공급되면 전기를 생산해가며 달릴 수 있다는 장점이 있다. 화학 결합에 의한 부산물이 물뿐이라 환경오염 문제에서도 자유롭다.

현대자동차, 도요타, BMW, 혼다 등 세계 굴지의 자동차업체들이 수소연료전지자동차를 '궁극의' 미래자동차로 부르며, 개발에 박차를 가하고 있는 것도 이 때문이다.

수소연료전지자동차와 늘 비교되는 것이 전기자동차다. 전기자동차의 경우 배기가스와 이산화탄소를 배출하지 않아 수소연료전지자동차와 함께 친환경 미래자동차로 손꼽힌다. 또 전기모터를 사용해 진동이나 소음이 적고 구동력이 좋다.

[표 5-5 구조적인 차이점 비교]

	내연기관차	전기자동차	연료전지차
동력발생장치	**엔진** 윤활장치 연료장치 냉각장치 흡배기장치 시동, 점화, 충전장치	**배터리** 없음 없음 냉각장치 없음 없음	**연료전지스택** 없음 **수소탱크** 냉각장치 공기 공급, 배기장치 운전, 충전장치
동력전달장치	클러치 변속기 추진축 종감속차동장치 차축	모터 감속기 차동장치	모터 감속기 차동장치
나머지 장치	동일	동일	동일

FCEV는 스택과 수소탱크, 각종 운전장치(수소/산소 공급장치, 물/열관리) 및 전력 변환장치(인버터/컨버터), 구동장치(모터/감속기) 등으로 구성된다. 연료전지, 수소 탱크, 산소/수소공급장치 등이 수소차 고유의 기술이 필요한 영역이며, 전기발생 이후의 구동원리는 전기차(EV)와 동일하다.

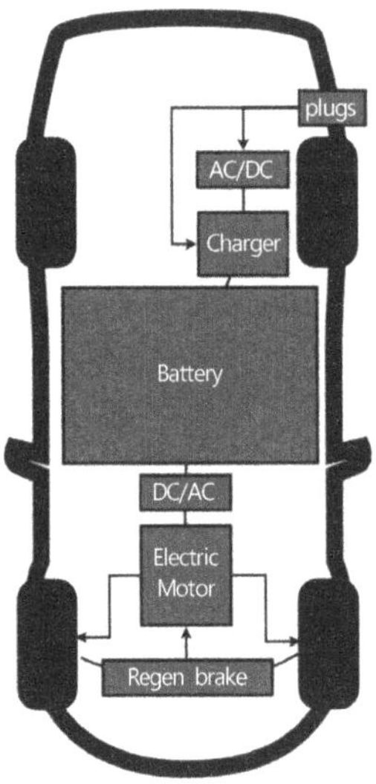

그림 5-17 BEV

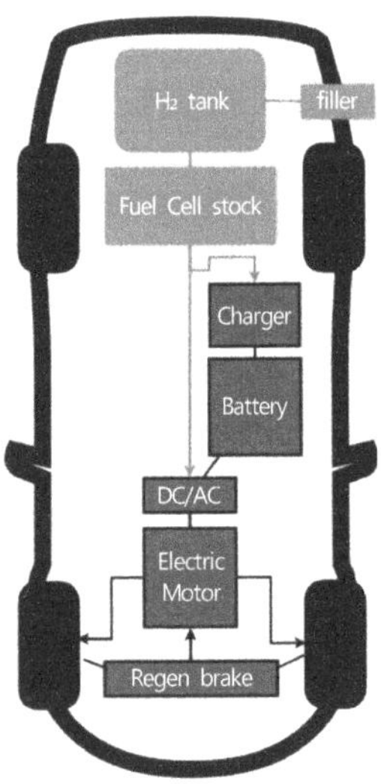

그림 5-18 FCEV

배터리 전기자동차(BEV)와 수소연료전지자동차(FCEV)는 모두 전기자동차(Electric Vehicle, EV)에 속한다. 전기자동차는 내연기관 자동차와는 다르게, 전기로 모터를 돌려 자동차를 구동한다. 배터리 전기자동차는 배터리 속에 충전된 배터리를 이용해 구동한다. 재사용 시 배터리를 충전하는 방식이다.

수소연료전지자동차는 수소를 사용해 발생시킨 전기로 모터를 구동한다. 연료전지(Fuel Cell)를 배터리 대신 사용한다. 전기가 아닌 수소를 충전한다는 특징이 다르다. 수소연료전지자동차의 초기 개발 모델은 수소연료차(Hydrogen Fueled Car)다. 수소를 직접 태워서 엔진을 구동하는 가솔린이나 디젤과 같은 내연기관 자동차와 비슷한 방식이다. 하지만 이런 방식은 안전성과 안정성, 효율 등 다양한 문제가 있어, 지금의 수소연료전지자동차의 형태로 발전된 것이다.

FCEV는 BEV, HEV(Hybrid EV, 하이브리드 전기자동차), PHEV(Plug-in HEV, 플러그인 하이브리드 전기자동차)와 비슷하면서도 다른 점을 볼 수 있다. FCEV의 가장 큰 특징은 수소탱크와 연료전지다. 수소탱크는 HEV와 PHEV의 연료탱크와 비슷한 역할을 한다. 연료탱크의 연료가 내연기관인 엔진을 통해 동력을 생산한다면, 수소탱크는 연료전지에서 전기 에너지로 바뀌어 모터를 구동한다는 것이 다르다. 연료전지는 배터리와 비슷하지만, 직접 전기를 충전하지는 못한다. 외부의 흡입된 공기와 수소탱크의 수소를 화학반응을 통해 전기와 물로 변환한다. 변환된 전기로 모터를 굴리며, 물은 밖으로 배출된다.

[표 5-6 친환경 자동차 구조적인 차이섬 비교]

구분	HEV	PHEV	BEV	FCEV
	· 엔진+모터(보조)	· 모터(주)+엔진	· 모터	· 모터
구 조	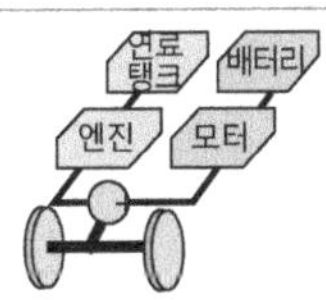	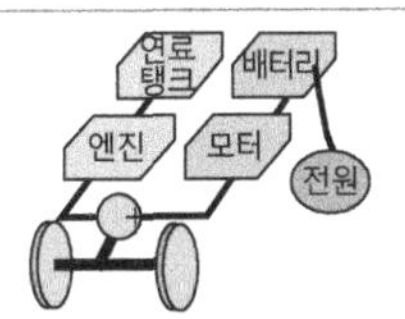	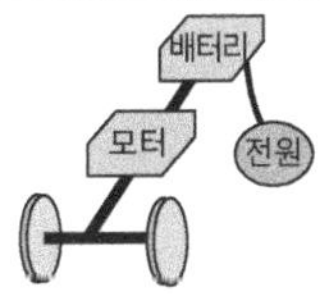	
배터리 용 량	· 0.98 ~ 1.8 KWh	· 4 ~ 16 KWh	16 ~ 100 KWh	· 10 KWh 내외
특 징	· 구동시 내연기관/ 모터 적절히 작동시켜 연비 향상 · 별도 인프라 필 요 없음	· 외부전원으로 배터리 충전가능 · 장거리 주행시 엔진 직구동 · HEV대비 배터리 용량증대	· Zero-Emission · 내연기관도움없이 충전된 전기 에너지만으로 주행	· 수소/산소반응으로 전기를 생산하여 모터 구동 · Zero-Emission · 수소탱크, 스택 등 장착

연료전지 내 전기 발생 과정은 다음과 같다.

① 기체확산층을 통해 양(+)극에 수소(H_2) 공급
② 촉매(백금)반응 작용으로 인한 이온분리와 전자 방출(H_2 → 2H+ + 2e)
③ 음(-)극으로 생성된 전자(e) 이동
④ 공급된 공기 중 산소(O_2)를 이온화(½O_2 + 2e → ½O-)
⑤ 대전된 산소와 수소 이온의 결합으로 물 생성(2H+ + O- → H_2O)
⑥ 전기발생

FCEV의 보조배터리도 다른 EV 배터리들과 다른 역할을 한다. EV의 배터리는 직접적인 동력 구동을 위해 고용량과 고성능의 리튬이온 배터리(LiB)를 사용한다. FCEV의 보조배터리는 소량의 축전을 위한 것으로 작은 용량이면 충분하다. 이에 슈퍼커패시터 등이 축전지로 사용된다. 탑재된 배터리는 하이브리드 자동차의 배터리처럼 보조역할만 할 뿐, 모터를 구동하는 것은 엑셀레이터를 밟을 때 수소와 산소를 반응시켜 발생한 전기를 이용하는 것이다.

(2) 성능의 차이점

PHEV를 포함한 HEV는 가솔린, 경유 등의 내연기관을 사용한다. 이에 사람들은 차량에서 배기가스 등의 오염물질이 발생하지 않는 BEV와 FCEV를 완전한 친환경차라고 말한다. 그럼 연비, 주행거리, 충전시간, 인프라 등에서 BEV와 FCEV는 어떤 차이가 있을까? FCEV가 최근 주목받고 있는 이유는 BEV의 단점을 극복한 친환경차이기 때문이다. FCEV는 주행거리와 충전시간에서 BEV를 압도한다. 두 단점은 이미 1830년대에 최초로 개발된 BEV의 상용화에 180년이라는 시간이 걸린 이유이기도 하다.

그림 5-19 테슬라 전기자동차 모델 3

그림 5-20 현대차 FCEV 넥쏘

2018년 가장 많이 팔린 전기자동차인 테슬라의 '모델 3'는 20분간 50 KWH의 용량을 급속 충전해, 350 km의 거리를 달릴 수 있다. 다시 운행하려면 급속 충전 시 최소 20분, 일반 충전에는 한 시간 이상의 시간이 소요된다. 현대자동차에서 선보인 대표적인 FCEV 넥쏘는 6.33 kg의 수소를 완충하는데 걸리는 시간은 불과 5분이다. 최대 609 km의 주행거리를 자랑한다. 서울에서 부산을 갔다가 다시 대전까지 올라올 수 있는 거리다. 반면, FCEV는 BEV보다 비싼 연료비와 가격, 부족한 인프라가 단점으로 지적된다.

넥쏘의 연료비는 km당 73원, 모델 3는 km당 25원이 들어간다. FCEV의 연료비가 BEV에 비해 3배 정도 비싼 셈이다. 하지만 둘다 km당 93원(1리터당 연비 15 km, 1400원 가정) 정도인 내연기관보다는 저렴한 연료비를 자랑한다.

(3) 친환경의 문제

수소연료전지자동차에 대해 한쪽에서는 배출가스 없이 나오는 것은 물뿐인 데다 달리면서 미세먼지까지 정화시키는 '궁극의 친환경차'라는 평가를 한다. 반면 다른 쪽에선 전기로 모터를 직접 돌리는 전기자동차와 달리 물을 전기분해해 수소를 생산하고 그 수소를 다시 전기로 바꿔 모터를 돌리는 방식의 비효율성을 지적한다. 비효율적이라는 뜻은 더 많은 에너지를 소비하고, 더 많은 온실가스를 배출한다는 의미다.

그림 5-21 수소연료전지자동차의 특징

도요타가 2015년 수소연료전지자동차 미라이의 온실가스 배출량을 독일 인증기관 TUV에 의뢰해 평가한 결과를 보면 수소연료전지자동차의 온실가스 배출량이 하이브리드 자동차와 거의 같았다. 수소를 천연가스에서 추출해 얻는 상황을 기준으로 했다.

수소연료전지자동차의 온실가스 배출량은 두 조사에서 모두 내연기관 차량에 비해 절반 정도로 낮다. 환경 측면에서 수소연료전지자동차의 장점이 크다는 뜻이다. 수소차가 전기자동차와 함께 '저공해차'로 분류되는 이유이기도 하다. 그럼에도 불구하고 전기자동차에 비해서는 친환경적이지 못한 것으로 나타났다. 그 차이는 수소를 얻는 방식에서 결정된다. 현재 수소 대부분을 석유와 천연가스와 같은 화석연료에서 얻기 때문이다.

수소는 천연가스 안의 메탄을 고온의 수증기로 가열시켜 생산하는데 이 과정에서 많은 에너지를 소비하고 이산화탄소가 부산물로 나온다. 수소 운반을 위해 고압으로 충전하는 과정에서도 상당한 에너지를 사용한다.

[표 5-7 전기자동차와 수소연료전지자동차의 성능비교]

전기자동차(현대차 코나)		수소연료전지차(현대차 넥쏘)
390 km	주행거리	609 km
1시간	완충시간	5분
4650만원	가격	6890만원
25원	Km당 유지비	73원
7.6초	가속성능(제로백)	9.2초
오염물질 미배출	친환경성	물만배출, 미세먼지 정화기능

태양광과 풍력발전으로 얻은 전기로 물을 전기분해해 수소를 얻을 수 있다면 온실가스는 크게 줄어들 수 있지만 아직 경제성을 확보하지 못했다. 수전해 수소가격의 75% 이상은 전기료가 차지하는데 전기료가 비싼 지역에서는 수전해 방식을 적용하기 어렵다.

수소를 만드는 공정을 여러 가지로 연구하지만 환경적으로 문제가 없으면서도 경제성 있는 공정은 아직까지 연구개발 중이다. 수소연료전지로 생산한 전기보다 수소를 만들기 위해 물을 전기분해할 때 쓴 전기료가 더 많이 들 수 있다는 설명이다.

전기자동차와 수소연료전지자동차, 두 친환경차의 장·단점은 확연히 다르다.

우선 전기자동차는 배터리만 얹으면 되기 때문에 수소연료전지자동차보다 가격이 저렴하다. 상대적으로 충전인프라 구축도 활발하다. 하지만 배터리 용량을 늘릴수록 늘어나는 충전시간과 화석연료를 이용해 전력을 생산하는 부분은 해결과제다.

수소연료전지자동차는 짧은 충전시간과 상대적으로 긴 주행거리가 강점이다. 다만 가격이 비싸다는 약점을 갖고 있다.

수소연료전지자동차냐, 전기자동차냐. 결론부터 말하자면, 아직 대결구도로 보기엔 시기상조라는 것이 전문가들의 일치된 견해다.

[표 5-8 전기자동차와 수소연료전지자동차의 비교]

구분	전기차(EV)	수소차(FCEV)
핵심요소	· 배터리	· 수소연료전지 사용 + 수소저장탱크
구동방식	· 외부에서 전기에너지 충전	· 부생수고와 산소를 결합해 전기에너지 생성
가격	· 3933만원(테슬러 모델3)	· 6890만원(현대차 넥쏘)
주행거리	· 354 km	· 609 km
충전방식	· 전기충전(콘센트이용가능)	· 수소충전(충전소에서만 가능)
충전시간	· 20분~8시간	· 3~5분
운용비	· km당 25원	· km당 73원
최고속도	· 시속 209 ㎢m	· 시속 177 ㎢
장점	· 저렴한 가격 · 충전 인프라(상대적)	· 짧은 충전시간 · 장거리 운행 · 무공해(상대적)
단점	· 화석연료 전력생산 · 배터리 한계(주행거리) · 배터리용 원자재 수급 불안 · 온도에 따른 성능 저하	· 높은 수소 생산단가 · 충전인프라 미비 · 고가의 차량 · 사회적 수용성 · 연료전지용 백금 촉매 가격

[표 5-9 전기자동차와 수소연료전지차의 비교]

구분	EV	FCEV
동력원	· 전기	· 수소
전기 생성방법	· 외부충전	· 자체발전
배기가스	· 없음	· 없음
장　점	· 가정용 충전기 확보가능 · 빠른 상용화	· 짧은 연료 주입시간(3분) · 긴 주행거리
단　점	· 느린 완속충전 시간 · 짧은 주행가능거리	· 인프라 구축비용 · 고가의 차량

[표 5-10 친환경자동차의 종류 및 특징]

구분	하이브리드차 (HEV)	플러그인 HEV (PHEV)	전기자동차 (EV)	연료전지차 (FCEV)
동 력 계 구　　조		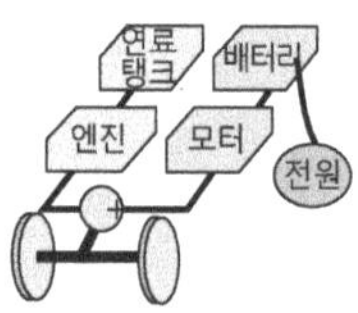	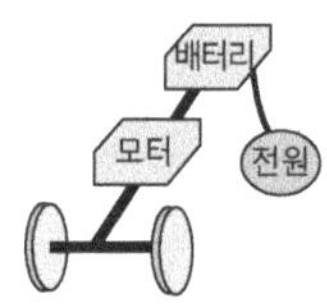	
구 동 원	· 엔진 + 모터	· 모터 · 엔진(방전시)	· 모터	· 모터
에너지원	· 화석연료 · 전기	· 전기 · 화석연료(방전시)	· 전기	· 수소
특　징	· 구동시 내연기관/모터 적절히 작동시켜 연비 향상 · 별도 인프라 필요 없음 · 배터리 전용 주행 5 km내외	· 단거리 전기로만 주행 · 장거리 주행시 엔진 직구동 · HEV대비 배터리 용량증대(주행거리60km내외)	· Zero-Emission · 현재 근거리 주행만 가능(400 km내외)	· 수소/산소반응으로 전기를 생산하여 모터 구동 · Zero-Emission · 수소탱크, 스택 등 장착(레이아웃불리) · 시스템 고가
구매비용	· 다소 고가	· 다소 고가	· 고가	· 초고가
배터리 용　량	· 0.98 ~ 1.8 KWh	· 4 ~ 16 KWh	· 16 ~ 100 KWh	· 10 KWh 내외
운영비용	· 다소 저비용	· 다소 저비용	· 저비용	· 고비용

운전편의	· 내연기관 대비 동일	· 내연기관 대비 거의 동일	· 내연기관 대비 불편(충전 필요)	· 내연기관 대비 불편(수소충전 필요)
적용사례	· 프리우스(도요타) · 시빅(혼다) · 소나타(현대) · K5(기아)	· VOLT(GM) · 프리우스(도요다) · F3DM((BYD) · i8(BMW)	· BOLT(GM) · 모델S(테슬라) · ZOE(르노) · 코나(현대)	· 미라이(도요다) · 클래리티(혼다) · 넥쏘(현대)

5-2 연료전지 스택

연료전지의 스택은 수소원료의 화학적 에너지를 전기에너지로 직접 변환시켜 직류 전류를 생성하는 발전장치로 차량 주행에 필요한 전원을 공급하는 역할을 한다.

수소연료전지자동차 연료전지는 요구되는 출력 수준을 충족하기 위해 단위 셀(Unit Cell)들을 적층하여 조립한 스택 형태로 사용한다. 스택(Stack)은 원하는 전기출력을 얻기 위해 단위전지(셀)를 수십장, 수백장 직렬로 쌓아 올린 본체이며, 단위전지 제조, 단위전지 적층 및 밀봉, 수소공급과 열 회수를 위한 분리판 설계·제작 등이 핵심기술이나.

하나의 극판군(MEA)는 약 0.7 V의 전기를 발생시키고, 1 kw의 전기를 만들기 위해서는 40~50매정도의 셀이 필요하다. 현대차 2세대 FCEV 모델은 440매의 셀로 만들어진 스택을 장착한다. 스택은 수소연료전지자동차 원가 중 재료비의 40%, 전체 수소연료전지자동차 원가의 25%를 차지한다.

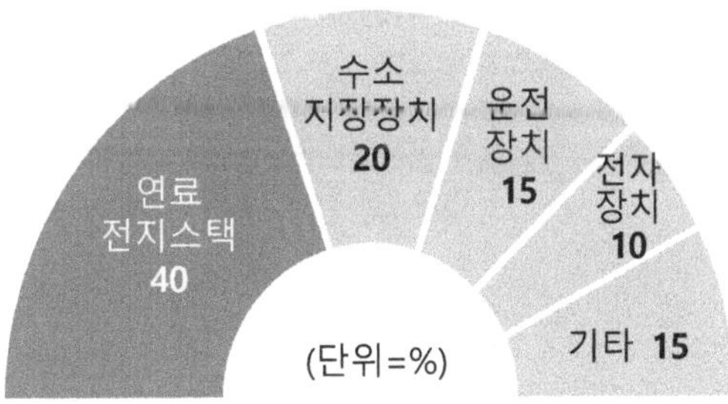

그림 5-22 수소연료전지자동차 원가구성

2매의 백금 전극과 거기에 끼워진 전해질로 이루어지는 연료전지의 1단위를 단셀이라 부른다. 1개의 단셀이 발생시키는 전압은 연료나 전해질의 종류에 따라 결정되는데 단셀의 크기에 무관하게 약 1볼트이다. 건전지와 같은 정도이다. 이 전압에서는 자동차가 움직이지 않는다.

더욱 큰 전압을 발생시키려면 많은 단셀을 직렬로 이으면 된다. 복수의 단셀을 직렬로 이은 것은 스택(stack)이라 부른다. 스택을 만들려면 단셀을 구성하는 부품 외에 단셀과 단셀 사이를 갈라 놓는 부품인 분리판(separator)이 새로 필요하게 된다.

분리판은 ①각 단셀 사이를 막고 가스의 혼합을 막고 ②각 단셀에 수소 가스나 공기를 공급하는 통로가 되며 ③단셀 사이를 잇는 도선(전자의 통로)으로 작용한다. 일반적으로 분리판과 전극 사이에는 가스를 균일하게 확산시키기 위한 가스 확산층이 끼워진다.

연료전지 스택은 반응기체가 흐를 수 있도록 가공된 2개의 분리판과 그 사이에서 전기화학반응을 일으키는 막-전극 어셈블리(MEA, Membrane Electrode Assembly), 분리판과 MEA 사이에서 기체의 흐름을 관장하는 가스 확산층과 밀봉을 위한 개스킷으로 구성되어 있다. 스택의 전압은 적층된 단위전지의 개수에 비례하며, 전류는 MEA의 면적에 비례한다.

연료전지 스택의 구성요소는 다음과 같다.

(1) 극판군(막전극접합체:MEA: Membrane Electrode Assembly

전해질과 백금촉매의 접합체, 전기화학반응 일어남. 수소와 산소의 화학반응이 일어나 전기가 생성되는 곳으로 고분자전해질막 연료전지(Proton Exchange Membrane Fule Cells)의 핵심 부품이다. 일반적으로 FCEV의 원가에서 수소연료전지의 비중이 40%이며, MEA는 수소연료전지 원가의 40%를 차지한다. 즉 FCEV 가격의 16% 가량을 차지하는 MEA 가격을 낮출 수 있는 기술개발 속도가 FCEV의 보급 속도를 좌우할 수 있다.

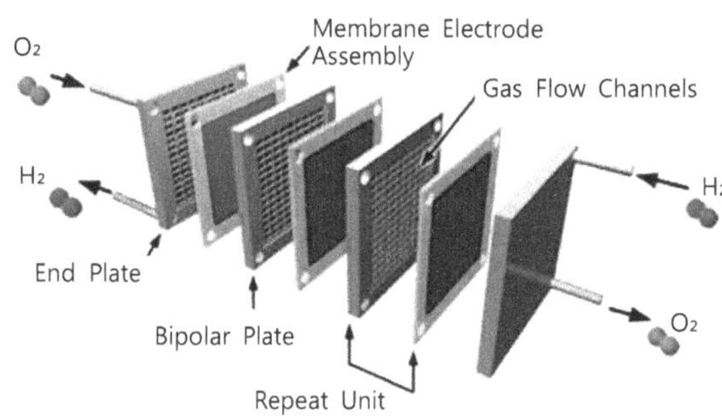

그림 5-23 연료전지 스택의 극판군

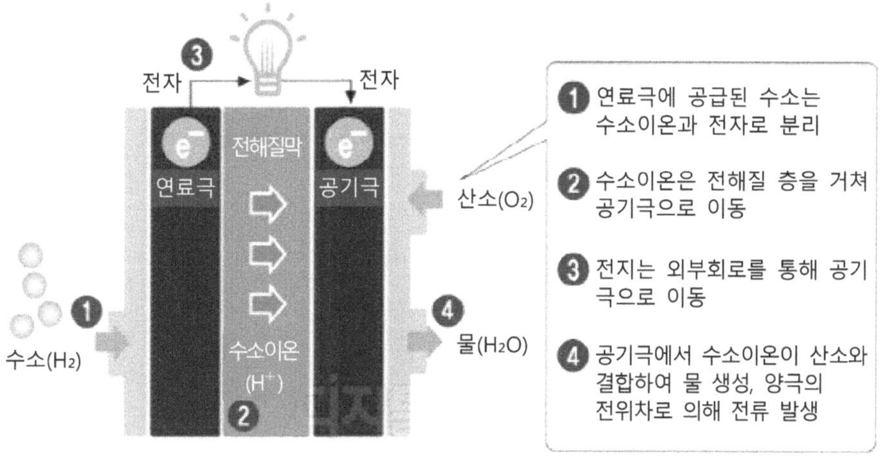

그림 5-24 극판군(MEA)구조 및 전기발생원리

(2) 분리판(Plate)

반응가스의 유로제공, 전기적인 연결. 분리판은 연료전지에 공급된 산소, 수소를 Gas Flow Channel을 통해 GDL에 공급하고, 수소와 산소의 화학반응으로 생성된 물을 외부로 배출시킨다. 따라서 분리판은 상기 물질이 섞이는 것을 방지하고 음극(Anode)에서 발생한 전자를 양극(Cathode)로 전달하는 전자전도체 기능도 하기에 열전도가 우수해야 한다. 이러한 특성으로 인해 분리판은 일반적으로 흑연(Graphite), 탄소복합제로 제작된다. 일반적으로 FCEV의 원가에서 수소연료전지의 비중이 40~50%이며, MEA와 금속분리판(Plate)은 연료전지 원가의 60~70%를 차지하는 것으로 파악된다. 즉, MEA 및 Plate 기술확보가 FCEV 가격경쟁력을 좌우하는 요소인 것이다.

(3) 가스켓(Gasket)

수소, 공기, 냉각수의 누설을 방지하는 역할을 수행한다.

(4) 가스확산층(Gas Diffusion Layer)

수소, 산소 및 물을 공급하고 배출하는 장치로 Current Collector와 촉매를 연결하며, 수소가 압력차에 의해 GDL을 지나 촉매 쪽으로 이동하게끔 한다.

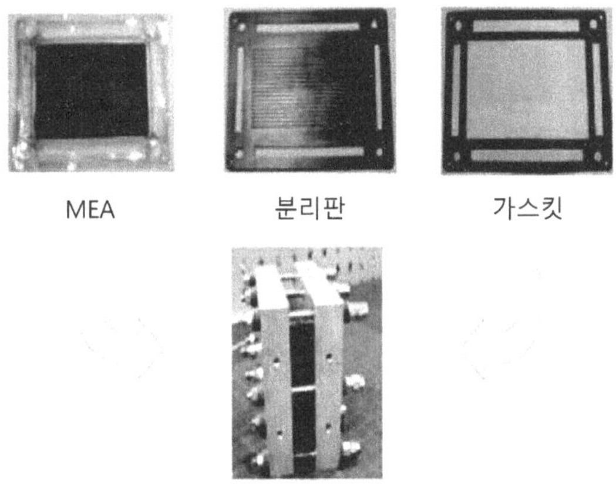

그림 5-25 연료전지의 구성요소

(5) 스택

다수의 셀을 쌓은 것, 한 셀의 음극판(Cathode)은 인접 셀의 양극판(Anode)와 전기적으로 연결된다.

스택 기술은 연료전지 기술 가운데 가장 핵심 사항이다. 스택의 설계는 개선의 여지가 많으며, 향후 컴퓨터를 이용한 스택 설계 프로그램이 개발될 것이다. 또한 전류 집진 기술, 밀봉기술, 가압 시스템 기술, 매니폴드 설계 기술 등 여러 분야의 기술이 개발될 전망이다. 또한 스택의 규모가 커짐에 따라 시뮬레이션을 통한 설계 기술과 스택의 정상 운전에 필수적인 운전 온도 제어기술, 스택설계 개선, 구조 단순화, 효율 개선, 운전 간소화 등의 기술개발이 이루어질 전망이다.

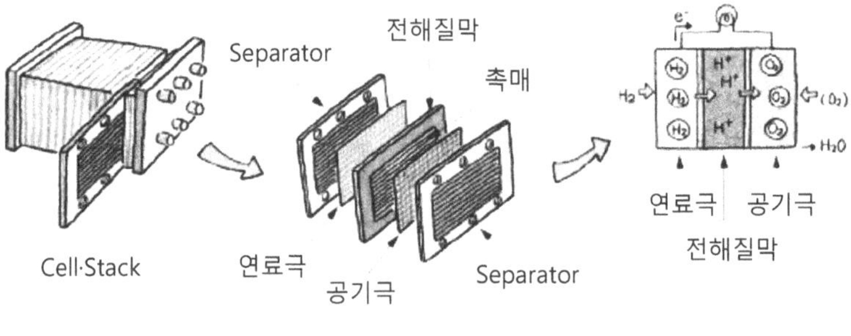

그림 5-26 연료전지셀 구조

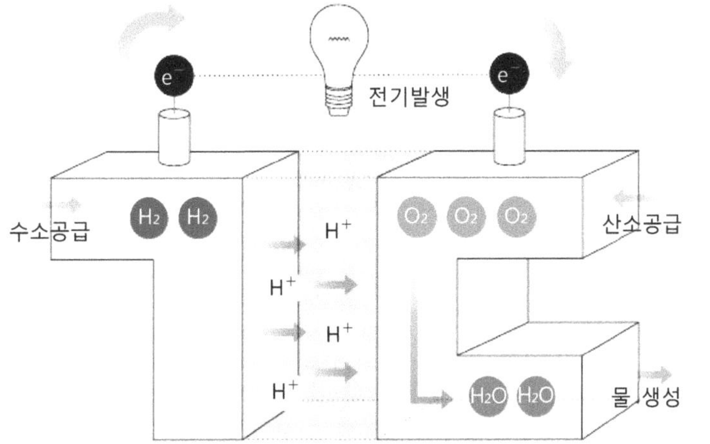

$$2H_2 \rightarrow 4H^+ + 4e^- \qquad O_2 + 4H^+ + 4e^- \rightarrow 2H_2O$$

그림 5-28 수소연료전지의 구성

5-3 수소저장탱크

수소를 운전자가 큰 어려움 없이 경제적으로 활용하기 위해서는 수소저장이 꼭 필요하다. 하지만, 아직까지는 수소 자동차에 탑재하는 경우 기존 자동차가 갖는 1회 주입 후 주행 가능한 거리인 500 km를 주행할 수 있고, 탑승인원의 감소나 불편함이 없도록 승차공간도 유지시켜주어야 한다는 점을 만족시키는 저장 방법은 개발되지 못한 상태이다.

압축저장은 수소 저장 기술 중 가장 보편적인 방법으로서, 수소기체를 고압으로 압축하여 제한된 체적의 용기에 저장하는 방식이다. 압력용기내의 수소 저상 밀도를 높이기 위해 높은 압력으로 가압하는데, 저장 압력이 높아질수록 용기의 두께가 두꺼워져 무게가 증가하게 되므로 다른 연료에 비해 질량 효율(용기를 포함한 질량당 수소의 질량비율)이 떨어지게 된다. 그럼에도 불구하고, 압축 수소저장 방법은 여러 가지 수소저장 방법 중 가장 실용화에 근접한 방법인데, 저장 장치의 구성이 단순하고 중량면에서 이점이 많기 때문에 수소연료전지자동차나 기타 탑재용 수소연료 저장 방법으로 가장 많이 사용되고 있다.

고압 수소기체를 저장하기 위한 압력용기는 사용 재료와 복합재료 강화 방법에 따라 네 가지로 구분한다.

Type 1 : 강 또는 알루미늄으로 만들어진 금속제 용기로 복합재료에 의한 구조적 강화 없이 금속 재료만으로 압력하중을 견디도록 만든 용기. CNG버스 연료탱크나 주로 가정이나 식당에서 사용하는 LPG 가스탱크는 강철재질로 만든 타입1 방식이다.

Type 2 : 강 또는 알루미늄으로 만들어진 금속제 라이너 위에 수지를 함침시킨 탄소섬유나 유리섬유를 원주방향으로 감아서 만든 용기이다.

Type 3 : 강 또는 알루미늄으로 만들어진 얇은 금속제 라이너 위에 수지를 함침시킨 탄소섬유나 유리섬유를 원주방향과 길이방향으로 감아서 만든 용기로 금속제 라이너는 하중을 부담하지 않거나 극히 일부분만을 부담한다.

Type 4 : 용기의 경량화를 목적으로 비금속 재료로 만들어진 라이너 위에 수지를 함침시킨 탄소섬유나 유리섬유를 원주방향과 길이방향으로 감아서 만든 용기로 비금속 재료로 만들어진 라이너는 하중을 거의 부담하지 않고, 가스가 새지 않도록 하는 역할만을 한다. 수소전기차 연료탱크는 고강도 플라스틱 재질의 탱크를 탄소섬유 실(Thread)로 감아 만든 타입4 방식의 초경량 복합소재 연료탱크로 만들어진다. 타입4 연료탱크는 탄소섬유로 만들어져 강철로 만든 타입 1·2에 비해 60%가량 가볍다. 이 때문에 연료 소모도 적고 타이어나 브레이크 라이너의 수명도 비교적 길다는 장점도 있다.

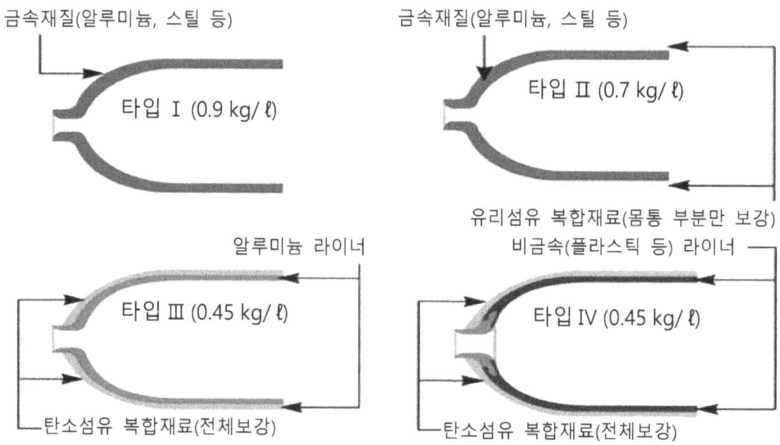

그림 5-29 가스저장용기의 타입별 구조도

복합재 압력용기는 알루미늄 또는 플라스틱 소재의 라이너에 가볍고 강도와 강성이 뛰어난 탄소섬유를 에폭시 수지에 함침하여 감은 후 수지를 경화시켜 만들어진다. 탄소섬유 복합재 층이 내압하중의 대부분을 견디며 라이너는 기밀 유지와 복합재 층을 감기 위한 기본형상을 제공한다. 이러한 재료의 조합은 초경량 압축가스저장 시스템으로서 안전성과 성능 면에서 가장 이상적인 형태이다. 복합재 압력용기는 기존의 금속재질의 압력용기에 비해 매우 가볍고, 더 높은 압력에 견딜 수 있으며, 반복 사용 수명이 매우 길고, 부식에 강한 우수한 특성을 갖는다. 특히 금속 재질 압력용기는 결함이 발생되면 폭발의 위험이 있으나, 복합재 압력용기는 폭발 전에 압력이 누출되어 폭발이 일어나지 않는 안전한 특성을 갖는다.

복합재 압력용기는 본래 우주용 발사체의 각종 고압가스를 저장하는 경량 고성능의 압력용기로 개발되었으나, 근래에는 압축천연가스자동차용 연료 저장 탱크로 널리 사용되고 있으며, 최근 수소연료전지자동차용 연료 탱크로 개발되면서 크게 주목받고 있다.

연료전지자동차의 수소저장 용기로는 가볍고, 부피가 작으며, 보다 안전한 고성능의 압력용기가 필요하기 때문에 탄소섬유 복합재료로 만들어진 복합재 압력용기가 가장 적절한 수단으로 인정되고 있다. 현대자동차에서는 지난 2001년 6월 세계 최초로 350기압 수소저장시스템을 개발하여 싼타페 연료전지자동차에 장착하고 시험운전을 성공적으로 완료하였는데, 이후 대부분의 자동차 회사들이 350기압급의 복합재 압력용기를 탑재하고 있다.

고압 수소기체 저장 방식은 물리적인 압력차로 수소를 충전하고 방전하게 되므로 다른 수소 저장방식에 비해 저장방법이 간단하고, 응답성도 빨라 연료전지자동차에 적용하기 용이하다. 또한 천연가스의 보급에 의해 고압가스저장탱크가 이미 산재되어 있으므로 별도의 비용 없이도 기존의 인프라를 이용할 수 있는 장점이 있다. 하지만 압력용기를 자동차에 적용시 체적이 크고, 형상의 변경이 용이하지 않아 공간 제약을 받으며, 수소기체의 저장 밀도를 높일수록 압력용기가 무거워지는 단점도 가지고 있다.

따라서 연료전지자동차가 기존의 휘발유나 경유 자동차와 동등한 성능을 내기위해서는 높은 수소 저장 밀도를 갖는 경량 고압 수소기체 저장 용기를 사용하여야만 한다. 또한, 수소를 고압으로 급속 충전하면, 압축효과에 의한 열로 고압용기의 온도가 올라가기 때문에 이를 보완하지 않으면 밀도가 줄게 되어 주행거리가 짧아지는 경과를 낳게 된다. 독일, 미국, 일본 등 선진외국에서는 수소의 충전방법에 대한 연구도 수행되고 있으며 이를 충전기의 개발과 표준화 자료로 활용하고 있다.

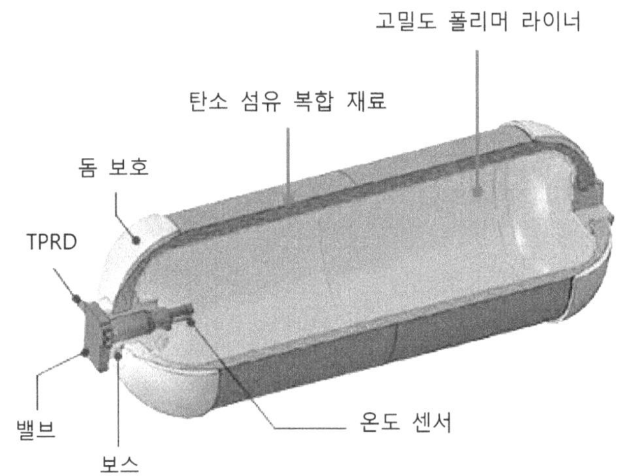

그림 5-30 복합재 수소탱크

액체수소 저장탱크

액체수소 저장에서는 수소를 액화온도인 -253℃까지 냉각시켜 저장탱크에 저장하는데, 냉각시키는데 수소가 가지고 있는 에너지의 약 43%를 소비해 공급시의 손실이 크고, 10~20%가 증발해 버리고, 증발하지 않도록 단열시켜도 하루에 2~3%정도의 액체수소가 증발하는 문제점이 있다.

수소 저장 방법

고압탱크 수소를 초고압 탱크에 저장. 현대차 수소전기차의 경우 700기압의 탱크에 수소가스 저장

액화수소 수소를 영하 253도까지 떨어뜨려 액화 상태에서 저장

그림 5-31 수소저장 방법

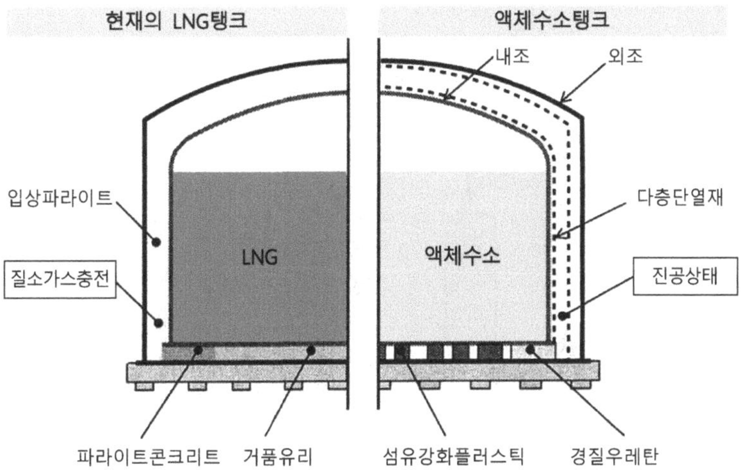

그림 5-32 LNG탱크와 액체수소탱크의 차이

5-4 연료변환기(개질기:Reformer)

연료변환기는 천연가스나 메탄올, 가솔린 등 탄화수소 연료를 진한 수소가스로 변환시켜주는 장치다. 이렇게 변환된 수소가스와 공기중의 산소는 전류를 얻기 위해 연료전지 스택으로 공급된다. 이는 시스템에 악영향을 주는 황(10 ppb이하), 일산화탄소(10 ppm이하) 제어 및 시스템 효율향상을 위한 핵심기술이다.

연료전지에 적합한 최적의 연료는 수소이나, 수소는 탄화수소 연료에 비해 생산량이 적으며 수송 및 보관이 어렵다. 따라서 수송 및 저장이 간편한 가솔린, 메탄올 등을 원료원으로 사용하는 시도들이 많이 이루어지고 있는데, 이를 위해서는 차량 및 기기 내에서 수소 연료를 직접 만들어 낼 수 있는 고효율의 연료개질기의 개발이 필수적이다.

수송용 연료전지의 연료개질기는 연료전환효율이 높아야 하고, 가벼워야 하며, 특히 운행 중 발생하는 급격한 부하변동에 즉각적으로 대응할 수 있어야 한다.

화석연료를 개질해 수소를 추출하는 데는 일반적으로 수증기나 산소를 첨가해 촉매 상에서 접촉분해하는 방법이 이용된다. 대표적인 개질 방식에는 수증기 개질방식, 부분산화 방식, 자열개질방식이 있다.

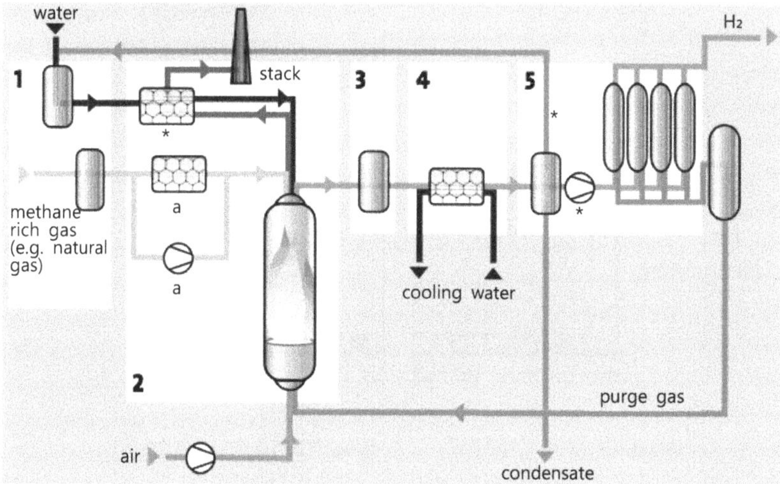

그림 5-33 수증기 개질의 흐름도

이외에도 수소 생산을 위한 연료개질 기술로는 물의 전기 분해 및 광전기분해, 바이오매스 기체화 및 열분해 기술 등이 있다.

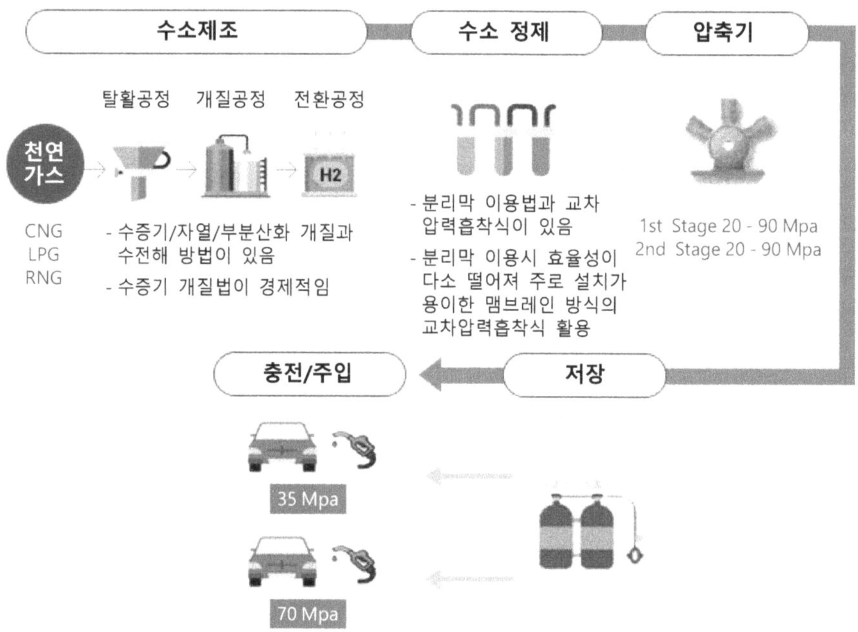

그림 5-34 수소의 개질 및 충전과정

기술의 종류에 관계없이 연료개질 기술이 갖추어야 할 요건은 아래와 같다.

- 연료개질기의 콤팩트화 및 저중량화
- 다중 연료 개질 능력(가솔린/디젤, 메탄올, 에탄올, 천연가스)
- 높은 연료전환 효율(고순도의 수소 생산 및 저 오염물질 방출) : 연료개질기에서 연료를 수소로 개질하고 연료 내의 일산화탄소와 황 등의 불순물을 제거하기 위해서는 여러 단계의 촉매 공정을 거치게 된다. 따라서 연료개질에 있어서 가장 중요한 사항은 최적의 촉매 선정이라 할 수 있다.
- 급 시동에 대한 즉각적인 대응 : 개질기에서의 촉매 공정은 자동차의 촉매변환기와 같은 방식으로 운행되어야 한다. 이들은 시동 및 운전 조건, 급격한 대기환경의 변화도 견딜 수 있어야하며, 요구부하를 일정하게 유지할 수 있어야 한다.
- 제조 가격 저하 : 지난 몇 년간 개발자들은 새로운 재료를 선정하고 연료 조절기 내에서 Pt 촉매의 함량을 최소화함으로써 작동 성능을 떨어뜨리지 않고도 연료

5-5 구동모터

연료전지자동차에서 모터는 구동용 모터 혹은 회생용 모터의 용도로 사용된다. 모터는 종래의 자동차 엔진 혹은 트랜스미션에 상당하며, 인버터에 의한 모터 회전수 제어로 주행속도를 제어한다.

연료전지자동차에 사용되는 모터의 종류는 유도식 교류모터나 동기식 교류모터 등을 사용하는 경향이 두드러진다.

연료전지자동차용 모터의 요구 조건을 들면 다음과 같다.

1) 전원은 연료전지스택의 직류전원이다.
2) 시동시의 토크가 커야 한다.
3) 구조가 간단하고 기계적인 내구성이 커야 한다.
4) 속도제어가 용이해야 한다.
5) 취급 및 보수가 간편하고 위험성이 없어야 한다.
6) 소형이고 가벼워야 한다.

그림 5-35

연료전지자동차에 사용되는 모터/제어기술도 점점 발달하여 고출력, 소형이면서 효율이 높은 시스템이 개발되고 있다. 모터/제어계통의 주요 과제로서 최근 개발상황은 다음과 같다.

① 고출력화

3DC모터를 AC모터로 변환함에 따라 출력과 EV의 동력성능(가속성능, 최고속도)이 크게 향상되어 가솔린 자동차에 비하여 손색없는 수준에 도달하였다.

② 경량·소형화

고출력화를 추진하면서 고회전화(~10,000 rpm이상)함에 따라 모터가 경량·소형화되어 탑재중량이나 용적도 크게 감소하였다. 최근에는 1 kW/kg의 출력 밀도를 초과하는 모터도 개발되고 있고, 모터와 동시에 감속기나 차동장치도 소형화되고 있다.

교류모터는 같은 출력을 내는 직류모터에 비하여 가격이 3배 이상 싸며, 크기에 비하여 모터의 효율이 크며, 토크가 비교적 크다. 또 보수 유지비용이 상대적으로 저렴하고, 수명이 더 길다.

[표 5-11 직류/교류모터 장단점 구분]

구 분	장 점	단 점
직류모터	· 작은 부피 · 빠른 속도 · 크기에 비해 큰 힘	· 부하에 따라 속도변화가 심하다 · 속도가변이 힘들다. · 수명이 짧다(브러시). · 소음이 심하다
교류모터	· 높은 효율 · 큰 힘 · 용이한 속도가변(주파수변화) · 수명이 길다.(보수유지비용 저렴) · 저렴한 가격	· 회전속도는 느리다

연료전지자동차는 가솔린 자동차에 비해서 세 가지 우위성을 가지고 있다.

1) 바퀴를 제어하는 모터의 토크 응답, 즉 차에 '힘을 내라'고 명령하면 그에 따라 힘을 내는 시간이 1000분의 1초로 가솔린 엔진의 10분의 1초에 비해 두 자리 숫자나 빠르다.

2) 바퀴 하나하나에 모터를 장착하기 쉽기 때문에 타이어 각각을 독립적이며, 정확히 고속으로 제어할 수 있다.

3) 세 번째는 모터의 전류 변화로부터 달리고 있는 노면의 상태를 파악할 수 있다.

우선 모터의 토크 응답이 빠르면 그만큼 바퀴를 보다 고속으로 보다 정교하게 제어할 수 있다. 정말 타이어의 미미한 미끄러짐도 순간적으로 감지하여 즉시 타이어의 미끄러짐을 멈출 수 있다. 이에 따라 눈길에서도 보다 안정적으로 주행할 수 있다.

타이어의 제어 성능을 더욱 높이려면, 바퀴 하나마다 모터를 붙여서 독립적으로 제어하면 좋다. 가솔린 자동차의 바퀴 하나하나마다 엔진을 붙이는 것은 코스트 면에서 현실적이지 않지만, 모터라면 그다지 큰 부담이 되지 않는다. 그것에 의해 자동차의 자세 안정성이 좋아지고, 승차감도, 인진성도 좋아진다.

5-6 인버터

연료전지 스택에서 발생한 전기는 DC 형태로서 이를 AC로 변환하기 위한장치가 변환기이다. AC전원을 DC전원으로 변환하는 컨버터 부분과 DC전원을 재단하여 전압 및 주파수가 변화된 AC전원으로 변환하는 인버터 부분으로 복잡하게 형성되어 있으나 간단히 인버터라 호칭하고 있다.

인버터(Inverter)는 직류전력을 교류전력으로 변환하는 장치, 즉 역변환장치이다. 전지에서 얻은 직류전압을 조정하는 장치로 컨버터(converter/변환기)라고 부른다. 교류모터의 경우는 직류전압을 교류전압으로 바꿔주며 전압을 조절해야 하므로 인버터(inverter: 뒤바뀜)가 필요하다. 직류전압을 손쉽게 조절하는 방법은 저항을 만들어주는 것이나 에너지손실이 많아 보다 효율이 높은 반도체 소자가 개발되고 있다.

인버터는 컨버터와 같은 작용을 하면서 직류를 교류로 변환시키는 기능을 해야 한다. 직류를 교류로 만들기 위해 변조기가 사용된다. 그래서 인버터는 컨버터에 비해 구조가 복잡하다. 자동차용 모터는 토크와 회전수를 조절하기 쉽고 전체적으로 가벼운 것이 이상적이다. 직류모터는 브러시에 의한 전압강하와 기계적 손실로 효율이 떨어지는 결점이 있다. 이 때문에 최근에는 브러시리스 DC모터라고 불리는 유도식 교류모터가 개발돼 각광을 닫기 시작했다.

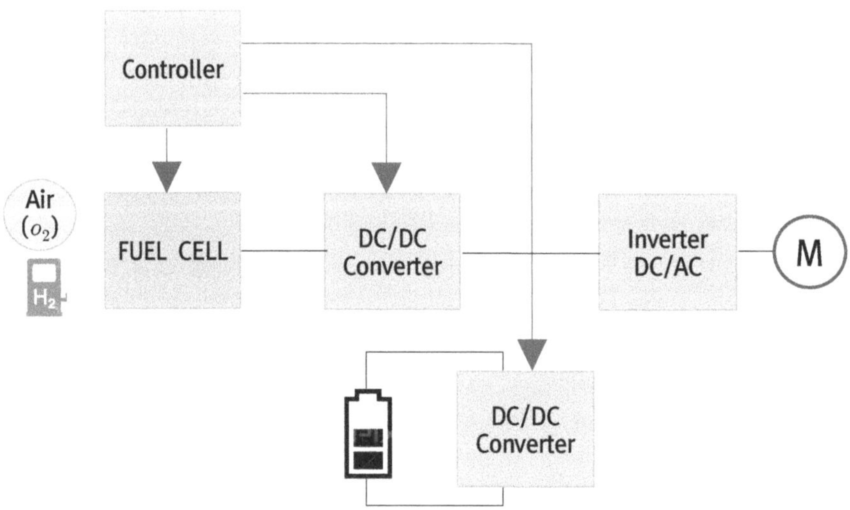

그림 5-36 변환기(인버터) 구조

인버터[inverter]와 컨버터

□ **인버터[inverter/뒤바뀜] : 직류를 교류로 바꾸는 장치(DC→AC/역변환장치)**

- 인버터(Inverter) : 직류전력을 교류전력으로 변환하는 장치(역변환장치). 사이러트론·수은 정류기 등이 주로 사용되었으나, 직류송전과 같은 대용량 고전압회로를 제외한 일반 인버터는 대부분 사이리스터로 바뀌었다.
- 인버터를 동작방식으로 분류하면 자려식과 타려식이 있다. 자려식은 회로 자체의 진상장치(경류장치)에 의해 전류하고, 외부로부터는 무효전력의 보상을 받지 않는 것이며, 회로방식에는 직렬형과 병렬형이 있다. 타려식은 외부로부터는 무효전력의 보상을 받는다. 회로로서는 단상·다상 정류회로가 그대로 인버터를 형성하고 있다.

□ **컨버터[converter/변환기] : 교류를 직류로 바꾸는 장치(AC→DC)**

- 컨버터(converter) : 신호 또는 에너지의 모양을 바꾸는 장치. 회로망·변환기라고도 한다.
- 신호변환의 경우에는 흔히 트랜스듀서센서(transducer sensor)라고 하며, 전력분야에서는 교류와 직류간의 변환, 교류의 주파수 상호변환, 상수의 변환 등을 하는 장치를 말한다.
- 좁은 뜻으로는 교류→직류의 변환을 컨버터, 직류→교류의 변환을 인버터(inverter), 어느 주파수에서 다른 주파수로의 변환을 사이클로컨버터(cycloconverter)라고 하여 구별한다. 이들 변환회로에는 사이리스터(thyristor) 등의 전력용 반도체를 사용하는 경우가 많다.
- 통신·고주파 분야에서는 어느 고주파 신호를 그보다 낮은 중간 주파수로 변환하는 부분을 컨버터라고 한다. 이 밖에 직류신호를 교류로 변환하는 단속기, 진공열전쌍을 써서 교류전류를 직류전압으로 변환하는 장치 등도 컨버터라고 한다.

□ **사이클로컨버터 [cycloconverter]**

- 어떤 주파수의 교류를 직류 회로로 변환하지 않고 그 주파수의 교류로 변환하는 직접 주파수 변환 장치. 사이리스터를 사용하는 것은 전력용 주파수 변환 장치로서가 아니라 교류 전동기의 속도 제어용으로서이다. 전원 주파수와 출력 주파수 사이에 일정비의 관계를 가진 정비식 사이클로컨버터와 출력 주파수를 연속적으로 바꿀 수 있는 연속식 사이클로컨버터가 있다.

5-7 주변보조기기(BOP : Balance of Plant)

주변장치는 공기압축기, 열교환기, 연료, 공기, 열회수 등을 위한 펌프류, Blower, 센서 등을 말한다.

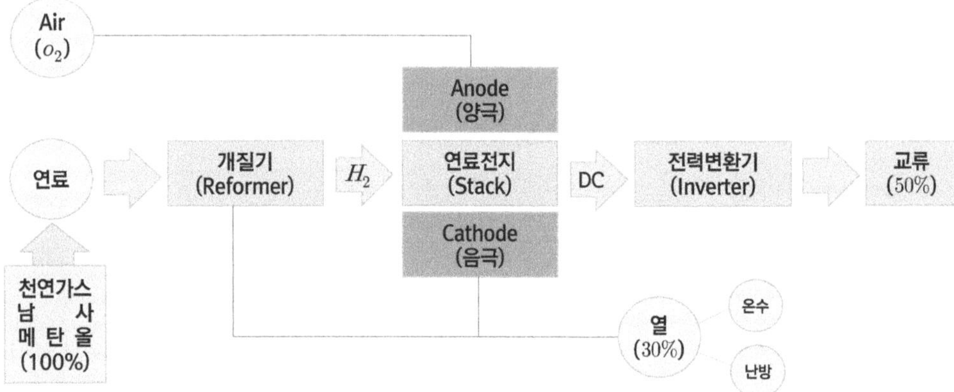

그림 5-37 연료전지 발전시스템 구성도

내연기관에는 연료 및 공기 공급, 냉각, 배기를 위한 장치로 구성된 엔진 운전 장치가 있듯이, 연료전지 발전 시스템에도 같은 기능을 하는 연료전지 운전 장치가 있는데, 열 및 물질 수지 개념을 중요시하는 화학 공정에서는 이를 BOP라 한다.

[표 5-12 주변보조기기(BOP)의 구성]

구분		비고
BOP	공기공급장치	· 전기화학반응을 위한 연료전지 양극에 산소 공급 · 에어클리너, 공기공급기(Air Blower 또는 Air compressor)등
	수소공급장치	· 전기화학반응을 위한 수소를 공급 · 수소 탱크, 압력 조절기, 수소재순환기 등
	열&물관리장치	· 전기화학 반응 중 발생하는 스택의 열을 방출 · 라디에이터, 물펌프, 이온제거기, 물탱크 등

1) 공기공급계(APS: Air Process System)는 연료전지 스택에 수소와 반응을 할 공기(산소)를 공급하는 시스템으로 에어클리너, 공기공급기(Air Blower 또는 Air compressor) 등으로 구성 되어 있다.

2) 열 및 물 관리계(TMS: Thermal Management System)는 전체 시스템에서 필요로 하는 물 균형을 유지하는 기능이 있으며, 또한 반응 시 스택은 열을 발생하게 되는데 이를 적절한 온도로 유지하는 기능을 한다. 구성부품으로는 라디에이터, 물펌프, 이온제거기, 물탱크 등이 있다.

3) 수소공급계(FPS: Fuel Process System)는 스택에 수소를 공급하는 시스템으로 여기에는 수소 탱크, 압력 조절기, 수소재순환기 등으로 구성되어 있다.

5-8 보조전원

연료전지자동차에서 연료전지 스택의 내구수명을 증대시키고, 주행거리와 연비향상을 위하여 보조전원으로 이차전지나 슈퍼 캐퍼시터 등이 사용된다.

(1) 이차전지

이차전지는 소형기기와 모바일 단말기를 중심으로 사용되고 있으나 자동차용으로는 최근 하이브리드자동차에 채용되는 대용량 이차전지가 있다. 연료전지시스템에서의 이차전지는 연료전지와 하이브리드 시스템의 구성기기로서 중요하여 연료전지 출력의 안정화와 비상시 예비전력으로서 중요한 역할을 남당한다. 연료진지시스템괴의 이용에 있어서는 현재 이용되고 있는 Ni-MH, Li-폴리머 등 있다.

[표 5-13 이차전지의 특징]

종류	특징
니켈수소전지	· '90년에 실용화하여 '92년에 대량 생산이 개시된 2차전지 · 니켈-카드뮴전지에 비하여 에너지밀도가 크고 **공해물질이 없어서** 무공해 소형 고성능전지 · 전기자동차용 등의 무공해 대형 고성능전지로 개발이 가능한 새로운 2차 전지로서 주목을 받고 있다. · 니켈카드뮴전지와 동작전압이 같고 구조적으로도 비슷하지만 부극에 수소 흡장합금을 채용하고 있어, 에너지밀도가 높다. · 단점은 **메모리효과(memory effect)가 약간 있다**.
	· 정극재료 : NiooH · 부극재료 : MH · 전해질 : KOH(수용액) · $MH(s)+N_iOOH(s) \rightarrow M+N_i(OH)_2(s)$
리튬이온 전지	· 전압은 3.6V로 휴대폰, PCS, 캠코더, 디지털 카메라, 노트북, MD 등에 사용 · 양산 전지중 성능이 가장 우수하며 가볍다. · 일본 소니사가 가장 앞선 기술을 보유하고 있으며 가장 먼저 양산 · 리튬이온 전지는 **폭발 위험**이 있기 때문에 일반 소비자들은 구입할 수 없으며 보호회로가 정착된 PACK 형태로 판매 · 위험성만 제거되면 가볍고 높은 전압을 갖고 있어 앞으로 가장 많이 사용될 전지 · 양극, 분리막, 음극, 전해액으로 구성되어 있고 리튬이온의 전달이 전해액을 통해 이루어짐 · 정상적인 조건하에서 500회 이상의 충전 / 방전 수명 · 리튬이온 전지에는 **메모리 효과가 없다**. · **전해액이 누수되어 리튬 전이금속이 공기중에 노출될 경우 전지가 폭발할 수 있고** 과충전 시에도 화학반응으로 인해 전지 케이스내의 압력이 상승하여 폭발할 가능성이 있어 보호회로가 필수 · 되도록 완전충전/완전방전을 하지 않고 조금사용하고 충전하고 하는 것이 더 좋다. · $LiCoO_2 + Cn \Leftrightarrow Li1 - xCoO_2 + CnLix$
리튬폴리머 전지	· 전압은 3.6V로 폭발 위험이 없고 전해질이 젤타입이기 때문에 전지 모양을 다양하게 만들 수 있는 것이 장점 · 일부 휴대폰에 사용되고 있으며 리튬이온 전지를 이을 차세대 전지. 현재는 양산하는 곳이 적으며 국내에서도 많은 기업이 연구 개발 중 · 양극, 전해질, 음극으로 구성되어 있고 양극과 음극 사이의 전해질이 양극과 음극을 분리하는 분리막과 리튬이온의 전달역할을 수행 · **고분자 겔 형태의 전해질을 사용함으로써 과충전과 과방전으로 인한 화학적 반응에 강하게 만들 수 있어 리튬이온전지에 필수적인 보호회로가 불필요** · **리튬이온 전지의 단점인 안전성 문제, 제조비용의 고가, 대형 전지제조의 어려움, 고용량화의 어려움 등의 문제를 해결할 수 있는 전지** · $LiCoO_2(s)+C(s)=LI_{1-n}CoO_2(s)+CLi_x$

리튬공기전지	· 양극 물질은 금속 산화물 대신 공기(산소)사용하는 차세대 배터리. · 음극에서 리튬이 산화·환원 반응하고, 양극인 공기극에서는 외부로부터 유입되는 산소의 산화·환원 반응 · 리튬이온 전지에 비해 에너지 밀도를 크게 높일 수 있어 차세대 배터리로 큰 관심 · 금속을 쓰지 않아 제작비가 싸고 무게도 가볍다. · **상용화하면 한 번 충전으로 600 ㎞ 이상 달릴 수 있는 전기자동차 생산이 가능**

[표 5-14 이차전지의 특징]

특성	Ni/Cd 전지	Ni/MH 전지	Li-Ion 전지	Li-Ion Polymer전지
양극 활물질	NiOOH	NiOOH	$LiCoO_2$	$LiCoO_2$
음극 활물질	Cd	MH	Carbon	Carbon
전해액	KOH/H_20	KOH/H_20	유기용매(액체)	고분자전해질(고체)
평균전압(V)	1.2	1.2	3.7	3.7
에너지밀도(Wh/L)	160	240	300~350	250~300
수명(회)	1000	1000	1200	1000
자기 방전율(%/월)		20~25	〈10	〈〈10
환경친화도	Bad	Bad	Good	Good
저온특성	Good	Good	Good	Bad

(2) 전기축전장치(Capacitor)

혼다사에서는 전지축전장치로 슈퍼 캐퍼시터를 채용하고 있다. 캐퍼시터는 축전지와 마찬가지로 전력을 저장하는 부재로서 특성은 순간적인 충전과 방전이 가능하고 거의 무한하게 충전과 방전이 가능하다는데 있다. 2002년 6월에 일본 Nissan 디젤이 출시한 슈퍼 캐퍼시터 하이브리드 트럭은 캐퍼시터를 자동차용으로 탑재한 상품 세계 제1호가 되어 화제를 모으고 있다. 연료전지 시스템에서 캐퍼시터는 주로 자동차용으로 사용되는 것으로 생각되고 있고, 캐퍼시터의 순간방전 특성을 살려 연료전지의 출력부족을 보완하고 시동시와 가속시 등의 고출력보조로서 사용되고 있다. 그러나 캐퍼시터는 이차전지에 비하여 에너지 밀도가 작아 같은 급의 전력용량을 확보하기 위해서는 대형화가 불가피하여 이에 대한 극복이 과제로 남아있다.

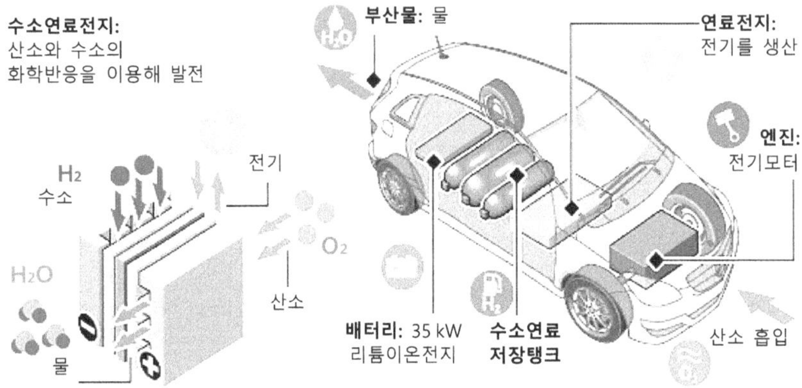

그림 5-38 수소연료전지자동차 구조

전기자동차는 내연기관이 아닌 배터리로 구동되기에 기술적인 측면에서 난이도가 높지 않아 진입장벽이 낮다는 것이 전문가들의 공통된 진단이다. 전기자동차 성능은 자동차 업체 기술력이 아닌 2차 전지 업체가 공급하는 배터리가 좌우한다. 전기자동차에 들어가는 리튬이온 전지는 지속적인 기술 개발로 가격 경쟁력과 에너지 효율이 꾸준히 개선됐다. 규모의 경제를 갖추고 배터리만 안정적으로 공급받는다면 전기자동차 생산은 그리 어렵지 않다. 자동차를 한 번도 생산한 적 없는 테슬라·구글·바이두는 물론 심지어 청소기를 만드는 다이슨이 전기자동차에 진입할 수 있었던 것도 이런 배경에서다.

반면 수소연료전지자동차는 전기자동차에 비해 기술장벽이 월등히 높다. 물론 수소연료전지자동차도 수소를 사용해 만든 전기에너지를 동력원으로 쓰는 전기자동차의 일종이다. 현재 양산 중인 수소연료전지자동차는 고압 수소탱크에 충전된 수소에 산소를 넣어 화학 반응을 내는 방식이다. 수소와 산소는 백금 촉매를 거치면서 전기를 일으킨다.

전기자동차의 리튬이온 배터리는 전기를 저장해뒀다 조금씩 사용하고, 수소연료전지는 화학 반응을 통해 지속적으로 전기를 만들어내 모터를 구동한다는 차이가 있다. 즉, 단순히 만들어진 전기를 '저장'하는 것(전기자동차)과 화학 반응을 통해 전기를 만들어내는 것(수소연료전지자동차) 사이에 상당한 기술적 격차가 존재한다.

수소연료전지자동차는 자동차 산업 생태계가 유지된다는 것도 전기자동차 대비 장점으로 평가된다. 엔진이 사라진다는 것은 전기자동차와 같지만 수소연료전지자동차는 수소 공급장치와 흡배기 계열 부품이 필요해 부품 생태계 유지, 발전이 필수이다.

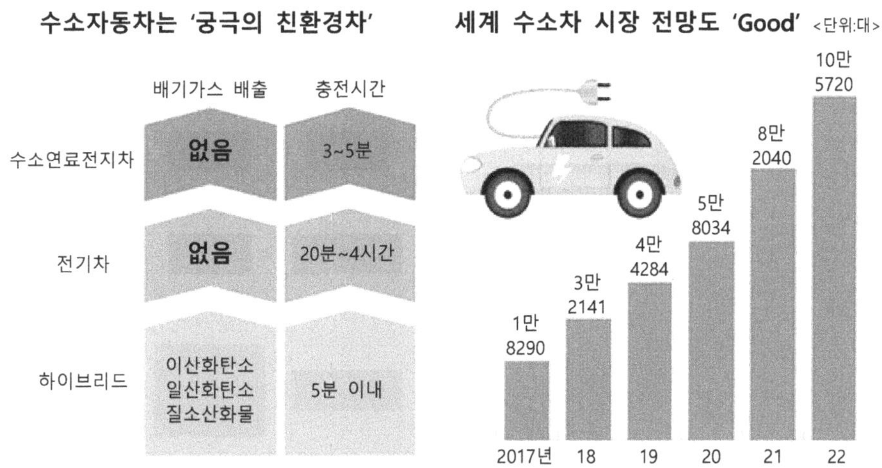

그림 5-39 세계 수소연료전지차의 시장전망

한 예로 넥쏘의 수소연료전지는 국내 협력사 300여개(1차 150개)와 협업해 만든 것으로, 부품 국산화율이 99%에 이른다. 한국의 수소연료전지자동차와 수소연료전지가 전 세계에 팔리면 국내 부품사에는 새로운 수출 시장이 열리는 것이다.

결정적으로 핵심 부품인 연료전지 기술은 완성차 업체가 좌지우지한다. 향후 자동차 산업 패권을 놓치고 싶지 않은 완성차 업체 입장에서는 전기자동차보다 수소연료전지자동차가 미래차 주력 차종이 되는 것이 현재의 독점적 지위를 유지하는 데 훨씬 유리하다.

연료전지는 수소와 공기만 공급하면 전기에너지를 끊임없이 만들어내는 반면, 물 이외에는 전혀 공해물질을 배출하지 않기 때문에 친환경성과 대체에너지의 조건을 완벽하게 만족시킨다. 세계 각국이 수소 연료전지자동차를 환경친화적 미래형자동차의 최종적인 목표로 삼고 있는 것도 이런 이유이다.

6 연료전지의 종류

화석 에너지 자원의 고갈, 지구 온난화와 환경오염은 현 세기 인류가 직면하고 있는 심각한 문제로써 다각적인 방법으로 해결책 모색이 불가피하다. 과학기술의 측면에서는 에너지 이용 효율을 혁신적으로 향상시키면서 동시에 공해 문제를 해결할 수 있는 새로운 에너지 기술의 개발과 이용이 필연적 과제로 인식되고 있다.

전기자동차에 전기를 공급하는 방법은 무엇이 있을까? 방법은 연료전지와 배터리 두 가지이다.

최근 들어 미래의 에너지 문제와 공해 문제를 해결할 수 있는 하나의 대안으로 연료전지가 손꼽히고 있다. 실제로 요즘 매스컴에 자주 등장하는 연료전지자동차는 미래의 무공해자동차로 주목받는 제품이다. 충전 없이 장시간 수명을 유지하는 휴대폰용 연료전지 배터리도 마찬가지. 과연 연료전지가 무엇이기에 미래의 신에너지로 각광받는 것일까?

외부로부터 전기를 충전, 저장해야 하는 배터리방식은 수백 파운드의 무거운 배터리팩이 필요한데다 운행거리에 제한이 따르고 3～6년에 한 번씩 배터리를 교환해야 하며, 교환할 때 많은 돈이 든다. 그래서 자동차 업계에서는 연료전지 방식에 더 주목하고 있다. 특히 수소연료전지는 배터리에 비해 작고 가벼우며 빠른 시간에 재충전된다는 것이 장점이다. 또 수증기만을 방출하기 때문에 가장 깨끗한 미래형 동력원이 될 것으로 여겨진다.

연료전지자동차의 경쟁자인 전기자동차는 엄밀한 의미에서 무공해차로 분류하기는 어렵다. 왜냐하면, 주행 시 배기가스를 배출하지는 않지만 화력발전으로 전기를 생산한다면 화석 연료를 사용하기 때문이다. 따라서 도시의 공기는 깨끗해지지만 지구 전체로 볼 때는 오염원의 위치가 달라질 뿐이기 때문이다.

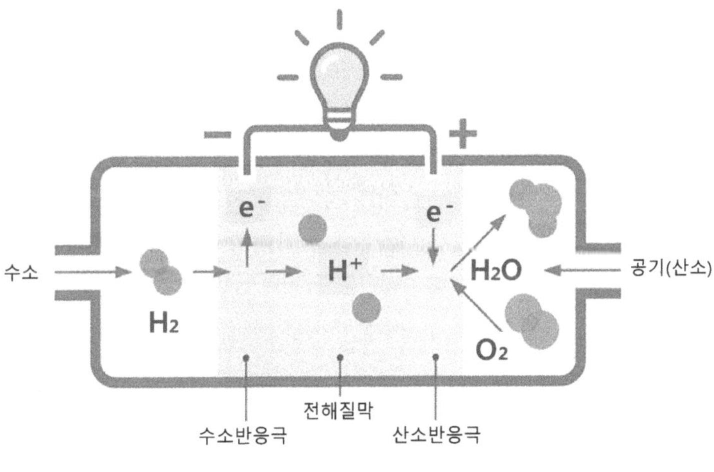

그림 6-1 연료전지 구동

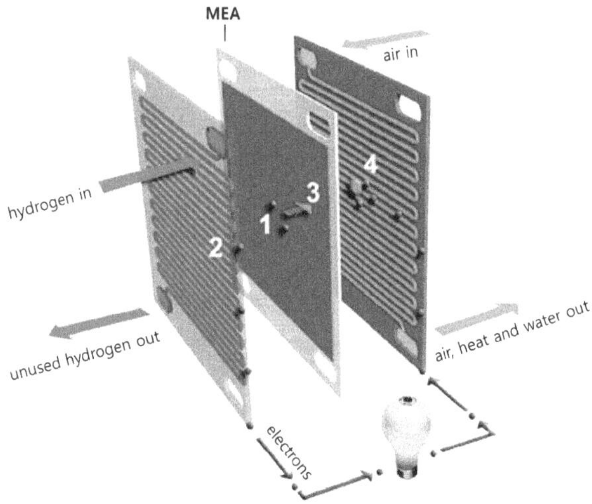

그림 6-2 연료전지 구동

기존의 화력발전 시스템은 연료를 연소시켜 발생한 열로 스팀을 만든 후, 그 스팀으로 터빈을 돌려 전기를 생산한다. 그러나 연료전지는 연료의 화학에너지를 전기에너지로 직접 바꾸기 때문에 에너지 변환 단계가 줄어 효율이 높다. 따라서 자동차용 외에 선박용, 가정용 및 발전용으로 그 적용범위가 확대되고 있다.

연료전지자동차와 전기자동차는 어떻게 다를까?

바로 전기를 자동차에 저장하는가, 아니면 자동차에서 만들어내는가에 따라 구분된다. 전기자동차는 우리가 사용하는 충전이 가능한 소형카세트와 동일하다. 전기를 발생시키기 위해서 필요한 반응물이 들어있는 전지를 장착해 사용한다. 그러다가 반응물의 활성이 소멸됐을 경우 다시 전기를 충전해 사용하다가, 또다시 방전되면 재충전해 사용하는 것이다. 만약 전기를 발생시킬 수 있는 반응물의 활성이 완전히 소멸됐을 경우에는 당연히 새로운 전지를 사용해야 한다. 그러나 수소연료전지자동차는 연료탱크에 수소를 갖고 다니면서 연료전지로부터 전기를 발생시키고, 이렇게 발생된 전기가 모터를 돌리고 결국 축에 달려있는 바퀴를 돌리면서 움직인다.

하지만 연료전지자동차는 내연기관 자동차처럼 연료탱크가 필요하고 공기로부터 산소 공급을 받아야 한다. 즉 연료전지자동차는 연료탱크에 수소나 수소를 발생시킬 수 있는 연료가 필요하기 때문에 내연기관자동차와 같이 연료가 떨어졌을 때, 다시 연료를 공급받아야 할 필요가 있다.

6-1 연료전지 개요

연료전지자동차는 수소를 연료로 사용하는데 아직은 수소 저장 및 운반 기술이 미흡하고, 충전소도 많지 않아서 상용화되지 못하고 있다. 그러나 연구는 활발하게 이루어지고 있다.

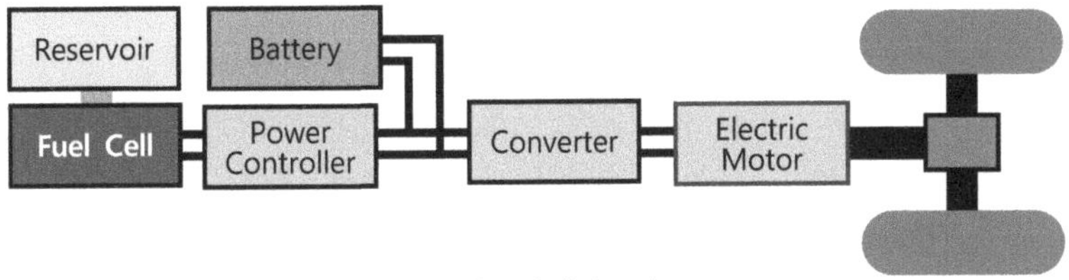

그림 6-3 연료전지자동차 구조

연료전지자동차는 화학적 배터리 대신 작은 발전소에 비유할 수 있는 연료전지를 싣고 다닌다. 원래 연료전지는 우주선에 동력을 공급하기 위해 개발됐다. 수소와 산소는 로켓의 연료와 산화제로, 연료전지에서 생기는 물은 승무원의 음료수로 고안된 것이다.

환경 친화적 특성을 가지면서 소용량에서도 발전효율이 높고 배열의 유효이용에 의해 종합에너지 효율의 향상이 도모되는 연료전지는 새로운 에너지의 하나로 위치할 수 있으나 결국 천연가스를 연료로 사용하기 때문에 마지막에는 에너지 제로 하우스의 적용은 고려 대상이다.

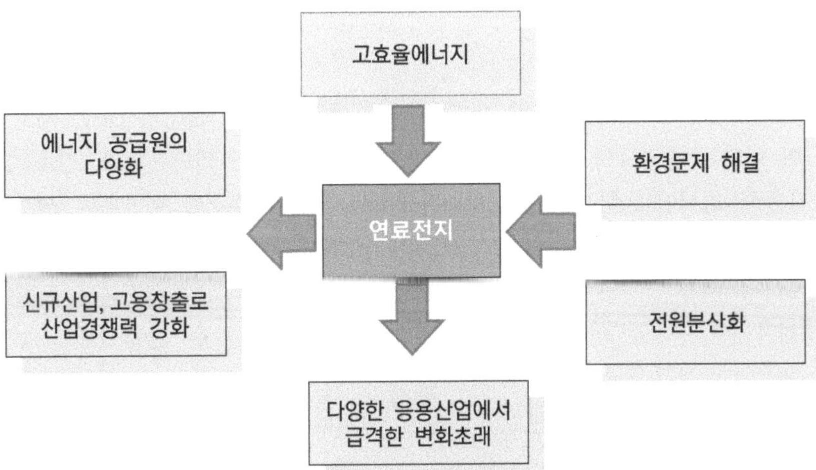

그림 6-4 연료전지의 영향

연료전지는 수소와 산소의 화학반응 에너지에서 발생한다. 이는 전기분해의 역반응을 이용하는 것이다. 물을 전기분해할 때는 전도성을 높인 수용액에 전압을 가해 수소와 산소로 만든다. 반대로 연료전지에서는 수소와 산소를 화합해 물을 만들어내는 과정에서 전력을 얻게 된다. 이때 백금촉매로 도포된 전해질막으로 수소와 산소를 격리해야 한다. 수소는 촉매의 작용으로 이온화하고, 수소에서 분리된 전자는 배선을 통과해 산소 쪽으로 흐른다. 배선의 중간에 모터를 놓으면 전력으로 이용할 수 있게 된다. 수소와 산소가 결합할 때는 저온을 유지하게 되고 60% 이상의 높은 효율을 얻을 수 있다. 최신 화력발전소 효율이 50% 정도라는 것을 감안하면 연료전지는 상당히 경제적인 동력원이다. 전해질에 따라 연료전지는 몇 가지 종류로 나뉘는데 전기자동차에는 주로 고분자막의 전해질이 사용될 가능성이 높다.

6-1-1 연료 전지의 개요와 발생원리

앞으로 우리는 출퇴근길에 연료전지 발전소의 전력으로 움직이는 전철을 이용하게 될 것이며, 가정에 있는 가정용 연료전지에서 나오는 전력으로 생활하게 될 것이다. 자주 충전을 요하는 휴대폰 배터리는 한 달간 지속되는 연료전지 배터리로 바꾸면 된다.

연료전지란 무엇인가? 화학에너지가 전기에너지로 직접 변환되어 전기를 생산하는 능력을 갖는 전지(Cell)이다. 종래의 전지와는 달리 외부에서 연료와 공기를 공급하여 연속적으로 전기를 생산한다. 간단하게 말하면, 연료전지는 연료를 전지에 투입하면 전기나 열, 물을 생산하는 전지이다.

연료전지란 수소와 산소로 물을 만들고 그 과정에서 전기를 생산하는 새로운 발전장치다. 이 원리는 중고등학교에서 배우는 '물의 전기 분해'의 역반응이다. 연료전지가 보급되면 유한한 화석연료에 의존하는 현대사회에서 무한한 수소를 이용하는 새로운 사회로의 변혁이 일어난다. 산업혁명 이후의 새로운 대변혁이 마침내 일어날지도 모른다. 연료전지는 우리의 생활을 크게 바꾼다. 그 미래의 모습은 이렇다. 휴대전화나 노트북 컴퓨터의 배터리가 연료전지로 바뀐다. 생활에 필요한 모든 전력을 한 집에 1대씩 놓인 연료전지가 공급한다. 모든 자동차가 연료전지를 싣고 가격이 폭등하는 화석연료가 아닌 자연 에너지를 이용해 만들어지는 저가의 수소로 달린다. 세상의 모든 원동기와 전원이 연료전지로 바뀔지도 모른다.

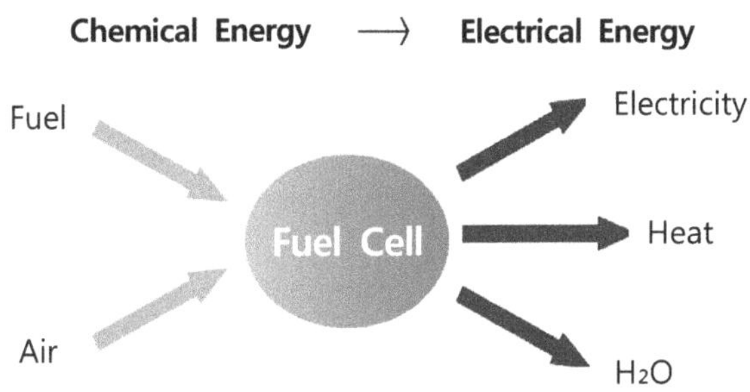

그림 6-5 연료전지의 반응작용

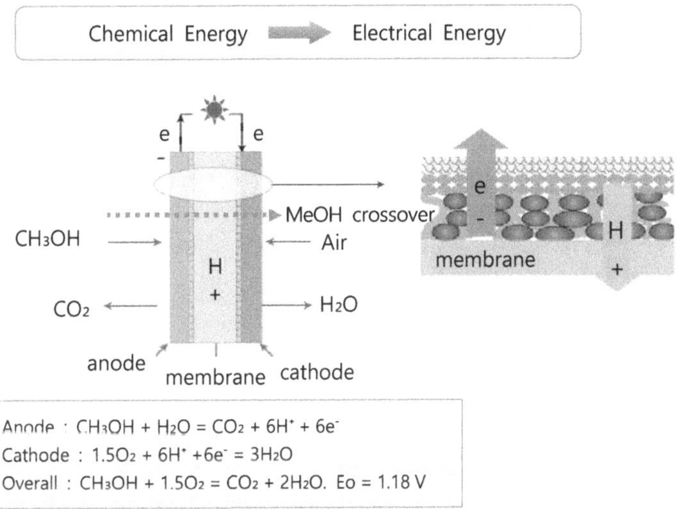

그림 6-6 연료전지의 반응작용

수소를 산소와 반응시켜 열과 전기 얻는다

- 연료전지는 가장 주목을 받고 있는 대체에너지 기술 중 하나로, 환경오염 문제를 해결하고 전력 수요 및 에너지 수요에 효율적으로 대비할 수 있는 일종의 전기화학 장치이다. 연료전지는 원료인 수소를 산소와 반응시켜 열과 전기를 얻는다. 물을 전기분해해 수소와 산소를 만들어내는 원리를 반대로 생각하면 쉽다.

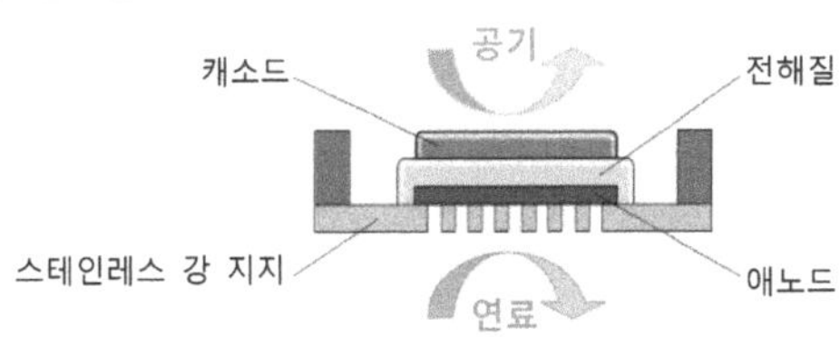

- 연료전지는 연료극(anode), 공기극(cathode), 그리고 이온전도성 전해액으로 구성된다. 연료극에서 수소가 이온화되어 수소이온의 형태로 전해액을 통해 공기극으로 이동하고, 이온화시 발생한 전자는 외부회로를 통하여 공기극으로 흘러가게 된다. 공기극에서 만난 산소, 수소이온 그리고 전자가 반응하여 물을 생성한다. 즉, 연료전지는 수소와 산소를 전기 화학적 방법으로 반응시켜서 전기를 생산하는 장치이다. 이때 생성물은 물이며, 부수적으로 반응열도 생성된다.
- 연료전지는 다양한 장점을 갖고 있다. 가정용의 경우 발전 뿐 아니라 발전 과정에서 나오는 열을 난방에 활용할 수 있다. 발전효율만 해도 35%에 달해 기존 발전시스템보다 높다. 여기에 난방효율까지 더하면 전체 효율은 80%에 달해 압도적인 우위를 자랑한다. 효율이 높으면 높을수록 연료 사용이 줄어든다. 화석연료를 이용한 기존의 방식에 비하여 훨씬 더 효율적으로 사용할 수 있는 것이다.
- 연료전지는 LNG, 메탄올, 석탄가스 등 연료 선택 폭이 크며, 다양한 용량으로 이용이 가능하여 전력 수요지 내에 설치가 용이한 것이 큰 장점이다. 또한, 연소 과정이 없어서 공해 물질의 배출이 아주 적다는 점도 특기할 만하다. 즉, 연료에서 수소를 제조하는데 소량의 이산화탄소가 나오는 것을 제외하면 발전 과정에서 이산화탄소가 나오지 않고, 황·질소 산화물 등 오염물질을 거의 배출하지 않아 환경 친화적이다. 소음이 없고 천연가스나 도시가스, 나프타 등 다양한 연료로부터 수소를 뽑아내 발전할 수 있다는 점도 매력적이다.
- 부존자원이 극히 부족한 우리나라의 기술 요구에 부응되며, 고효율을 통해 21세기 에너지 기술 자립에도 크게 기여할 수 있다는 점에서 연료전지 기술은 신에너지 기술로서 그 가치가 높다.

연료전지의 효율 비교

- 연료전지는 환경 친화적이라는 장점이외에도 고효율이라는 장점을 자랑한다. 그렇다면 연료전지의 효율은 기존의 화력발전에 비해 얼마나 높을까.
- 예를 들어 생각해보자. 25℃에서 수소-산소 연료전지로 수소 2 g(1몰)와 산소16 g(1/2몰)를 반응시키면 18 g(1몰)의 물이 생기면서 이상적으로는 1.229 V(볼트)의 전압이 발생한다. 이것은 약 56.9 kcal의 열량에 해당하는데, 수소-산소의 원래 반응열은 68.6 kcal이므로 연료전지를 통하면서 56.9 kcal은 전기에너지로 나머지 11.7kcal은 폐열로 방출되는 셈이다. 따라서 전기에너지로 활용될 수 있는 효율은 이상적으로는 약 89%나 된다.

그러나 실제로 연료전지에서 전류가 흐르기 시작하면 연료가 공급되는 속도만큼 전기화학반응이 빠르지 않고 구성요소간의 저항이 있을 뿐 아니라 전극에서 연료나 산소의 농도 차이가 생기는 등 여러 요인에 의해 얻을 수 있는 전압이 이상적인 값보다는 낮다. 그래서 현 수준에서 실제효율이 40~50% 정도다. 그러나 이 효율도 화력발전이나 내연기관의 효율보다는 높은 값이다. 결국 연료전지는 기존의 화력발전보다 효율이 높고 질소 화합물, 황화합물, 매연 등을 배출하지 않는다. 또한 회전부위가 없어 소음이 적고 모듈화가 가능해 다양한 용량으로의 건설과 증설이 쉽다. 이밖에 수소, 석탄가스, 천연가스, 매립지가스, 메탄올, 휘발유 등을 연료로 사용할 수 있으며, 전기에너지와 동시에 열이 발생하므로 폐열을 회수해 지역난방과 온수로 열병합발전도 가능한 그야말로 "효자전지"라고 말할 수 있다.

(1) 전기의 발생원리

연료전지의 원리를 따져 보기 전에 전기의 발생 원리부터 생각해보자.

생활에 필요한 전기는 어떻게 얻어지는 것일까. 현재 대부분의 전기는 석탄, 석유, 천연가스 등의 화석연료를 연소시켜 발전하는 화력발전 방식으로 얻어진다. 이러한 화력발전은 연료의 화학에너지가 열에너지에서 기계적 에너지로, 여기에서 다시 전기에너지로 변화하는 3단계의 과정을 거쳐 전기를 발생시키는 발전방식이다. 즉 연료의 화학에너지를 연소를 통해 열로 변화시키고, 이를 다시 기계적 터빈 회전력을 통해 전기에너지를 발생시키는 변환과정인 것이다.

하지만 연료전지는 중간 과정 없이 화학에너지에서 바로 전기에너지로 직접 변환된다. 천연가스나 메탄올 등의 연료에서 얻어낸 수소와 공기 중의 산소를 반응시키면 전기에너지를 직접 얻을 수 있다는 말이다. 이러한 원리는 물을 전기분해하면 수소와 산소가 발생된다는 것을 역으로 이용한 것이다. 수소와 산소를 반응시키면 연소반응에 의해 열이 발생하면서 물이 되는데 이때 수소와 산소를 직접 반응시키는 대신 연료전지를 통해 전기화학반응이 일어나게 하면 물과 열 이외에도 전기를 발생시킬 수 있다. 즉 연료전지란

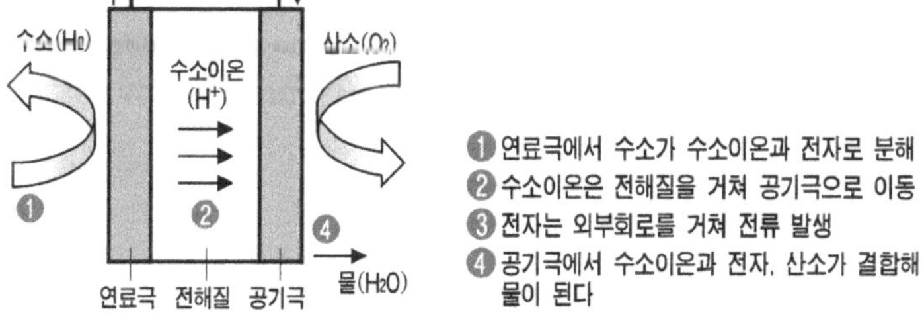

그림 6-7 연료전지의 전기발생원리

수소 등의 연료가 갖고 있는 화학에너지로부터 전기에너지를 연속적으로 직접 발생시키는 발전장치이다. 연료를 계속 공급하는 한 전기를 계속 발생시킬 수 있기 때문에 일회용인 건전지 사용 후 재충전이 필요한 이차전지와는 달리 연속적인 발전기 또는 에너지 변환기의 역할을 수행한다.

또한 연료전지는 발생되는 생성물이 물밖에 없어 무공해 산물의 대표주자로 손꼽힌다. 기계적 에너지 변환단계가 생략되었기 때문에 소음이 없음은 물론이다. 연료전지가 환경 친화적이라고 불리는 이유다.

연료전지는 공기극과 연료극의 전극, 두 극 사이에 위치하는 전해질로 구성되어 있다. 연료전지의 구성요소 중 전극은 전기화학반응을 진행시킬 수 있는 일종의 촉매 역할을 하고, 전해질은 생성된 이온을 상대극으로 전달시켜주는 매개체 역할을 한다. 연료극에는 수소, 공기극에는 공기(또는 산소)가 공급되어 각 전극에서 전기화학반응이 진행된다. 이렇게 구성된 연료전지 한 쌍을 단전지(Single Cell)이라 하며 연료극과 공기극간의 전압은 약 1V 내외가 된다. 이러한 단전지를 직렬로 연결하면 원하는 만큼의 전압을 얻을 수 있다.

(2) 연료전지 화학반응

연료전지(Fuel Cell)는 수소와 산소의 화학반응으로 생기는 화학에너지를 직접 전기에너지로 변환시키는 기술을 이용한 전지이다. 즉 연료와 산화제를 전기화학적으로 반응시켜 전기에너지를 발생시키는 장치이다. 이 반응은 전해질 내에서 이루어지며 일반적으로 전해질이 남아있는 한 지속적으로 발전이 가능하다.

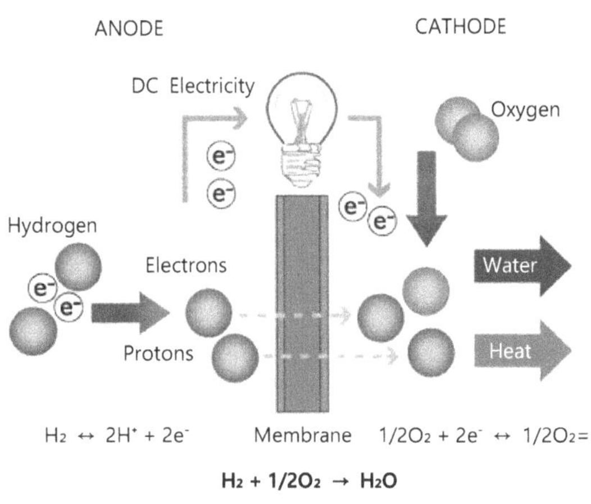

그림 6-8 연료 전지의 원리

$$H_2 + \frac{1}{2}O_2 = H_2O + \text{전기}$$

Anode : H_2 → $2H^+ + 2e^-$
Cathode : $1/2O_2 + 2H^+ + 2e^-$ → H_2O
Overall : $H_2 + 1/2O_2$ → H_2O + 전류 + 열

연료전지의 구조는 전해질을 사이에 두고 두 전극이 샌드위치의 형태로 위치하며 두 전극을 통하여 수소이온과 산소이온이 지나가면서 전류를 발생시키고 부산물로서 열과 물을 생성한다.

1) 연료극(Hydrogen from Tank, 양극)으로부터 공급된 수소는 수소이온과 전자로 분리
2) 수소이온은 전해질층을 통해 공기극으로 이동하고 전자는 외부회로를 통해 공기극으로 이동하며 전기 생성
3) 공기극(Oxygen from Air, 음극)쪽에서 산소이온과 수소이온이 만나 반응생성물(물)을 생성

최종적인 반응은 수소와 산소가 결합하여 전기, 물 및 열 생성

연료전지는 '전지'라는 말이 붙어있기는 하지만 일반적인 전지와는 다르다. 전지는 닫힌계에 화학적으로 전기에너지를 저장하는 반면, 연료전지는 연료를 소모하여 전력을 생산한다. 또한 전지의 전극은 반응을 하여 충전/방전 상태에 따라 바뀌지만, 연료선시의 전극은 촉매작용을 하므로 상대적으로 안정하다.

생성물이 전기와 순수인 발전효율 30~40%, 열효율 40% 이상으로 총 70~80%의 효율을 갖는 신기술이라고 할 수 있다.

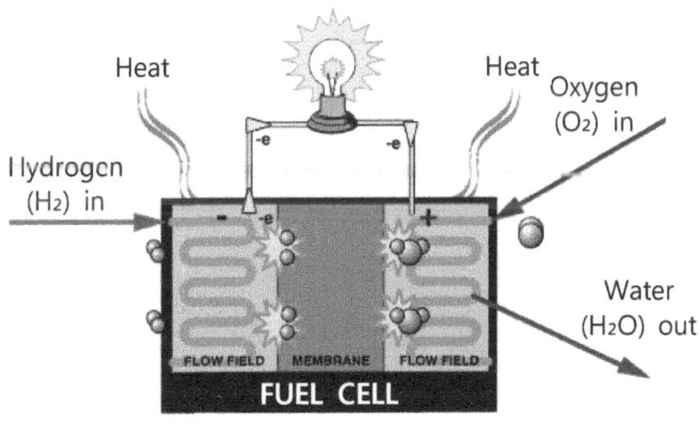

그림 6-9 연료전지의 전기발생원리

6-1-2 연료전지의 특징

환경친화적 특성을 가진 연료전지의 특성은 다음과 같다.

(1) 장점

1) 발전효율이 40~60% 이며, 열병합 발전시 80% 이상 가능
2) 천연가스, 메탄올, 석탄가스 등 다양한 연료사용 가능
3) 환경공해 감소 : 배기가스 중 NOx, SOx 및 분진이 거의 없으며, CO_2 발생량에 있어서도 미분탄 화력발전에 비하여 20~40% 감소
4) 회전부위가 없어 소음이 없으며, 기존 화력발전과 같은 다량의 냉각수 불필요
5) 도심부근 설치 가능하여 송배전시의 설비 및 전력 손실 적음
6) 부하변동에 따라 신속히 반응하며, 설치형태에 따라서 현지 설치용, 분산 배치형, 중앙집중형 등의 다양한 용도 사용 가능

(2) 단점

1) 초기 설치비용이 고가
2) 수소공급, 저장 등 인프라 구축 어려움

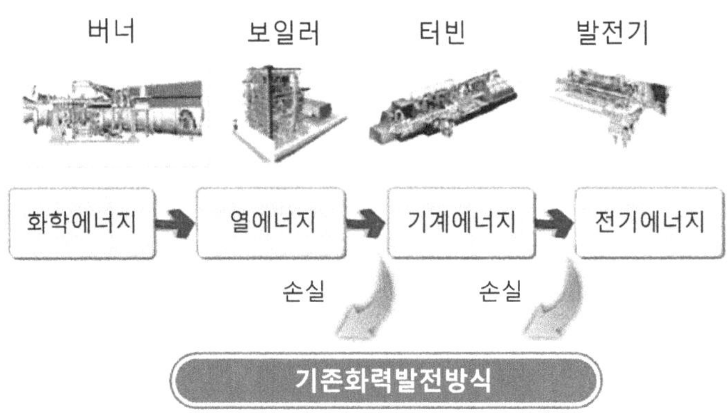

그림 6-10 화력방식과 연료전지 발전방식 비교

(3) 연료전지 발전원리(단위전지)

기존의 가솔린 내연기관이 석유(가솔린) 등 혼합연료를 폭발시킨 힘으로 구동축을 돌리는 데 비해, 연료전지는 전기모터가 구동축을 돌리게 되어 있다. 이 때 전기모터를 돌리는 에너지를 생산해 내는 것이 바로 연료전지이다.

연료전지의 구조는 전해질을 사이에 두고 두 전극이 샌드위치의 형태로 위치하며 두 전극을 통하여 수소이온과 산소이온이 지나가면서 전류를 발생시키고 부산물로서 열과 물을 생성한다.

연료전지의 음극(Cathode)을 통하여 수소가 공급되고 양극(Anode)을 통하여 산소가 공급되면 음극을 통해서 들어온 수소분자는 촉매(Catalyst)에 의해 양자(H+)와 전자로 나누어진다. 나누어진 양자와 전자는 서로 나른 경로를 통해 양극에 도달하게 되는데, 양자는 연료전지의 중심에 있는 전해질(Electrolyte)을 통해 흘러가고 전자는 외부회로를 통해 이동하면서 전류를 흐르게 하며 양극에서는 다시 산소와 결합하여 물이 된다.

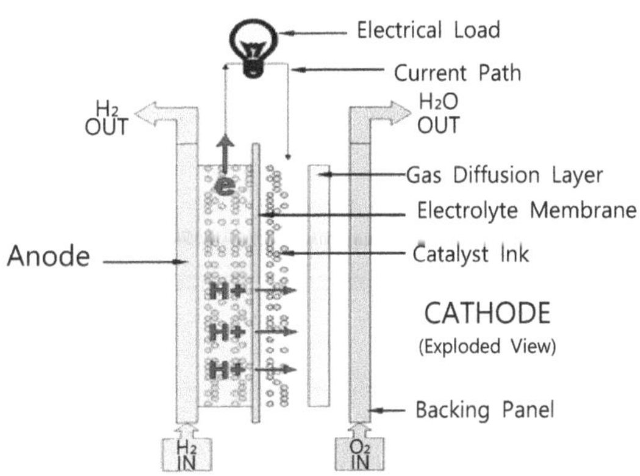

그림 6-11 연료전지의 구동원리

연료중 수소와 공기중 산소가 전기 화학 반응에 의해 직접 발전한다.

1) 연료극에 공급된 수소는 수소이온과 전자로 분리
2) 수소이온은 전해질층을 통해 공기극으로 이동하고 전자는 외부회로를 통해 공기극으로 이동
3) 공기극 쪽에서 산소이온과 수소이온이 만나 반응생성물(물)을 생성하며, 최종적인 반응은 수소와 산소가 결합하여 전기, 물 및 열생성한다.

연료와 산화제로는 여러 가지를 이용할 수 있다. 수소 연료전지는 수소를 연료로, 산소를 산화제로 이용하며, 그 외에 탄화수소, 알코올 등을 연료로, 공기, 염소, 이산화 염소 등을 산화제로 이용할 수 있다.

연료전지의 발전 효율은 40~60% 정도로 대단히 높으며, 반응 과정에서 나오는 배출열을 이용하면 전체 연료의 최대 80%까지 에너지로 바꿀 수 있다. 게다가 천연 가스와 메탄올, LPG(액화석유가스, propane gas), 나프타, 등유, 가스화된 석탄 등의 다양한 연료를 사용할 수 있기 때문에 에너지자원을 확보하기 쉽다. 또한 연료를 태우지 않기 때문에 지구 환경보호에도 기여할 수 있다. 또한 질소산화물(NOx)과 이산화탄소의 배출량이 석탄 화력 발전의 각각 1/38과 1/3 정도이며, 소음도 화력발전 방식에 비해 매우 적다는 장점이 있다.

이와 더불어 모듈화에 의한 건설 기간의 단축, 설비 용량의 증감이 가능하고, 화력발전 방식에 비해 훨씬 적은 토지 면적을 필요로 하기 때문에 입지 선정이 용이하다. 따라서 도심 지역 또는 건물 내에 설치하는 것이 가능하여 경제적으로 에너지를 공급할 수 있다. 연료전지는 기존의 화력 발전을 대체할 수 있으며, 분산 전원용 발전소, 열병합 발전소, 더 나아가서는 무공해 자동차의 전원 등에 적용될 수 있다.

6-2 연료전지의 종류

연료 전지는 작동 온도에 따라, 연료의 종류에 따라 그리고 사용하는 전해질의 종류에 따라 각각 구분 가능하다. 그러나 이온이 전해질을 통과하고 교환으로 전극 사이에 전기가 흐른다는 근본 원리는 모두 같다.

6-2-1 작동 온도에 따른 구분

연료전지는 고온형과 저온형으로 나누어지고 이들은 다시 두 가지 유형으로 나눌 수 있다.

(1) 저온

저온형은 일상생활 현장에서 활용된다. 저온형은 고온형 연료전지에 비해 훨씬 저온(섭씨 200도 이하)에서 작동된다. 저온형의 공통 장점은 시동이 단시간에 된다는 것과 크기를 작게 할 수 있다는 점이다. 그러나 고가의 백금 전극이 필요해서 장비 비용이 높은 것이 단점이다.

인산형 연료전지(PAFC)는 섭씨 200도 정도에서 작동한다. 전해질에는 인산 수용액을 쓴다. 1967년에 개발이 시작되고 1980년대부터 미국과 일본을 중심으로 호텔이나 병원 등에 도입되었다. 연료전지의 네 가지 유형 중에서 가장 먼저 상품화되었다.

고체 고분자형 연료전지(PEFC)는 섭씨 100도 미만이라는 상온에 가까운 온도에서 작동한다. 전해질에는 수용액이 아니라 수지로 만든 얇은 막을 사용한다. 그 결과 장비 전체를 얇게 할 수 있기 때문에 소형에 적합하다. 제미니 우주선에 실린 것도 이 유형의 연료전지다. 자동차에서 가정용, 휴대전화 등의 이동기기에 이르기까지 용도가 넓어 가장 활발히 연구되고 있다.

(2) 고온

고온형의 연료전지에는 용융 탄산염형 연료전지(MCFC)와 고체 산화물형 연료전지(SOFC)의 두 가지 유형이 있다. 고온형의 연료전지는 섭씨 500~1,000도라는 고온에서 작동한다.

고온이 되면 화학반응의 속도가 빨라지고 특히 촉매가 필요 없게 된다. 그래서 고가인 백금을 사용하지 않아도 되는 것이 장점의 하나이다. 고온의 배출열도 활용할 수 있다.

또 고온인 연료전지의 내부에서 천연 가스 등의 연료가 수소로 전환되는 과정(개질)이 진행되므로 이들 연료를 수소 대신 쓸 수도 있다. 발전효율이 높고 고출력이 가능하므로 대형 건물의 발전장치나 대규모 발전소 등에 알맞다. 그러나 워밍업을 위한 시동에 시간이 걸리는 단점이 있다.

용융 탄산염형 연료전지(MCFC)는 섭씨 650도 전후의 고온에서 작동한다. 전해질에는 탄산염을 녹인 액체(용융 탄산염)를 쓴다. 수소 이외에 천연 가스나 석탄 가스 등을 연료로 쓰는 일도 있다. 대규모 발전소 등에서의 이용이 기대된다.

고체 산화물형 연료전지(SOFC)는 섭씨 1,000도 부근의 고온에서 작동한다. 전해질에는 고체인 세라믹을 쓴다. MCFC와 마찬가지로 대규모 발전소 등에서의 이용이 기대된다. 더욱이 작동 온도를 내리는 기술 개발이 이루어지면 가정용 전원으로도 쓸 수 있는 것으로 전망되어 크게 주목된다.

6-2-2 연료의 종류에 따른 구분

① 기체연료

연료전지의 보편적인 연료로써 사용되며 수소, 탄화수소, CO(석탄가스화)등이 있다.

② 액체연료

부산물이 생성되어 이에 대한 부산물의 처리 문제가 발생하지만 환경오염율은 고체연료에 비해 거의 없다. Alcohol, Aldehyde, 히드라진(N_2H_4), 석유계 탄화수소가 사용된다.

③ 고체연료

고체연료는 화학 연소반응이 환경오염에 심각한 영향을 미치는 부산물을 생성하여 이에 대한 처리 문제가 발생하지만 연료전지 구현이 비교적 간단한 편이어서 비용 절감을 기대할 수 있다. 석탄, 목탄, 코크스 등이 쓰인다.

그림 6-12 연료전지의 종류

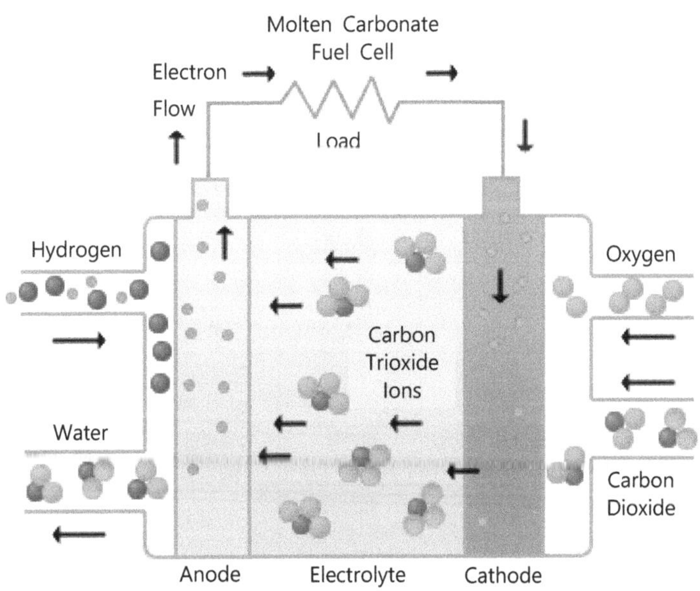

그림 6-13 용융탄산염(MCFC) 연료전지의 원리

6-2-3 전해액에 따른 구분

연료전지의 가장 보편적인 구분 방법으로 연료전지에 사용되는 전해액에 따른 구분이다. 알칼리 연료전지(AFC), 인산 연료전지 (PAFC), 용융 탄산염 연료전지(MCFC), 고체 산화물 연료전지(SOFC), 고분자 전해질 연료전지(PEMFC), 직접매탄올 연료전지(DMFC) 등이 있으며 이들 전해액에 연료전지 구분은 표와 같다.

석유이후의 연료는 ?

- 과학자들은 40년쯤 후에는 석유자원은 완전히 고갈될 것이라고 전망하고 있다. 비록 일반인들에게 널리 알려져 있지는 않지만, 현실적으로 가장 광범위하게 사용될 수 있는 대체에너지 중 하나가 바로 '연료전지'이다. 연료전지를 만드는 원리는 그 역반응을 이용해 수소와 산소를 반응시켜 물을 만들고 이 과정에서 전기를 얻는 것이다. 우주에 가장 많이 존재하는 두 가지 원소를 활용하기 때문에 자원고갈에 대한 걱정은 전혀 할 필요가 없다.
- 연료전지를 '환경 친화적 에너지'라고 부르는 이유는 기존의 다른 화학 에너지와는 달리 부산물로 배출되는 것이 오직 물(H_2O) 뿐이므로 전혀 공해가 없고 반응도 간단해 소음이 거의 없기 때문이다. 그럼에도 불구하고 열효율은 최고 65~70%나 되어서 기존 내연기관보다 2~3배나 월등하다.

[표 6-1 연료전지의 전해액에 따른 구분]

	알카리 (AFC)	인산형 (PAFC)	용융탄산염형 (MCFC)	고체산화물형 (SOFC)	고분자전해질형 (PEMFC)	직접매탄올 (DMFC)
전해질	알카리	인산염	탄산염	세라믹	이온교환막	이온교환막
동작온도(℃)	100이하	220 이하	650 이하	1,200 이하	80 이하	80 이하
효율(%)	85	70	80	85	75	40
용 도	특수용	중형건물 (200 ㎾)	중.대형건물 (100 ㎾~㎿)	소.중.대용량발전 (1 ㎾~㎿)	가정.상업용 (1~10 ㎾)	소형이동 (1 ㎾ 이하)
	우주선, 잠수함	**분산형 열병합 수송용**	**열병합, 대형발전소**	**열병합, 대형발전소**	**수송용, 분산형**	**수송용, 분산형**
특 징	-	CO 내구성 큼, 열병합대응 가능	발전효율 높음, 내부개질 가능, 열병합대응 가능	발전효율 높음, 내부개질 가능, 복합발전 가능	저온작동 고출력밀도	저온작동 고출력밀도
선진수준	우주선	200 ㎾	㎿ 이상	㎿ 이상	1~10 ㎾보급중	500 W

* AFtC(Alkaline Fuel Cell), PAFC(Phosphoric Acid FC), MCFC(Molten Carbonate), SOFC(Solid Oxide), PEMFC(Polymer Electrolyte Membrane), DMFC(Direct Methanol) → 순서대로 기술발전 단계임

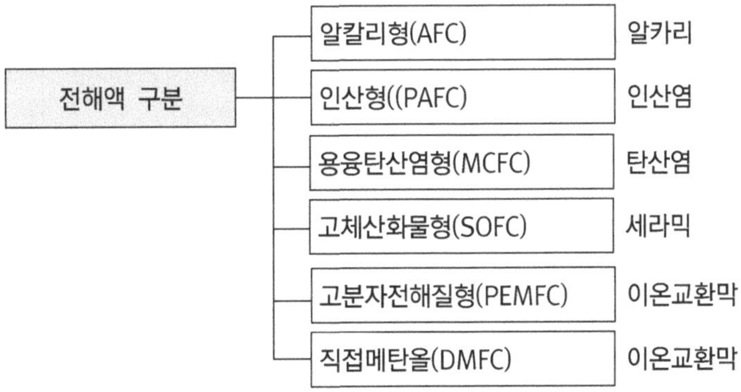

그림 6-14 연료전지의 전해액에 따른 구분

고분자 전해질(PEMFC), 인산형(PAFC), ~~용융~~탄산염(MCFC), 고체산화물 전해질(SOFC) 등으로 나누어진다. PEMFC는 수소이온(proton)의 전달체인 고분자 전해질이 핵심 소재이며, 다음과 같은 물성을 지녀야 한다.

1) 이온 전도성이 커야 한다.
2) 전자 전도성이 없어야 한다.
3) 가스 투과가 되지 않아야 한다.
4) 건조 상태에서도 유연성을 유지하고 있어야 한다.
5) 적절한 두께, 편평도를 유지해야 한다.
6) 형상 안정성과 기계적 강도가 있어야 한다.
7) 열과 가수분해, 산화환원 반응에 대한 안정성이 있어야 한다.

[표 6-2 연료전지 구성물질]

구 분	특 성	촉매	운전온도
알칼리형(AFC)	수산화칼륨 (액체)	platinum on carbon	80℃
인산형(PAFC)	인산 (액체)	platinum on PTFE/carbon	200℃
용융탄산염형(MCFC)	Lithium or potassium carbonate(액체)	니켈 또는 니켈 화합물	650℃
고체산화물형(SOFC)	Yttria-stabilized zirconia(고체)	니켈/ Zirconia cermet	1000℃
고분자전해질형(PEMFC)	나피온 Dow 폴리머	platinum on carbon	86-100℃
직접메탄올형(DMFC)	Polymer Membrane	Pt-Ru or Pt/C	26-130℃

[표 6-3 연료전지]

종류	발전온도	전해질	주연료	기술수준	적용대상
알칼리형(AFC)	상온-100℃		수소	사용중	특수목적
인산형(PAFC)	150-200℃	인산(H3PO4)	천연가스 메탄올	상용화단계	분산전원
용융탄산염(MCFC)	600-700℃	용융탄산염 (Li2CO3-K2CO3)	천연가스 석탄가스	개발단계	복합발전 열병합발전
고체산화물(SOFC)	700-1000℃	고체산화물 Yttria-stabilized zirconia	천연가스 석탄가스	개발단계	복합발전 열병합발전
고분자전해질형(PEMFC)	상온-100℃	이온(H+)전도성 고분자 막	수소 메탄올	개발 및 실증단계	소형전원 자동차

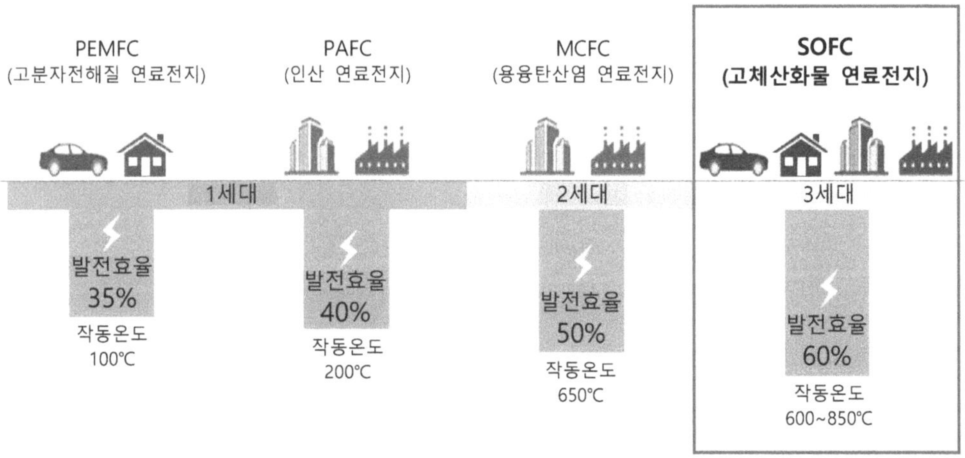

그림 6-15 연료전지 종류별 에너지 효율

[표 6-4 연료전지 발전 현황]

구 분	특 성
알칼리형(AFC) (Alkaline Fuel Cell)	· 1960년대 군사용(우주선 : 아폴로 11호)으로 개발 · 순 수소 및 순 산소를 사용
인산형((PAFC) (Phosphoric Acid Fuel Cell)	· 1970년대 민간차원에서 처음으로 기술개발 된 **1세대 연료전지로 병원, 호텔, 건물 등 분산형** **· 전원으로 이용** · 현재 가장 앞선 기술로 미국, 일본에서 실용화 단계에 있음
용융탄산염형(MCFC) (Molten Carbonate Fuel Cell)	· 1980년대에 기술개발된 **2세대 연료전지로 대형발전소, 아파트단지, 대형건물의 분산형** **· 전원으로 이용** · 미국, 일본에서 기술개발을 완료하고 성능평가 진행 중(250 ㎾ 상용화, 2 MW 실증)
고체산화물형(SOFC) (Solid Oxide Fuel Cell)	· 1980년대에 본격적으로 기술개발 된 3세대로서, MCFC보다 효율이 우수한 연료전지 · 대형발전소, 아파트단지 및 대형건물의 분산형 전원으로 이용 · 최근 선진국에서는 가정용, 자동차용 등으로도 연구를 진행
고분자전해질형(PEMFC) (Polymer Electrolyte Membrane)	· 1990년대에 기술개발된 **4세대 연료전지로 가정용, 자동차용, 이동용 전원으로 이용** · 가장 활발하게 연구되는 분야이며, 실용화 및 상용화도 타 연료전지보다 빠르게 진행되고 있음
직접메탄올형(DMFC) (Direct Methanol Fuel Cell)	· 1990년대 말부터 기술개발된 연료전지로 이동용(핸드폰, 노트북 등) 전원으로 이용 · 고분자전해질형 연료전지와 함께 가장 활발하게 연구되는 분야

6-2-4 알칼리형 연료전지(Alkaline Fuel Cell, AFC)

알칼리 연료전지는 전해질로써 수산화칼륨과 같은 알칼리를 사용한다. 연료로시 순수 수소를 쓰며, 산화제로써는 순수 산소를 쓴다. 운전 온도는 대기압에서 60∼120℃이다. 양극(Anode)의 촉매는 니켈망에 은을 입힌 것 위에 백금-납을 사용하고, 음극(Cathode)는 니켈망에 금을 입힌 것 위에 금-백금을 쓴다. 알칼리 연료전지의 고효율화의 기본적인 목적은 자동차 산업의 전원 공급용이다. 알칼리 연료전지는 알칼리가 이산화탄소에 민감하기 때문에 인산형 연료전지의 개발보다 늦게 개발되었다.

알칼리 연료전지 시스템에서 수소의 저장과 이산화탄소의 경제적인 제거는 알칼리 연료전지의 상업화에 가장 중요한 요소이다. 자동차의 경우에 알칼리 연료전지가 확보할 수 있는 시장 비율은 경쟁성 기술에 의하여 영향을 받을 것이다. 알칼리 연료전지 기술 전망은 수소 저장과 대규모 상업화를 시작하기 전에 유통망의 개량을 필요로 한다. 과학자들에 의하여 오랫동안 주장되어 온 수소를 기초한 미래 자동차의 경제성은 알칼리 연료전지의 상업화를 선호하게 될 것이다

알칼리형 연료전지는 일반 민생용은 아니지만 순수소, 순산소를 원료로 발전하는 우주선의 전원용으로 사용된다.

1962년에는 우주 및 군사용으로 연구 시작되어 이용되었고, 현재는 인산형연료전지(Acid Fuel Cell)의 개발로 인하여 특수분야에서만 연구수행 중이며 국내의 경우 기초연구가 수행중에 있다.

특징은 다음과 같다.

1) 전해질로 진한(85%) KOH을 사용하는 고온용(205도)과 묽은(35 - 50%) KOH를 사용하는 저온용(120도)가 있음.
2) 전해질은 매트릭스(주로 석면)안에 체류시켜 사용
3) CO_2에 취약하므로 순수한 수소와 산소를 사용해야 됨.
4) 반응속도를 촉진시키기 위해 주로 고압에서 운전

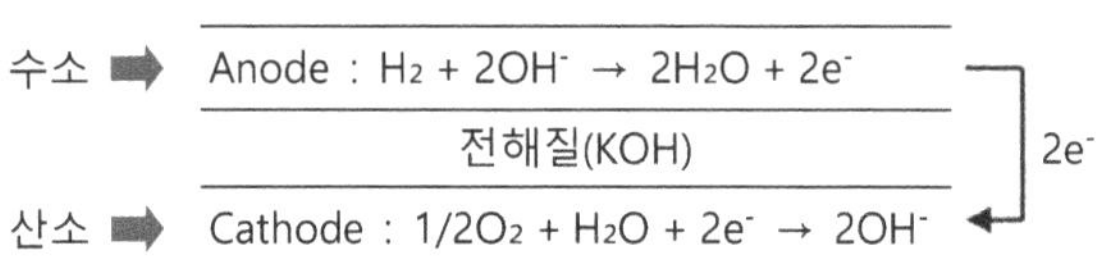

그림 6-17 알칼리 연료전지의 기본원리

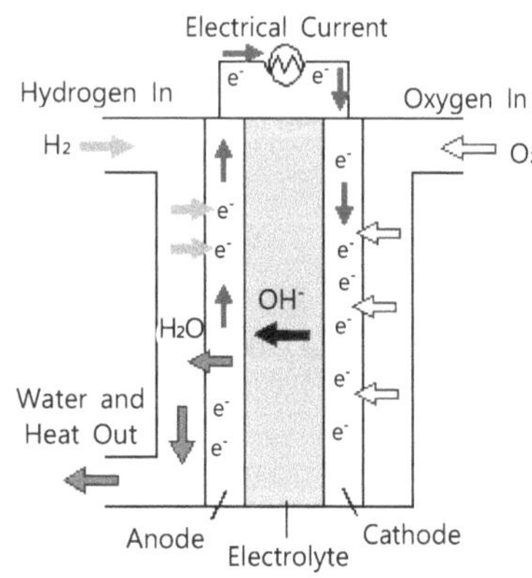

그림 6-18
알칼리 연료전지의 화학반응

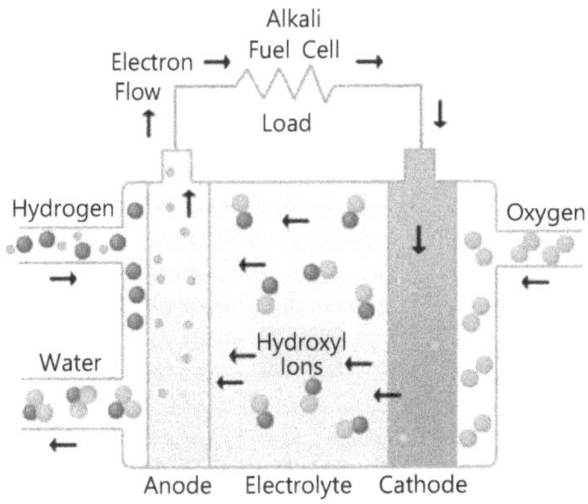

그림 6-19 AFC Stack

화학전지와 연료전지의 차이는?

- 화학전지나 연료전지는 모두 화학반응을 이용한 전지, 즉 화학적 에너지를 전기적 에너지로 바꾸는 장치이다. 그러나 **화학전지는 산화하는 금속과 환원하는 금속의 산화-환원 전위의 차를 이용하는 것이고, 연료전지는 연료의 산화에 의해서 생기는 화학에너지를 이용**하는 전지이다.
- 우선 화학전지의 원리를 살펴보면 다음과 같다. 비커에 황산구리의 수용액을 담고 환원되기 쉬운 금속인 구리를 세운다. 따로 비커에 황산아연 수용액을 담고 산화되기 쉬운 금속인 아연을 세우고 염다리로 두개의 비커를 연결한 후 구리와 아연을 도선으로 연결하면 전류가 흐르는 것을 알 수 있다.
- 이 때의 반응은 다음과 같다.

  Zn ---> Zn++ + 2e-

  Cu++ + 2e ---> Cu
- 이들 반응을 전지의 반쪽 반응이라고 하고, 각각의 전위 즉 아연의 산화 전위와 구리의 환원 전위를 합한 값이 이 전지의 기전력으로 1.10 V이다.
- 한편 연료전지는 산화-환원반응을 이용한 점 등 기본적으로는 보통의 화학전지와 같지만, 닫힌 계내에서 전지반응을 하는 화학전지와는 달리 반응물이 외부에서 연속적으로 공급되고, 반응생성물이 연속적으로 계외로 제거된다. 가장 전형적인 것으로는 수소-산소 연료전지가 있다.

  $2H_2 + O_2$ ---> $2H_2O$

  위에서 보는 산화-환원 반응에서 나타나는 전위차를 이용하는 것이다.
- 연료전지에 사용되는 연료로는 수소 이외에 메탄, 천연가스 등의 기체 화석 연료, 메탄올 같은 액체연료 등이 사용된다.

- 오늘날 수소가 에너지의 저장 수단으로 각광을 받는 것은 저장 자체도 중요하지만 에너지의 이용면에서 편의에 원인이 있다. 예를 들어 남아도는 전력을 이용하여 물을 분해시켜 에너지를 저장한다고 가정하고 그 에너지의 이용면에서 연료로는 직접 기체연료로, 발전장치로는 연료전지를 이용함으로써 에너지의 효율을 거의 100%에 가깝게 이용할 수 있기 때문이다.

6-2-5 인산형 연료전지(Phosphoric Acid Fuel Cell, PAFC)

인산형 연료전지(PAFC)는 액체 인산을 전해질로 이용하는 연료전지이다. 인산형 연료전지 기술은 20년 이상 개발되고 개선되어 왔고, 전기 생산에 비교적 순수한 수소(70% 이상)를 요구한다. 인산형 연료전지 내의 전극은 탄소 지지체의 표면적 위에 촉매로써 백금이나 백금 혼합물을 포함한다. 전극은 카본지(carbon paper)로 이루어지는데, 백금 촉매를 이용하기 때문에 제작 단가가 비싸다. 그러나 카본지의 백금은 연료로서 공급되는 수소 가스 내에 포함되는 일산화탄소에 의해 손상되지 않는다.

수소와 산소의 반응이 일어나는 양극(anode)와 음극(cathode) 및 전해질인 인산을 함유하고 있는 매트릭스로 구성된다. 양극, 음극은 기체 확산층과 촉매층으로 구성되며 기체 확산층은 반응기체를 촉매층의 전 면적에 고르게 분산시키고 촉매층은 활성 site에 분포한다. 다른 형태의 연료전지보다 상용화에 가장 근접해 있으며 발전효율이 비교적 높은 편이다. 그러나 고가의 백금촉매를 대신할 새로운 촉매개발문제가 시급하며 신뢰도 및 수명과 성능 향상을 위한 개발도 필요하다.

인산형 연료전지의 운전 온도는 약 200℃이다. 이것은 인산 전해질의 안정도를 위하여 허용하는 최대값이다. 이 기술로 현재까지 순수한 발전효율은 40~50% 정도이다. 이 수준 보다 높은 효율을 갖기 위해서는 전지와 스택 구성품의 지속적인 개발에 의한 종합 시스템 제어에 의존하여야 한다. 일례로 인산형 연료전지의 반응이 발열 반응이므로 연료전지가 반응온도인 200℃로 유지함이 최적의 운전 조건이 된다. 따라서 연료전지 반응 시 반응열을 냉각시켜야 하며 이때 생성되는 반응열을 이용하면 효율을 70%이상 높일 수 있다.

인산은 저온 연료전지를 위한 전해질로써 필요한 수명을 가진 그런 유일한 물질로 알려져 있다. 이것이 낮은 이온 도전율을 가지고 있다 할지라도 이것의 안정도는 전류 상태를 증진시키는 전지 개발에 기여하였다. 인산형 연료전지 응용은 휴대용, 자동차용 및 고정용 전원을 포함한다.

한편, 액체 인산은 40℃에서 응고되어 버리기 때문에 시동이 어려우며, 지속적인 운전 또한 제약이 따른다. 그러나 150~200℃의 운전 온도에 이르게 되면 반응 결과물로 생성되는 물을 증기로 바꾸어 공기나 물의 가열에 이용할 수 있게 된다. 이렇게 발생되는 열과 전력을 합했을 때 전체 효율은 80%에 이르며, 고정형 연료전지 시장에서 그 입지를 넓혀 가는 중이다.

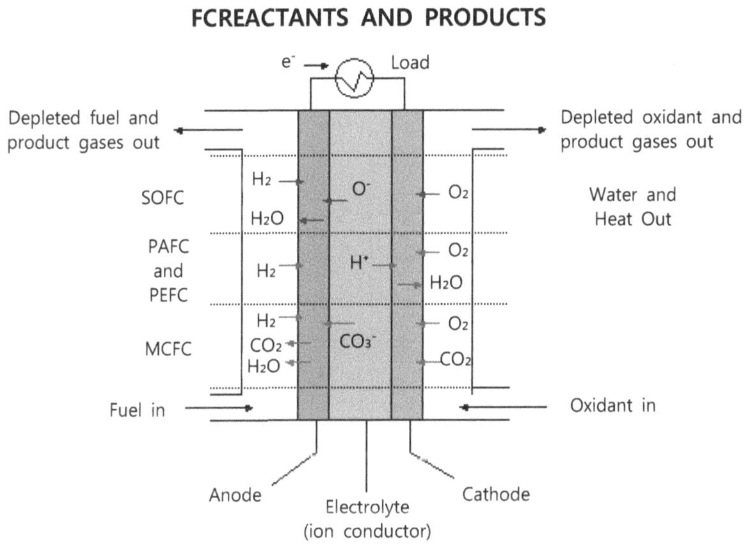

그림 6-20 인산형 연료전지(PAFC)

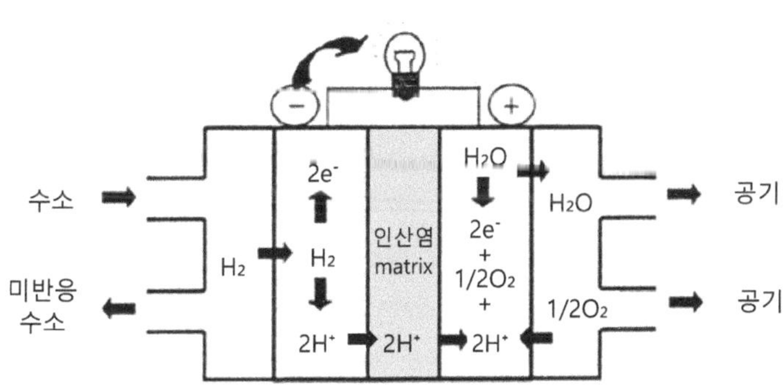

그림 6-21 인산형 연료전지(PAFC) 작동원리

6-2-6 용융탄산염 연료전지 (Molten Carbonate Fuel Cell, MCFC)

통상 제2세대 연료전지로 불리는 용융탄산염 연료전지(MCFC)는 다른 형태의 연료전지와 마찬가지로 높은 열효율, 높은 환경친화성, 모듈화 특성 및 작은 설치공간이라는 장점을 갖는다. 한편, 650℃의 고온에서 운전되기 때문에 인산형 연료전지(PAFC) 또는 고분자전해질 연료전지(PEMFC)와 같은 저온형 연료전지에서 기대할 수 없는 추가적인 장점들을 갖고 있다.

전해질은 용융탄산염이 사용되고, 고온에서 운전되기 때문에 백금 대신 저렴한 니켈촉매가 사용되며 백금 전극에서 피독물질로 작용하는 CO를 수성가스 전환 반응을 통해 연료로 이용한다. 니켈촉매의 사용으로 비용절감의 장점이 있지만 고온에서의 부식성이 높은 용융탄산염을 사용하기 때문에 내식성 재료의 개발이 필요하며 장기 운전시에는 성능이 저하되기 때문에 단기 운전에 적합하다.

고온에서의 빠른 전기화학반응은 전극 재료에 쓰이는 촉매로써 백금 대신 저렴한 니켈의 사용을 가능케 하여 경제적인 생산이 가능해진다. 그리고 백금 전극을 이용할 경우 백금 성분에 독성 물질로 작용하는 일산화탄소마저도, 니켈 전극을 이용할 경우 수성가스 전환반응을 통하여 연료로 이용할 수 있게 된다.

따라서 일산화탄소를 발생시킬 우려가 있어 백금을 이용하는 저온형 연료전지에는 사용하기 힘든 석탄가스, 천연가스, 메탄올, 바이오매스 등 다양한 연료를 용융탄산염 연료전지에는 이용할 수 있다. 또한, 용융탄산염 연료전지의 높은 작동 온도는 연료전지 스택 내부에서 전기화학반응과 연료개질반응이 동시에 진행될 수 있게 하는 내부개질 형태를 허용한다. 이러한 내부개질형 용융탄산염 연료전지는 전기화학반응의 발열량을 별도의 외부 열교환기 없이 직접 흡열반응인 개질반응에 이용하므로 외부개질형 용융탄산염 연료전지보다 전체 시스템의 열효율이 추가로 증가하며, 시스템 구성이 간단해진다.

용융탄산염형 연료전지의 전해질은 낮은 용융점을 가지는 탄화리튬과 탄화포타슘의 혼합물이다. 전극은 다공성 니켈로 만든다. 전극의 부식성과 내구성은 아직 개발에 중요한 애로점이다.

용융탄산염형 기술의 산 또는 알칼리 연료전지 기술 보다 뚜렷한 장점은 일산화탄소, 이산화탄소 및 수소에 대하여 내성이 있는 점이다. 이것은 일산화탄소와 이산화탄소를 분리하는 공정을 필요로 하는 다른 것들보다 초기 투자비가 낮고 시스템 설계가 매우 단순해지는 결과를 가져온다. 용융탄산염형 연료전지의 운전 온도는 약 650℃이고, 전지 스택의 열로 전지 내부의 탄화수소 기체의 개질을 허용한다. 내부 개질의 장점은 30% 또는 그 이상의 비용을 감소시킨다.

용융탄산염 연료전지를 상업화하기 전에 내구성과 신뢰도를 개량시킬 필요가 있다. 운전온도가 높아 정상운전 되는 동안 용융탄산염 전해질의 결핍과 증발로 인하여 양이 줄어들기 때문이다. 이것이 운전의 안정성과 현재 용융탄산염형 연료전지의 유효 수명의 제한점이다.

그러나 MCFC는 고온에서 부식성이 높은 용융탄산염을 사용하기 위한 내식성 재료의 개발에 따르는 경제성 문제 및 수명, 신뢰성 확보 등 기술적 검증이 아직 끝나지 않아 본격적인 상업화는 2005년 이후에나 가능하리라고 생각된다.

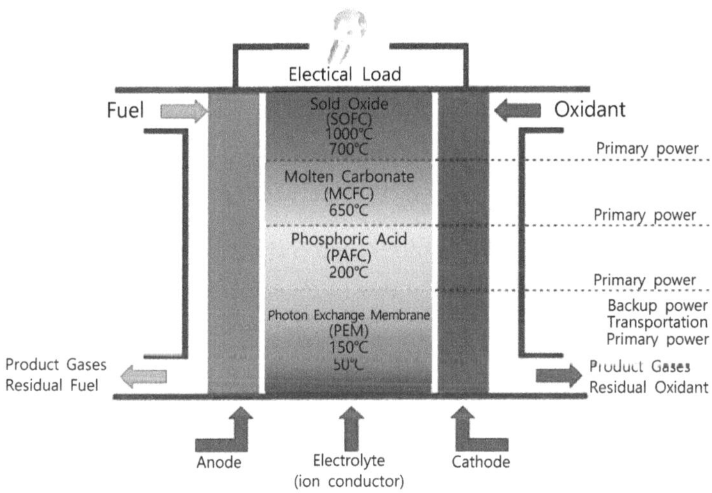

그림 6-22 용융탄산염 연료전지(MCFC) 작동원리

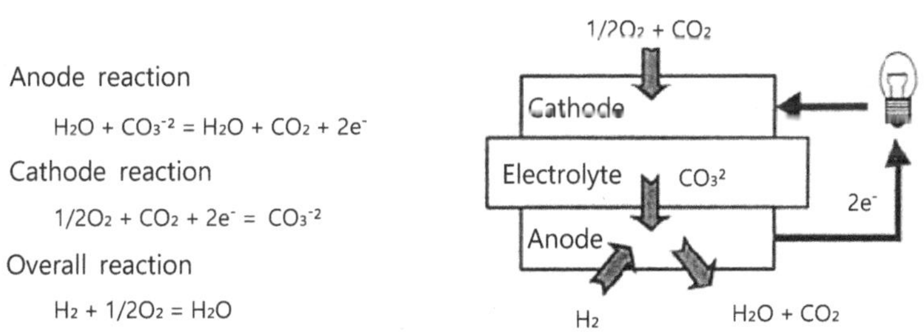

그림 6-23 용융탄산염 연료전지(MCFC)

미국, 일본 등을 비롯한 선진외국에서는 기초연구는 물론 시스템 데모에 이르는 개발연구에까지 적극적으로 투자하여 최근 급속도로 많은 발전이 이루어지고 있다. 국내에서도 한전 전력연구원을 중심으로 KIST, 한국중공업 및 여러 대학이 참여하여 용융탄산염 연료전지의 자체 기술을 확보하기 위한 개발 연구를 대체에너지 사업의 하나로 진행하고 있다.

6-2-7 고체산화물 연료전지 (Solid Oxide Fuel Cell, SOFC)

3세대 연료전지로 불리는 고체산화물 연료전지(SOFC)는 산소 또는 수소 이온을 투과시킬 수 있는 고체산화물을 전해질로 사용하는 연료전지로써, 1937년에 Bauer와 Preis에 의해 처음으로 작동되었다.

고체산화물형 연료전지의 특징은 탄화수소를 직접 전기로 변화시킬 수 있는데 있다. 전해질은 안정화된 산화이트늄으로 가스가 스며들지 않은 산 이온이 효율적으로 접촉하고 있는 얇은 산화지르코늄 층이다. Cathode는 안정된 산화이트늄으로 된 지르코늄으로 만들어졌고, anode는 니켈-지르코늄 세라믹 합금으로 만들어졌다.

전해질로서 신소재인 지르코니아(ZrO_2)가 사용되며 작동온도가 700~1000℃로서 매우 고온에서 작동된다. Pt 촉매 없이 반응의 가속화가 가능하며 재료의 부식 및 전해질의 손실, 보충에 대한 문제가 없다. 전지 구성요소가 모두 고체이므로 다양한 형태의 제작이 가능하다.

현재까지 개발된 고체산화물 연료전지의 형태는 다음과 같다.

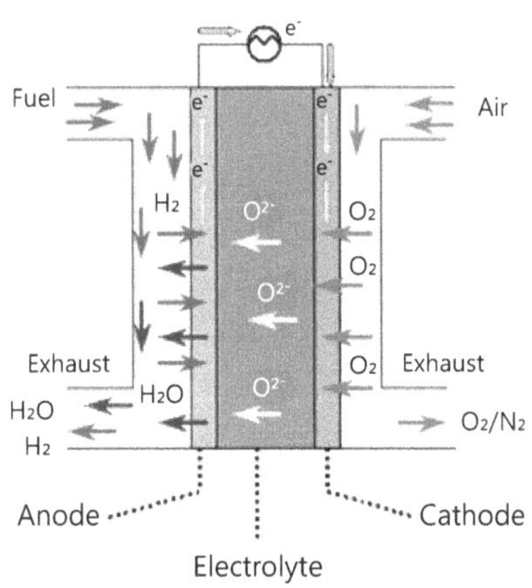

그림 6-24 SOFC

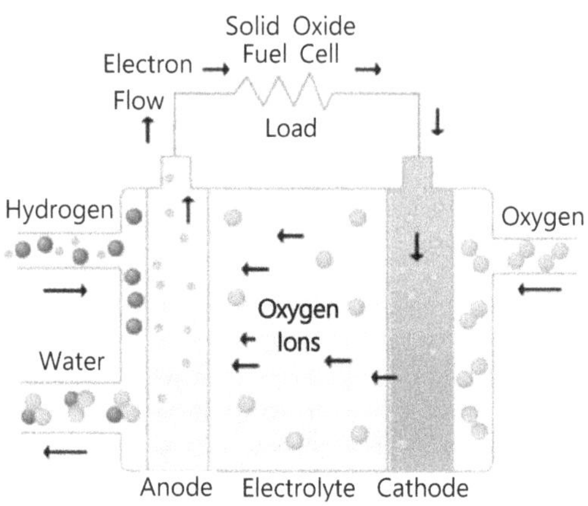

그림 6-25 고체산화물 연료전지의 원리

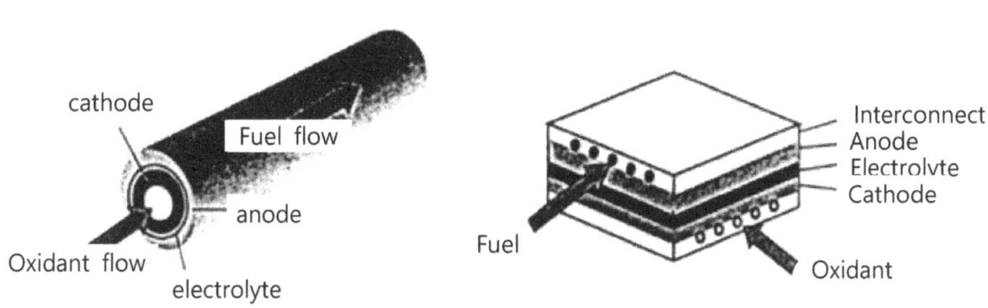

<원통형> <평판형>

그림 6-26 고체산화물 연료전지(SOFC)의 형태

SOFC는 현존하는 연료전지 중 가장 높은 온도(700~1000℃)에서 작동한다. 모든 구성요소가 고체로 이루어져 있기 때문에 다른 연료전지에 비해 구조가 간단하고, 전해질의 손실 및 보충과 부식의 문제가 없다. 또한 고온에서 작동하기 때문에 귀금속 촉매가 필요하지 않으며, 직접 내부 개질을 통한 연료 공급이 용이하다. 고온의 가스를 배출하기 때문에 폐열을 이용한 열 복합 발전이 가능하다는 장점도 지니고 있다. 이러한 장점들 덕분에 SOFC에 관한 연구는 21세기 초에 상업화하는 것을 목표로 미국, 일본 등 선진국을 중심으로 활발히 이루어지고 있다.

일반적인 SOFC는 산소 이온전도성 전해질과 그 양면에 위치한 공기극(양극) 및 연료극(음극)으로 이루어져 있다. 공기극에서 산소의 환원 반응에 의해 생성된 산소 이온이 전해질을 통해 연료극으로 이동하여, 다시 연료극에 공급된 수소와 반응함으로써 물을 생성하게 되며, 이 때 연료극에서 전자가 생성되고 공기극에서 전자가 소모되므로 두 전극을 서로 연결하여 전류를 발생시키는 것이 기본 작동원리이다.

고체산화물형 연료전지의 가장 톡특한 특성은 운전 온도는 약 1000℃ 로서 매우 높다는 것이다. 이 온도에서는 수소와 일산화탄소의 전기 화학적 산화 반응이 일어나고 촉매 없이 연료가 개질된다. 운전 온도 1000℃에서 금속 재료의 적당한 열적-기계적 강도를 요구하기 때문에 가스 누출 방지가 가장 중요한 해로 사항이나. 세라믹 재료 기술의 개발은 고체산화물형 연료전지가 상업적으로 발전을 시작하기 전에 필요한 기술이다. 고체산화물형 연료전지는 상업적으로 자동차 응용에 연구되어지고 있다. 자동차에 사용하기 위한 이 전지 기술의 모형화가 전지 전원 공급형 자동차가 아닌 전위밀도를 요구하는 것과 접목시키는 것이 궁극적인 목적이다.

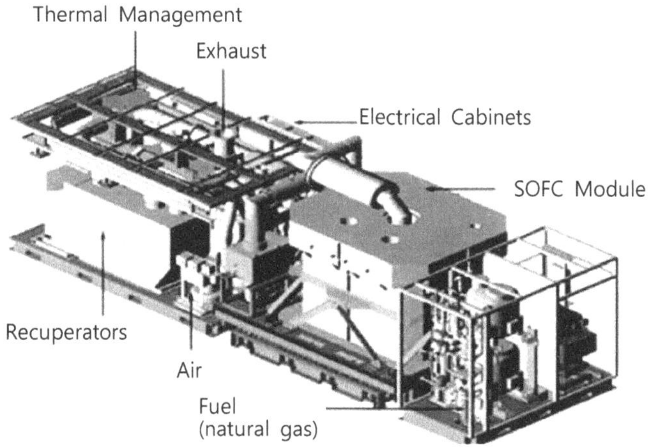

그림 6-27 Siemens의 열병합 발전용 SOFC시스템

SOFC의 특징은 다음과 같다.

1) 탄화수소를 직접연료로 사용, CO로부터 안전함.

2) 운전온도는 약 500 ~ 1000도로 열병합 발전 가능.

6-2-8 고분자전해질 연료전지(Polymer Electrolyte Membrane Fuel Cell, PEMFC)

수소이온을 투과시킬 수 있는 **고분자막을 전해질로 사용**하는 고분자전해질 연료전지(PEMFC)는 다른 형태의 연료전지에 비하여 전류밀도가 큰 고출력 연료전지로서, 100℃ 미만의 비교적 저온에서 작동되고 구조가 간단하다. 또한 빠른 시동과 응답특성, 우수한 내구성을 가지고 있으며 수소 이외에도 메탄올이나 천연가스를 연료로 사용할 수 있어 자동차의 동력원으로서 적합한 시스템이다. 이와 같은 PEMFC는 무공해자동차의 동력원 외에도 분산형 현지설치용 발전, 군수용 전원, 우주선용 전원 등으로 응용될 수 있는 등 그 응용범위가 매우 다양하다.

PEMFC에 대한 연구는 1955년 미국의 GE에서 처음으로 시작되어 1962년에 이미 1kW급 PEMFC 스택 2개로 이루어진 모듈을 Gemini 우주선 3호부터 12호에 사용하였다. 이후로 PEMFC를 연료전지자동차 등 민간용으로 응용하기 위한 연구가 전 세계적으로 활발하게 진행되고 있다.

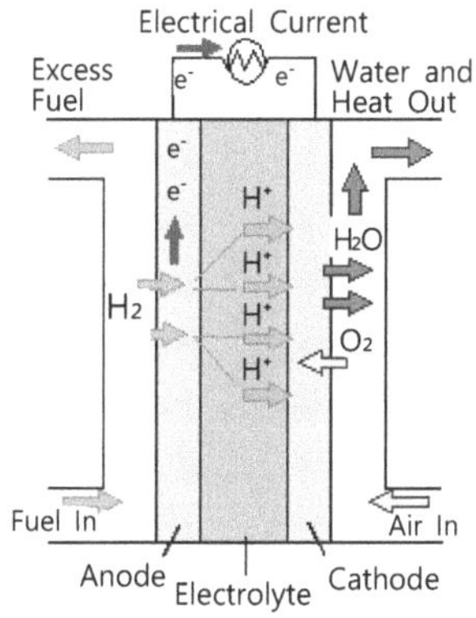

그림 6-28 고분자전해질 연료전지

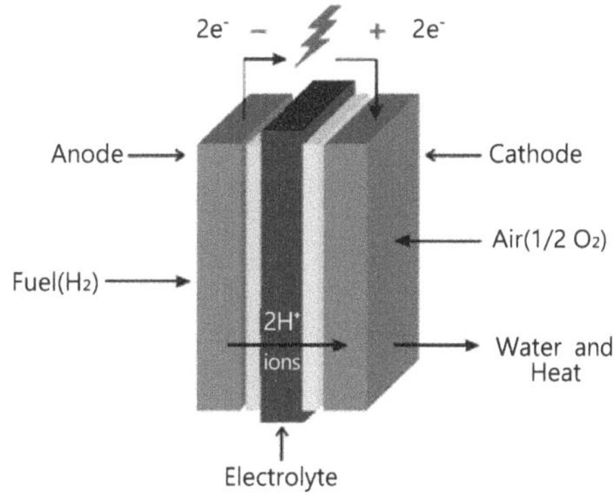

그림 6-29 고분자전해질 연료전지(PEMFC)

대기오염의 주 원인인 내연기관 차량을 대체할 수 있는 무공해 자동차로는 원래 배터리를 동력원으로 하는 전기자동차가 각광을 받고 있었다. 그러나 배터리를 전기자동차 동력원으로 사용할 경우 충전 시 많은 시간을 요구하고, 에너지 밀도가 낮아 주행가능 거리가 짧으며 배터리의 수명이 짧은 문제점이 있다. 또한 전기자동차가 상용화된다면 많은 전기 충전소의 설치가 필요하며 여기서 사용되는 전기는 대규모 발전소에서 공급되므로 결국 오염원의 이동에 불과하다고 볼 수 있다. 따라서 전기자동차 동력원으로서의 배터리에 대한 단점을 보완하기 위하여, 연료전지 구동방식 또는 배터리와 연료전지를 동시에 사용하는 혼합형(hybrid) 자동차를 구성하는 방법이 최근에 각광받고 있다.

우리나라에서는 1990년대부터 대학을 중심으로 단위 전지에 대한 기초연구를 시작하였으며, KIST 연료전지연구센타에서도 1996년부터 고분자전해질 연료전지 원천기술 개발을 시작한 후 2000년 5 kW 급 스택을 제작하여 연료전지/배터리 하이브리드 골프카트에 적용한 바 있다.

Anode reaction : $2H_2 \rightarrow 4H^+ + 4e^-$
Cathode reaction : $O_2 + 4H^+ + 4e^- \rightarrow 2H_2O$
Overall reaction : $2H_2 + O_2 \rightarrow 2H_2O$

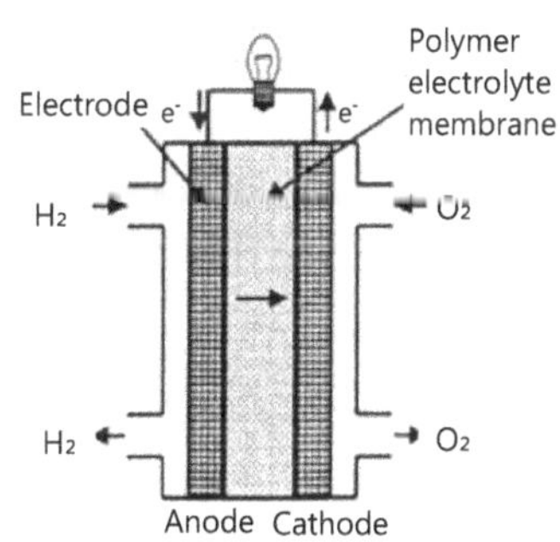

그림 6-30 고분자전해질 연료전지 화학식

고분자 전해질형 연료전지 특징.

1) 고분자 막을 전해질로 사용.
2) 촉매로 백금을 사용함으로써 비교적 고가.
3) 저온에서 운전됨으로써 시동성이 우수함.
4) 고체 막을 전해질로 사용함으로써 취급이 용이함.
5) 주로 자동차, 가정용으로 개발.

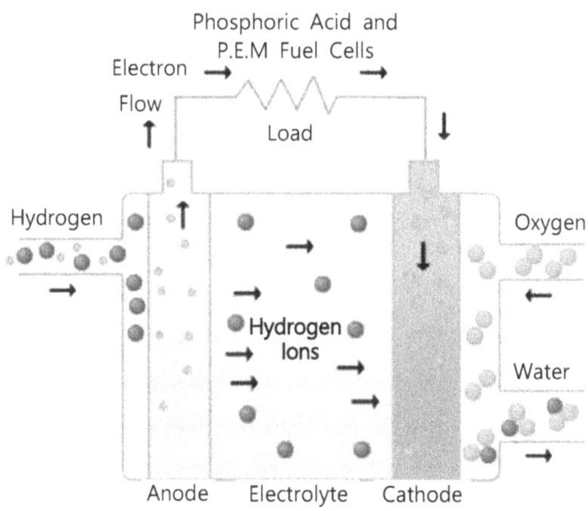

그림 6-31 고분자 전해질형 연료전지 원리

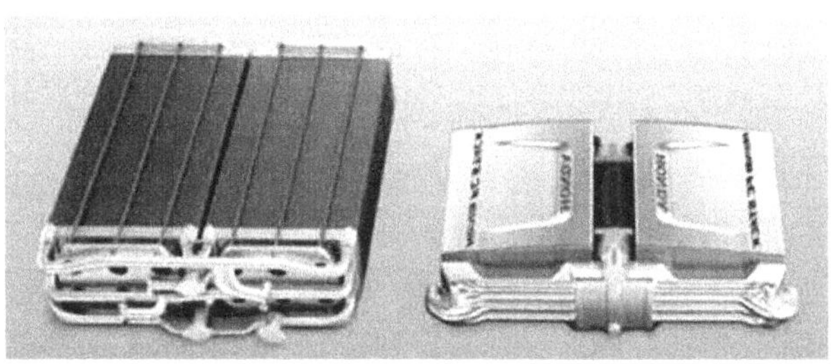

그림 6-32 혼다의 PEMFC Stack

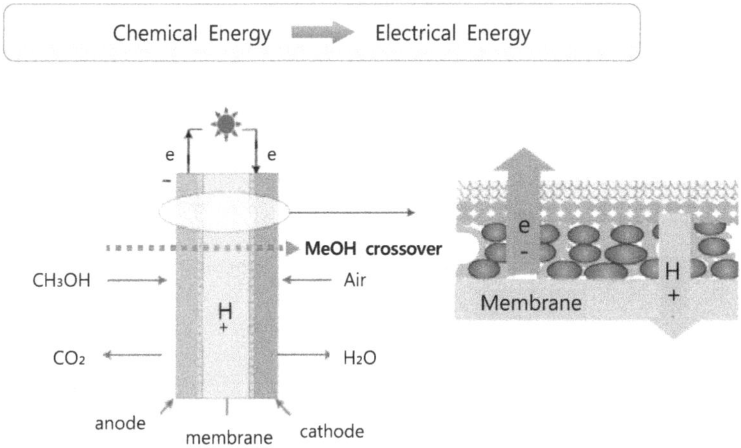

Anode : $CH_3OH + H_2O = CO_2 + 6H^+ + 6e^-$

Cathode : $1.5O_2 + 6H^+ + 6e^- = 3H_2O$

Overall : $CH_3OH + 1.5O_2 = CO_2 + 2H_2O$. Eo = 1.18 V

그림 6-33 Direct Methanol Fuel Cell

6-2-9 직접메탄올 연료전지 (Direct Methanol Fuel Cell, DMFC)

직접메탄올 언료전지(DMFC)는 메탄올을 직접, 전기화학 반응시켜 발전하는 시스템이다. 전해질은 이온 교환막에 인산을 담지시킨 것이다. 작동 온도는 150℃로 비교적 저온이다. PEFC와 비교하여 개질기를 제거할 수 있으며, 시스템의 간소화와 부하 응답성의 향상이 도모될 수 있는 장점을 갖고 있다. 그러나 반응 속도가 낮은 것이 의한 저출력 밀도, 다량의 백금 촉매의 사용과 메탄올과 산화제의 Cross Over(고체 고분자 막을 통과하는 것) 등의 단점도 있다.

직접메탄올 연료전지(DMFC)는 고분자 전해질 막을 사이에 두고 양쪽에 각각 음극과 양극이 위치한다. 음극에서는 메탄올과 물이 반응하여 수소 이온과 전자를 생성한다. 생성된 수소이온은 전해질 막을 통해 양극 쪽으로 이동하고, 양극에서는 수소 이온과 전자가 산소와 결합하여 물을 생성시킨다. 이 때 전자가 외부 회로를 통과하면서 전류를 발생시키는 것이 작동원리이다.

실제 사용시에는 출력을 높이기 위해 이러한 단위전지를 여러 개 묶어서 스택을 만들어 사용하는데, 일반적인 연료전지의 스택에서는 양극판(bipolar plate)을 사용하지만 마이크로 연료전지에서는 단극판(monopolar plate)을 사용한다. DMFC는 고분자전해질 연료전지(PEMFC)와 똑같은 구성요소를 사용하지만, 메탄올을 개질하여 수소로 만들 필요가 없이 직접 연료로 사용할 수 있기 때문에 소형화가 가능하다. DMFC는 PEMFC에 비해 출력밀도는 낮지만, 연료의 공급이 용이하고 2차전지에 비해 높은 출력밀도를 갖기 때문에 자동차의 동력원으로서 2차전지를 대체할 수 있는 가능성이 매우 높은 것으로 알려져 있다.

6-3 연료전지 개발현황

연료 전지는, 천연 가스와 메타놀 등의 연료로부터 수소를 취득, 대기중의 산소와 반응시켜 전기를 만드는 발전방식이다. 발전 효율이 대단히 높아 40~60% 정도이며, 반응과정에서 나오는 배출열을 이용하면, 최대 80% 가까이 에너지로 바꿀 수 있다. 더불어 천연 가스와 메타놀, LPG(액화석유가스; propane gas), 나프타, 등유, 석탄 가스화가스등 다양한 연료를 사용할 수 있기 때문에 에너지자원을 확보하기 쉽고, 연료를 태우지 않기 때문에 지구 환경보호에도 기여할 수 있는 미래의 에너지다.

최근에 전 세계적으로 지구의 환경 문제가 중요한 관심사로 떠오르고 있고, 이를 해결하기 위한 여러 가지 규제들이 국제적으로 제정되어 환경 보호를 위해 시행되고 있다.

이에 대응하기 위하여 저공해 자동차의 개발을 통한 공해 발생을 줄이기 위하여 전기자동차, 축전지와 내연기관의 하이브리드 자동차, 연료전지자동차등이 개발되고 있는데, 전기 자동차는 운행거리를 충분히 확보할 수 있는 축전지 기술의 실용화에 한계가 있다. 이러한 내연기관과 전기자동차의 문제점을 해결할 수 있는 유망한 기술이 연료전지를 이용한 전기자동차이다. 연료전지자동차는 현재 선진 각국이 실용화를 위해 연구가 추진중에 있다.

연료전지자동차도 일종의 대체에너지를 이용한 전기자동차이지만 축전지 구동 전기자동차와 구분하기 위하여 축전지 구동 자동차를 전기자동차로 기술하여 연료전지자동차와 구분하여 설명한다. 연료전지자동차와 비교할 수 있는 대상은 축전지 구동 전기자동차이다. 전기자동차로부터 직접 배출되는 매연의 수준은 연료전지자동차에 비해 매우 낮다.

[표 6-5 전기자동차와 연료전지자동차의 차이]

구 분	전기자동차	연료전지자동차
구동방법	전동기	전동기
동력원	발전소 공급전력	순수 수소 혹은 개질 수소에 의한 자체 전원
환경오염 문제	화력발전소의 유해 가스 및 다량의 축전지 사용	개질과정에서 극소량 발생
공해정도	심각함	진정한 무공해 차

전기자동차에 대한 주요 공해원은 축전지를 충전하는데 필요한 전기를 생산하기 위해 생기는 발전소에서의 공해이다. 따라서 충전을 위한 전력을 무공해 발전 방식인 태양광, 풍력 그리고 수력을 이용한 발전을 하였을 경우에만 전기자동차의 공해량이 연료전지자동차의 공해량보다 낮은 수준이 된다.

이와 같이 전지자동차의 실용화는 전 세계적으로 그 필요성이 인정되어 있지만 지금까지는 기술개발, 표준화, 시험안, 국가지원, 인프라 연구 등 여러 가지 전기자동차 관련분야 중에서 오직 기술개발만을 목적으로 모든 연구가 진행되어 왔었다. 그러나 차량이 양산체제에 돌입하고 시판까지 이르기 위해서는 개발품에 대한 성능의 객관적인 평가가 무엇보다 필요하고 이는 개발자뿐만 아니라 소비자들에게도 중요한 것이다.

연료전지자동차는 전기 자동차와 거의 특성이 비슷하여 구동 방법상 근본적인 차이는 없다. 다만 구동원을 위한 에너지원으로써 연료전지자동차는 순수 수소 혹은 개질 수소를 사용하여 발생하는 전력을 사용하고, 전기자동차는 보통 발전소에서 공급하는 전력을 사용한다는 점이다.

대체에너지 개발

대체에너지란 기존에 에너지원으로 사용하고 있는 석탄, 석유, 원자력 및 천연가스를 제외한 태양에너지, 바이오매스, 풍력, 소수력, 연료전지, 석탄의 액화, 가스화, 해양에너지, 폐기물에너지 등을 말한다. 이외에도 지열, 수소, 석탄에 의한 물질을 혼합한 유동성 연료 등이 포함된다. 실질적인 대체에너지란 넓은 의미로는 석유를 대체하는 에너지원이며, 좁은 의미로는 신·재생에너지원을 의미한다.

그림 6-34 대체에너지 보급률 및 지원수준

최근 10년간 우리나라의 에너지 소비는 매년 10%라는 세계 최고의 증가율을 기록하고 있으며, 온실가스 배출량 증가율 역시 세계 1위를 기록하고 있다. 주변의 여러상황을 감안할 때 대체에너지 개발의 필요성은 더욱 무게 중심을 더해가고 있는 실정이다.

현재 선진각국에서 활발히 기술개발이 진행되어 실용화 단계에 접어든 대체에너지로는 태양에너지, 풍력에너지가 주종을 이루며, 바이오매스, 지열, 파력, 조력 등을 이용한 대체에너지 개발이 활발히 진행되고 있다. 세계 각국이 대체에너지 개발과 활성화에 노력하고 있는 현 상황에서 우리나라는 여전히 원자력 위주의 에너지정책에서 탈피하지 못하고 오히려 원자력발전의 비중을 증가 할 계획을 세우고 있으며, 대체에너지 개발은 초보단계를 벗어나지 못하고 있다.

세계 각국의 대체에너지의 개발방향은 모두 수소에너지로 모아지고 있다. 이것은 수소를 사용할 때 환경오염이 거의 없을 뿐만 아니라, 이 지구상에 물이 무수히 많이 존재하기 때문이다.

그림 6-35 대체에너지 개발 필요성

그래서 세계의 대체에너지의 목표는 수소이지만 현재까지는 아직 그 수소로 에너지원을 하기에는 많은 문제가 있어, 이 부분을 해결하기 위해 많은 과학자들이 노력을 하고 있다. 더욱이 수소가 모든 물질을 투과할 수 있을 정도로 작기 때문에 저장상의 어려움을 가지고 있다.

'앞으로 20년 후면 에너지 수급 불균형, 50년 후에는 거의 고갈상태' 이러한 상황이 벌써 현실적으로도 나타나고 있는 상태에서 대체에너지 개발은 더욱 시급한 과제이다.

연료전지는 수소와 산소의 화학반응 에너지에서 발생한다. 이는 전기분해의 역반응을 이용하는 것이다. 물을 전기분해할 때는 전도성을 높인 수용액에 전압을 가해 수소와 산소로 만든다. 반대로 연료전지에서는 수소와 산소를 화합해 물을 만들어내는 과정에서 전력을 얻게 된다. 수소와 산소가 결합할 때는 저온을 유지하게 되고 60% 이상의 높은 효율을 얻을 수 있다. 최신 화력발전소 효율이 50% 정도라는 것을 감안하면 연료전지는 상당히 경제적인 동력원이다.

7

연료전지 자동차 개발현황

전 세계적으로 에너지 경제구도가 화석에너지로부터 친환경 수소 경제로 전환하는 에너지 패러다임의 대변환이 진행중이다. 석유 대신 수소를 에너지로 달리는 수소연료전지자동차는 높은 연비와 친환경 특성으로 화석연료 탈피와 기후변화 대응에 효과적인 차세대 대표 자동차이다.

수소연료전지 스택이 자동차엔진으로 적합한 기술적 요인은 다음 2가지로 설명된다.

첫째, 수소의 화학에너지를 직접 전기에너지로 변환하여 모터를 작동하는 연료전지의 직접 발전은 기존 내연기관 자동차의 복잡한 다단계 과정에 비해 발생 손실을 최소화시켜 자동차의 연비를 극대화시킨다.

둘째, 연료전지 스택은 발전을 통해 생성되는 유일한 배출물이 물 뿐이라 100% 무공해차로 각광받고 있다. 때문에 기존 내연기관 자동차와 달리, 온실가스도 미세먼지도 전혀 생산/배출되지 않아 차량이 밀집된 대도시의 경우 그 환경 개선 효과가 더욱 탁월하다. 최근 디젤게이트 발생으로 클린디젤에 대한 믿음이 바닥으로 떨어진 상태에서, 수소연료전지자동차는 향후 우리의 자동차 문화에서 배제할 수 없는 '친환경'이란 목표를 달성하기 위한 훌륭한 대안으로 부상하고 있다. 따라서 앞으로 자동차 산업의 생존경쟁의 척도가 될 친환경 자동차와 관련된 기술개발과 인프라, 부품산업의 성공적 육성이 이뤄질 수 있도록 전력을 다해야 한다.

이를 위해 전기전자 등 다른 산업의 참여와 협력을 통해 '복합산업구조'로의 전환이 이뤄질 때 우리나라 자동차 산업은 지속적인 성장을 담보할 수 있다. 또 이를 바탕으로 연료전지 자동차와 전기회로 체제를 갖춘 미래형 전기자동차 사회로 한 걸음 나아갈 수 있을 것이다.

그림 7-1 수소연료전지자동차

[표 7-1 수소연료전지자동차 사양비교]

구 분	주행거리(Km) (미국EPA기준)	최고속도 (Km/h)	가속성능 제로백	최대토크 (N·m)	바테리	판매시기
현대차 넥쏘	609	177	9.2	395	리튬이온	2018.03
도요다 미라이	502	175	10.4	335	니켈수소	2014.12
혼다 클래라티	589	164	11.8	300	리튬이온	2016.03
현대차 투싼ix	426	160	12.5	295(?)	리튬폴리머	2013.02

넥쏘/국내인증거리 / 주행거리는 국가별 인정기준이 다름

그림 7-2 글로벌 자동차업체 수소연료전지자동차 출시현황

자동차회사로는 세계적으로 일본의 도요타와 혼다, 닛산 그리고 미국의 GM과 포드, 독일의 다임러 크라이슬러와 같은 자동차회사들이 연료전지 운전장치 시스템 개발을 추진하고 있다. 이들 자동차 회사들은 연료전지 스택의 개발에 있어서는 회사의 기술력 및 전략에 따라 다양한 개발 모델을 가지고 있다. 일본의 도요타와 혼다, 미국의 GM은 자체 스택 개발을 추진하여 상당한 기술력을 확보하고 있는 것으로 알려지고 있으며, 포드와 다임러 크라이슬러는 Ballard사의 연료전지 스택을 활용하여 연료전지 자동차를 개발하고 있는 것으로 알려져 있다.

그러나 연료전지 운전 장치 시스템 개발은 모든 자동차 회사들이 독자적인 개발을 추진하고 있는 것으로 알려지고 있다. 특히 혼다는 독자적인 연료전지 스택의 개발을 진행 중에 있으나 현재 대부분의 연료전지 자동차는 Ballard사의 스택을 사용하고 있다.

지금까지는 혼다와 도요타가 연료전지업계에서도 독보적인 역량을 과시하고 있고, 미국의 Big3은 합자 등을 통하여 공동전선을 형성하고 있으며, 일본 업체와의 기술제휴도 마다하지 않는 적극적인 공세를 펼치고 있다.

미국과 일본, 유럽의 자동차 제작사들은 2000년 이후 수소연료전지자동차를 개발하고 있으며, 또한 각 국의 정부는 신재생에너지 개발사업의 일환으로 수소연료전지자동차 실증사업 또는 프로젝트를 추진하고 있다.

[표 7-2 글로벌 주요 자동차업체의 수소연료자동차 개발현황]

기업명	내용
도요타	· 1996년부터 수소연료전지자동차 시험 모델 제작 개시 · 2014년 최고속력 178 km/h, 주행거리 502 km(북미기준), 미라이(Mirai) 출시
혼다	· 수소연료전지자동차 기술과 동시에 수소스테이션 기술 보유 · 2016년 최고 속력 170 km/h, 주행거리 589 km(북미기준), 크래라티(Clarity) 출시
현대	· 2013년 세계 최초로 수소연료전지자동차 투싼ix 양산 · 2018년 주행거리 609 km, 차세대 FCEV 넥쏘(NEXO) 출시
메르세데스 벤츠	· 중형 SUV, 플러그인/연료전지 병합 모델 · 주행거리 6000 ㎏ · 주력제품 : GLC F-Cell
피아트-크라이슬러	· 1994년 NECAR 1 발표 · 현대차와 합작하여 개발 중
아우디 폭스바겐그룹	· 현대차와 합작하여 개발 중 · 2021년 출시 목표
BMW	· 2006년 수소엔진 자동차 '하이드로젠7' 발표 · 도요타와 합작하여 개발 중
포드-다임러	· 2000년 포커스 FCEV 발표 · 닛산과 합작하여 개발 중
GM	· 1968년 자동차 역사상 처음으로 주행 가능한 연료전지자동차 개발 · 2006년 '시퀄'을 개발, 공개 · 혼다와 합작하여 개발 중

수소 연료전지자동차와 수소엔진차

- 경수소를 사용한다는 점에서 공통점이 있지만 차량을 구동하는 원리는 전혀 다르다.
- 수소연료전지자동차는 물을 전기분해하면 수소와 산소로 분리되는 것을 역이용한 원리다. 차에 수소를 주입해 공기 중의 산소와 결합하는 과정에서 나오는 전기의 힘으로 달린다. 유해 배기가스 대신 물(수증기)이 나온다.
- 수소엔진차는 수소를 직접 엔진에 분사해 폭발하는 힘으로 달린다. 수소 연료전지자동차와 수소엔진차 모두 친환경 차량으로 꼽히지만, 제작비가 높고 수소충전소 등이 갖춰지지 않아 현재까지 대량생산되지는 않고 있다

수소차가 대중화될 수 없는 3가지 이유

- 2017년초 열린 다보스포럼에선 현대자동차를 비롯해 가와사키, 다임러, 도요다, 로얄 더치쉘, 린데 그룹, BMW, 알스톰, 앵글로아메리칸, 에어리퀴드, 엔지, 토탈 그리고 혼다가 참여하는 글로벌 수소차 동맹이 결성됐다. 차세대 차량 기술 분야에서 테슬라로 대표되는 전지 기반 전기자동차의 잠재력을 뛰어넘을 수 있을지 주목된다.
- 이런 가운데 독일에서 자동차 전문 교수인 페르디난트 두덴회퍼는 자신이 쓴 책 <누가 자동차의 미래를 지배하는가?>에서 수소를 활용하는 연료전지 기술에 대해 아직도 공상과학 수준이라고 직격탄을 날렸다.

- 연료전지는 100년전, 아니 200년전에도 기대주였고 지금도 그 수준에 머물고 있다는 것이다. "연료전지 자동차는 미래로 가는 가장 인상적인 수단이다. 그러나 이론상으로만 그렇다는 것이 문제다. 이론상 연료전지의 역사는 거의 200년이나 된다. 1838년 독일 화학자이자 물리학자인 크리스타안 프리드리히 쇤바인이 연료전기의 원리를 발견했다. 이미 1870년이 최초의 연료전지 열풍이 일었고 이는 소설가 쥘 베른의 상상을 자극했다. 베른은 이미 "물은 미래의 탄소"라고 예언했다.

- 위르겐 슈렘프 전 다임러 회장은 2000년 베를린에서 세계 최초의 제로 리터 자동차를 깜짝 발표했다. 자동차 업계에서 일종의 영구 기관과 같은 것이며 2004년이면 대량 생산이 될 것이라는 설명이었다. 이 아이디어에서 몇 백대의 시제품 차량이 나오긴 했지만 제대로된 대량 생산은 오늘날까지도 이루어지지 않고 있다.
- 연료전지는 탱크에 저장된 수소를 산소와 결합시켜 물을 생성하는 과정에서 전기가 만들어지는 원리다. 배기가스 대신 물방울이 배출된다. 저자에 따르면 아주 놀랍고 간단하고 청정하게 들리는 해법이다. 그러나 실제로는 몇가지 문제가 있다. 크게 보면 3가지다.

□ **우선 가격이다. 저자에 따르면 수소차는 인프라 투자에 상당한 비용이 소요된다.**

- 수소는 휘발성이 강한 기체이고, 자동차에 탱크 시스템과 연료 파이프를 설치하는 데에도 비용이 많이 들어간다. 자동차에 전기를 공급하기 위해 필요한 이른바 연료전지 스택은 물론 추가적인 전기 저장 장치도 있어야 한다. 한편 연료 전지는 언제나 균등한 전기를 내보내는데, 가속할 때 에너지가 더 많이 필요한 것처럼 자동차의 에너지 수요에 변동이 있기 때문에 성능 좋은 전지가 필수적이다. 이 모든 것이 오늘날의 전지 구동 방식의 전지자동차보다 연료전지 자동차의 생산비를 더욱 끌어올리고 있다.

□ **충전 인프라도 걸림돌일 될 수 있다.**

- 수소 충전소를 세우는데도 마찬가지로 엄청난 비용이 들어간다. 수소 충전 시스템은 급속 충전소나 기존 주유소들을 설립하는 것보다 몇배나 더 많은 돈을 필요로 한다.

□ **마지막인 세번째 단점은 수소 그 자체다.**

- 수소 1킬로그램은 현재 9유로 이상의 가격에 판매되고 있는데, 이 용량으로 주행 가능한 거리는 100킬로미터 정도다. 이에 비해 재래식 연료는 세금을 제하면 가격이 그 3분의 1에도 미치지 않는다. 게다다 **수소는 오늘날 원유나 천연가스에서 생산되는데 이는 우리가 바라는 녹색 에너지가 아니다.** 미래에는 수소가 전기로 생산된다고 하지만 그 역시 수소 생신을 확대히기 위한 인프라 구축 비용이 막대하게 소요될 것이다."

7-1 업체별 개발현황

일반 전기자동차의 고질적인 문제인 비싼 가격과 짧은 주행거리, 최소 수십 분 이상의 긴 충전시간을 해결할 효과적인 대안이 필요하다는 반응이 대세인 상황에서 미국 정부는 전기자동차 구매 시 세금 감면 등의 인센티브를 내놓았음에도 GM의 bolt, 닛산 Leaf 등 주요 전기자동차 판매량이 예상 외로 지지부진해 일반 전기자동차의 전체 시장점유율은 여전히 소수에 불과하다. 이에 차세대 친환경차의 대안으로 수소연료전지자동차의 중요성이 부각되고 있는 상황이다.

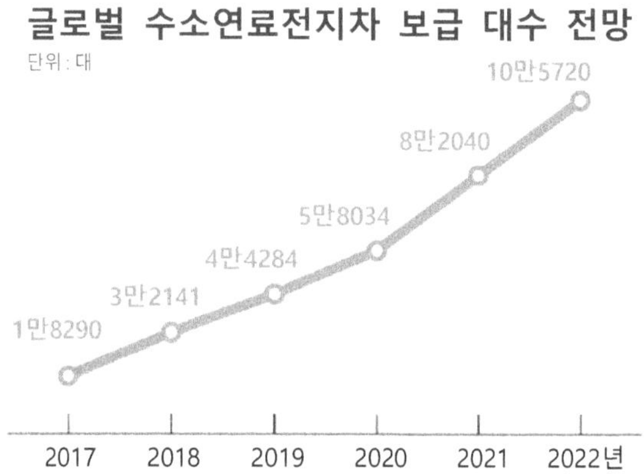

그림 7-3 세계 수소연료전지자동차 시장전망

현대자동차는 도요타, BMW 등 글로벌 업체들과 '수소연료전지자동차(FCEV) 동맹'을 맺고 글로벌 수소 사회를 앞당긴다는 구상이다. 진정한 친환경차로 통하는 수소 연료전지 자동차 시장을 선점하기 위한 글로벌 자동차 회사들의 경쟁도 본격화할 전망이다.

현대자동차그룹이 글로벌 최대 자동차업체인 독일 폭스바겐그룹의 아우디와 '수소전기자동차 동맹'을 결성했다. 미래 수소연료전지자동차 시장 선점을 위한 완성차 업체 간 합종연횡이 가속화하는 가운데 현대차그룹이 막강한 우군을 확보한 것이다.

협약에 따라 양사는 수소연료전지자동차 기술 확산과 시장 활성화를 위해 특허·주요 부품을 공유하게 된다. 향후 시장 선점과 기술 주도권 확보 차원에서 기술 협업을 계속 확대할 예정이다.

현대차그룹은 이번 동맹 체결로 경쟁이 치열한 수소연료전지자동차 시장에서 다시 한 번 도약할 수 있는 기회를 잡게 됐다. 현대차그룹은 2013년 세계 최초로 수소연료전지자동차 양산에 성공하고 올해 차세대 수소연료전지자동차 '넥쏘'를 출시하며 관련 기술력 부문에서 세계 최고 자리를 지켜왔다. 그러나 최근 들어 다른 글로벌 업체들이 잇따라 수소연료전지자동차를 선보인 데다 비용 절약을 위한 업체 간 제휴에 속도가 붙으면서 위기감이 확산한 터였다.

실제 혼다는 미국 제너럴모터스(GM)와 합작법인을 설립해 수소연료전지자동차에 탑재되는 연료전지시스템을 공동 생산하기로 했다. 도요타의 경우 BMW와 함께 2020년 상용화를 목표로 수소연료전지자동차 플랫폼을 개발하고 있다. 닛산과 포드-다임러 역시 제휴관계를 맺고 있다.

폭스바겐그룹이 세계 최대 시장인 중국에서 점유율 1위를 기록 중이란 점도 이런 기대를 높이는 요인이다. 중국은 2020년 수소전기자동차와 충전소를 5000대·100기 이상, 2025년 5만대·300기 이상, 2030년까지 100만대·1000기 이상 누적 보급하는 내용을 담은 수소연료전지자동차 로드맵을 확정했다.

아우디 측도 수소연료전지자동차 양산 모델 개발 속도를 높이는 동시에 개발비 절약을 꾀할 수 있게 됐다. 아우디는 2016년 디트로이트 모터쇼에서 수소연료전지자동차 콘셉트카인 'H-트론 콰트로'를 선보이면서 오는 2020년 출시 계획을 밝힌 바 있다. 아우디 기술개발 총괄은 "현대차그룹과 같은 강력한 파트너와의 협업은 수소연료전지자동차 분야의 기술 혁신을 위한 현명한 방법이 될 것"이라고 말했다.

7-1-1 도요타 자동차

도요타는 1996년부터 수소연료전지자동차를 본격 개발해 왔다. 기초부터 따지면 개발역사가 30년 이상이다.

도요타자동차가 수소연료전지자동차 보급을 위해 자사가 수십년간 축적해 온 독점 기술을 공짜로 쓸 수 있도록 하겠다고 선언했다. 도요타가 수십년간 축적해온 관련 특허를 전부 공개한 이유는 기술을 독점해 얻는 이익보다 모두와 공유해 전체 시장을 확대하는 것이 더 큰 이익이라고 판단했기 때문이다.

그림 7-4 도요타 연료전지자동차 '미라이'

도요타는 전기자동차보다는 연료전지자동차를 궁극적 친환경차로 보고 있는데, 최근 전기자동차에 시장을 선점당하자 특허 공개라는 특단의 조치를 취해 연료전지자동차 개발에 필요한 우군을 확보하겠다는 전략을 세운 것이다. 도요타는 세계 최초 일반인 판매용 수소연료전지자동차 '미라이(未來)'를 발표한 바 있다. 연료전지자동차가 아직 비싸지만, 특허 공개를 통해 규모의 경제를 달성할 경우 그 절반 이하로 양산하는 것도 어렵지 않다는 전망이다. 미라이가 3분 충전으로 502 km(미국EPA기준)를 달릴 수 있으며, 일본은 미라이 등 연료전지자동차를 일본 경제의 주요 성장 동력원으로 삼고 있다. 특히 도요타는 2050년까지 기존 내연기관 엔진만으로 구동하는 자동차의 판매를 거의 '0'으로 줄이겠다는 장기 목표를 발표한 바 있어 친환경 자동차 개발에 대한 토요타의 강력한 의지가 확인되었다.

7-1-2 혼다 자동차

일본 혼다자동차가 연료전지 자동차를 처음으로 발표한 것은 1999년이나, 2002년 에 도요타와 함께 가장 먼저 리스판매를 시행했다. 2003년에는 저온시(-20℃)의 시동과 더욱 소형화된 차세대 연료전지 스택 "혼다 FC STACK"을 발표하고, FCX에 탑재하여 동경모터쇼에 출품했다.

2006년에는 FCX를 발표하였는데, 이것은 2005년 동경모터쇼에서 발표한 컨셉카를 주행가능토록 한 것으로 혼다 자체개발의 FC 스택을 장착하였다.

혼다차는 첫 연료전지 자동차인 FCX 클래러티(1세대:FCX Clarity,2008~2015)를 2008년부터 일본 및 미국에서 리스판매를 시작했다. FCX 클래러티는 비록 3년동안에

그림 7-5 혼다 FCX 클래러티

[표 7-3 혼다 클래러티 제원]

구분	비고	구분	비고
제 작 사	혼 다	모터출력	130 Kw
판매시기	2016.03	최대토크	30.6 Kg· m
주행거리	589 km	충전시간	20분~8시간
수소탱크용량	5.46 Kg	크기(전장×전폭×전고mm)	4165×1765×1610
행거리(수소1Kg당)	107.8 km	배터리	리튬이온

/ 주행거리는 국가별 인정기준이 다름

소량의 대수밖에 생산되지 않는 차량이지만 양산되는 세계 최초의 연료 전지차라는 점에서 세계 자동차사의 한 획을 그었다. 이 차는 하이브리드 등 두종류 이상의 동력원을 사용하는 것이 아니라 연료전지 자동차 전용으로 설계된 자동차라는 점도 특징적이다.

연료전지 자동차는 수소를 연료로 차량 내부에 탑재한 발전장치로 동력을 얻어 모터로 주행하는 차량이다. 때문에 거의 무음에 가까운 엔진음을 내며 전기자동차 수준의 정숙한 주행성능을 갖고 있다. 또, FCX는 출발에서부터 최고속도인 시속 160 km까지 변속이 없이 부드러운 가속력으로 속도를 올리는 것이 일반 가솔린차량과 다른 점이다. 특히, 이 차는 부드럽고 편안한 가속감을 느낄 수 있고, 다른 차량에서 느낄 수 없는 매끄러운 속도변화로 탑승자를 사로잡는다.

혼다자동차는 2016년 2세대 클래러티(2016~현재)가 출시되었다, 5인승이며 3분간의 수소충전으로 최고 속력 170 km/h, 주행거리 589 km(북미기준)를 달린다. 출력이 100 kW 이상인 고분자전해질연료전지(PEMFC)가 장착됐으며 700기압의 수소저장용기가 탑재됐다.

그림 7-6 2세대 클래러티

혼다자동차도 연료전지 자동차 양산체제를 갖추고 현재 일본 전역에 수소충전스테이션 확충작업에 본격 나서고 있다.

7-1-3 현대 자동차

현대자동차는 2000년 싼타페를 모델로 연료전지자동차를 처음 선보였다. 이후 세계 최초로 350기압 수소 충전에 성공하며 수소 연료전지 자동차 업계에서 두각을 나타냈다. 고압 수소 저장 능력은 수소 연료전지 자동차 1회 충전 주행거리와 비례한다.

모하비 FCEV로 기술력을 검증해본 현대자동차는 2010년 투싼ix FCEV를 처음 내놓았다. 현대자동차는 양산을 위해 국내 부품업체 100여 업체와 협력하였고 이를 통해 핵심부품을 95% 이상 국산화했다. 특히 부품 크기 축소, 연료전지시스템 모듈화 등 핵심부품 설계 개선을 통해 앞서 개발에 나섰던 유럽·일본 업체보다 양산을 앞당길 수 있었다.

투싼ix FCEV는 차량 밑부분에 설치했던 연료전지 시스템을 엔진룸에 탑재했고 출력도 기존 모델보다 개선했다. 3세대 수소연료전지자동차로 개발된 이 차는 독자 개발한 100 ㎾급 연료전지 시스템과 2탱크 수소저장 시스템이 장착됐다. 특히 영하 25도 이하 저온에서도 시동이 걸려 기존 모델에서 나타난 약점을 극복했다. 한 번 수소 충전으로 최대 594 km를 갈 수 있다.

[표 7-4 전기자동차와 수소연료전지자동차의 성능비교]

	전기차/수소차 비교	
· 전기차(전기)	**비교항목(연료)**	· 수소연료전지차(수소)
· 354 km(테슬라 모델3)	**주행거리**	· 609 km(현대차 넥쏘)
· 20분~8시간	**충전시간**	· 3~5분
· 가격저렴, 생산과정 단순 · 기존 충전 인프라 활용	**장점**	· 짧은 충전시간, 긴 주행거리 · 미세먼지제거/상대적)
· 짧은 주행거리, 긴 충전시간 원자재(리튬,코발트)고가	**단점**	· 비싼 충전소, 높은 생산단가 · 연료전지용 백금 촉매 가격

그림 7-7 현대자동차의 투싼ix 수소연료전지자동차

현대자동차가 2013년 세계 최초로 수소연료전지자동차인 투싼ix를 울산공장에서 양산한다고 발표하자 전 세계 자동차 업계는 깜짝 놀랐다. 벤츠·도요타·혼다 등 내로라하는 글로벌 기업보다 적어도 2년정도 빠른 발표였다.

세계 최초로 양산되는 투싼ix 수소연료전지자동차는 1회 수소 충전으로 최대 426 km까지 주행이 가능하고, 가솔린 기준으로 환산하면 27.8 km/ℓ의 고연비를 실현했고, 영하 20도 이하의 탁월한 저온 시동성 확보 등 세계 최고 수준의 효율성을 갖췄다. 현대자동차가 독자 개발한 100 kW급 연료전지 시스템과 2탱크 수소저장 시스템(700기압)이 탑재됐고 영하 20도 이하에서 저온 시동성 확보, NEDC 유럽 연비 시험 기준으로 100 km를 주행하는데 0.96 kg 수소가 사용되는 등 세계 최고 수준의 효율성을 자랑한다.

[표 7-5 투싼ix 수소연료전지자동차 사양]

	구분	비고
제원	연료전지 스택	100 KW
	구동모터	100 KW
	수소탱크	700기압(수소저장량 : 5.6 Kg)
	에너지 저장장치	24 KW급 리튬이온 폴리머 전지
성능	최고속도	160 Km/h
	가속성능(0→100 Km)	12.5초
	1회충전시 항속거리	426 Km
	가솔린 등가연비	27.8 Km/l(0.95 Kg· H_2/100 Km)

[표 7-6 현대차 투싼과 도요다 미라이의 제원 및 성능 비교]

도요다		현대차
미라이	**차 량**	투싼ix FCEV
502	**주행거리(km)**	426
4인승 세단	**차 종**	5인승 SUV
150	**마력(PS)**	129
4890×1816×1534	**크기(전장×전폭×전고mm)**	4895×1875×1475
약 7800만원	**가격(출고당시)**	약 8500만원

/ 주행거리는 국가별 인정기준이 다름

현대자동차는 독일 벤츠, 도요타, 닛산 등과 함께 미국 정부의 수소연료전지자동차(FCEV) 개발에 참여한다. H_2 USA는 FCEV 개발 파트너를 선정했다. 이 중에서도 현대자동차는 세계 최초로 FCEV 대량생산 설비를 갖춘 만큼 미국의 FCEV 개발 과정에서 가장 주도적인 역할을 맡을 것으로 보인다.

현대자동차는 이번에 H_2 USA의 개발 파트너로 선정되면서 독자 개발한 '투싼ix FCEV' 시험용 차를 미 정부에 공급한다. 투싼ix FCEV는 1회 충전으로 리튬이온전지를 탑재한 기존 전기자동차 주행거리보다 긴 최장 426 km를 주행한다. 이 차는 유럽연합(EU)의 시험운행 차량으로 단독 선정됐으며 이후 유럽 각국의 정부기관과 관공서에 판매되고 있다.

현대자동차는 2018년 차세대 수소연료전지자동차(FCEV)인 넥쏘(NEXO)를 출시했다. 넥쏘는 그 동안 양산 차량을 기반으로 개발되었으며, 완전히 새롭게 수소연료전지자동차를 위해 개발된 미래형 SUV다. 넥쏘는 현대차의 수소연료전지자동차 연구 개발의 방점을 찍는 모델로서 보다 향상된 주행 성능과 주행 거리를 자랑한다. 1회 충전 항속거리는 609 km에 이른다. 이는 현재 판매 중인 차량 중 가장 긴 거리이며 ix35 FCEV(항속거리 415 km, 한국기준)와 비교한다면 약 40% 이상 향상된 수치다.

그림 7-8 현대자동차의 수소연료전지자동차 넥쏘(NEXO)

넥쏘의 복합연비는 96.2 km/kg이며, 수소탱크의 수소 저장밀도와 저장용량을 증대시켜 기존보다 더 많은 한 번에 총 6.33 kg의 수소를 충전할 수 있도록 했다. 참고로 충전 시간은 5분 이내로 꾸준한 지속 사용성을 보장한다.

현대자동차는 수소전기자동차 분야의 혁신 및 시장 선점을 위해 폭스바겐그룹의 아우디와 손잡았다. 현대차가 아우디와 동맹을 맺은 것은 글로벌 수소전기자동차 시장의 저변을 확대하고, 확고한 기술 경쟁력을 바탕으로 미래 수소전기자동차 시장에서의 패권 경쟁을 주도하기 위해서다.

현대차는 자율주행 기술을 탑재한 차세대 신형 수소 연료전지 자동차를 통해 이 시장의 선두주자로 올라선다는 목표다.

[표 7-7 현대자동차 수소전기자동차 넥쏘 주요제원]

구분		제원
	1회 충전주행거리(km)	609 Km
	완전충전 시간	5분
	적재공간	839 L
	모터최대출력	135.0 KW
	최대토크	395.0 N·m
	가속성능제로백	9.2초
	복합연비	96.2 Km/Kg

/ 주행거리는 국가별 인정기준이 다름

7-1-4 피아트-크라이슬러그룹(FCA)

크라이슬러사의 최초 연료전지 자동차는 NECAR 1으로 1994년에 발표되었으며, NECAR는 뉴 일렉트릭카의 약자로 1호차라는 의미이다. 크라이슬러는 2002년에 F-Cell을 발표했으며, 양산형 연료전지 자동차로서의 세계 첫 자동차로 크라이슬러에 찬성한 기업, 단체의 일상사용을 통해 실용테스트를 하는 "F-Cell 글로벌 프로그램"이라는 국제적인 프로젝트를 시작하였다. F-Cell은 NECAR 4a와 같은 압축수소를 연료로 하고 출력 68.5 kW의 연료전지에 65 kW의 모터를 조합했으며, 최고속도는 140 km/h이다. 그리고 압축수소의 충전압은 35 MPa 이지만 항속거리는 150 km로 다소 짧다. 최대출력 20 kW의 2차 전지를 가지고 있지만 에너지 회생은 하지 않다.

2008년 형 에코보이저(ecoVoyager) 컨셉트카'로 명명된 이 차량은 4도어를 갖춘 4인승 모델로서 전통적인 미국적 디자인을 채택하고 있다. 에코보이저 컨셉트는 전기 모터로 추진력을 얻다. 전지는 리튬이온 방식으로 기존에 비해 부피는 줄었고 성능은 높아졌다. 전기 모터의 출력은 272마력, 100 km/h 가속시간은 9초가 채 되지 않으며 최고 속도는 185 km/h이다. 전기자동차 모드시 주행거리는 64 km이다.

다임러와 일본의 닛산, 미국의 포드 등 세계적인 자동차 업체 3사가 연료전지 차량을 공동으로 개발한다는 프로젝트를 2013년 1월 발표했다. 이들 회사는 공동 개발을 통해 연료전지 차량을 시장에 내놓는 것을 목표로 하는 것으로 알려졌다. 이번 프로젝트는 이미 시장에 나와 있는 닛산의 '리프', 다임러의 '스마트' 같은 전기자동차 모델에서 연료전지 차량으로 업계의 흐름이 바뀌고 있음을 보여주는 것이다.

그림 7-10 크라이슬러 에코보이저

그림 7-9 Mercedes-Benz Necar-5

피아트-크라이슬러그룹(FCA)는 현대자동차와 글로벌 파트너십을 구축한다. 현대차는 2세대 투싼을 베이스로 개발한 수소연료전지자동차를 세계 최초로 상용화에 성공했고 관련기술도 선두그룹에 속한다. 일본 메이커가 속속 수소연료전지자동차 기술을 앞세워 동맹을 확대하는 가운데 피아트-크라이슬러그룹과 현대차는 파트너십을 통하여 차세대 신형 수소 연료전지 자동차를 통해 이 시장의 선두주자로 올라선다는 계획이다.

7-1-5 GM

GM의 연료전지에 대한 개발은 1960년대까지 거슬러 올라가며, GM이 처음으로 연료전지 테스트를 한 것은 1964년이고 1968년에 자동차 역사상 처음으로 주행 가능한 연료전지 자동차를 개발하였다.

2001년에 하이드로젠 1을 개량한 하이드로젠 3을 발표하였으며, 하이드로젠 3은 전자시스템을 추가 개량하여 소형화가 진행되었다. DC/AC 컨버터, 전기모터, P 포지션부착 트랜스 밋션 및 전압변환기와 드라이브 샤프트의 중앙에 위치한 디퍼런셜로 구성되는 일체형 모듈의 중량은 불과 92kg이며, 연료전지 스택도 하이드로젠 1보다 매우 작아졌다.

2002년에 GM사가 발표한 연료전지 자동차의 컨셉트카 Hy-Wire는 획기적인 개념을 선보였다. Hy-Wire는 수소탱크, 모터를 바닥아래에 모두 적재한 스케이트보드형 샷시를 채용하여 자동차의 활용성을 비약적으로 향상시킨 것이다.

그림 7-11 GM Hy-Wire

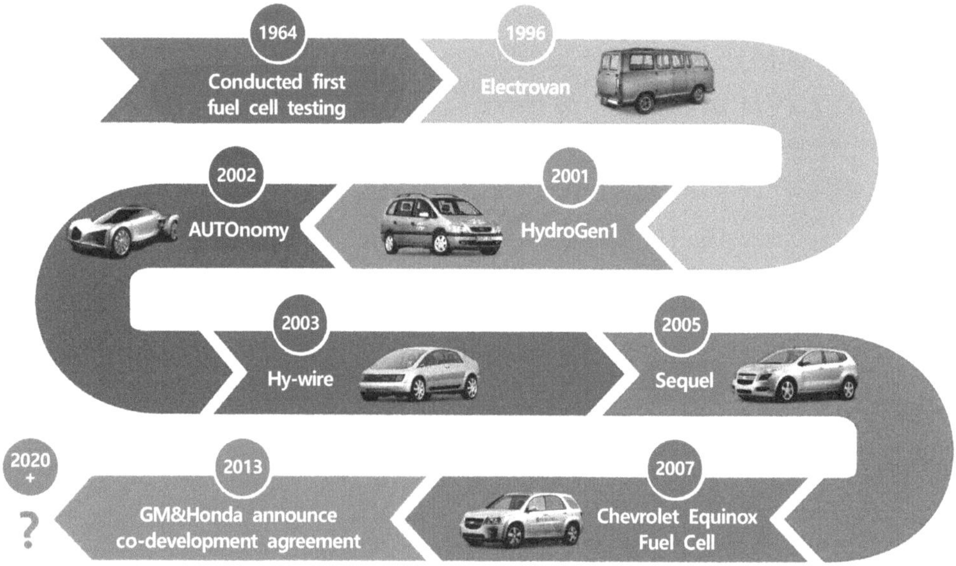

그림 7-12 GM의 수소연료전지자동차 개발 역사

GM은 2006년에 수소 연료전지 자동차 '시퀄'을 개발, 공개했다. 시퀄은 GM이 2001년부터 개발해 온 수소 연료전지 자동차의 결정판으로 첨단 자동차 기술이 집약됐다.

시퀄은 출력이 25% 가량 향상된 차세대 연료전지를 장착, 한번 충전으로 480 km를 갈 수 있다. 출발 후 시속 100 km를 10초에 돌파한다. 배기구에서 유해가스 대신 수증기만 나온다. 시퀄의 경우 핸들과 브레이크의 반응도 빠른 편이다. 이는 차량 내의 각종 장치를 전자신호로 제어하는 X-By-Wire라는 전자기술이 사용했기 때문이다.

미국 GM과 일본 혼다가 오는 2020년까지 차세대 연료전지 시스템과 수소 저장 기술을 개발하는 장기 플랜을 공동 추진한다는 협약을 체결했다. GM은 2013년 두 회사가 장기적인 성장 전략에 필요한 연료전지자동차량의 시장 수요에 대응하기 위해 관련 기술과 인프라 구축에 협력하기로 했다고 밝혔다.

GM과 혼다는 연료전지자동차량 관련 기술 특허가 세계 1위와 2위를 다툴만큼 이 분야 선두를 달리고 있어 이번 협약에 따른 성과가 기대되고 있다.

GM과 혼다가 공동개발하는 연료전지자동차는 충전시간이 3분에 불과하고 한 번 충전하면 최대 650 km를 주행할 수 있는 수준이다.

7-1-6 포드 자동차

포드는 캘리포니아 연료전지 파트너십에 처음부터 참가하고 있다. 포드 몬데오로 휠베이스를 연장하여 알루미늄 재료로 경량화한 바디에 Ballard Power Systems사가 제작한 연료전지 스택 마크 700을 탑재하고, 연료는 압축수소로 41리터의 탱크를 2개 탑재하여, 2000년에 포커스 FCEV를 발표하였으며, 또한 2002년에 각 부분을 개량하여 하이브리드화 한 포커스 세단 FCEV를 완성시켰다.

2007년에는 플러그인 기능이 부가된 수소 연료전지 하이브리드 자동차 '엣지 위즈 하이시리즈'를 발표했다. 이차는 수소 연료전지와 리튬이온 전지를 결합시킨 하이브리드시스템으로 리터당 17.3 km의 연비와 배기가스 제로 에미션을 실현했다. 이 플러그 인 기능이 부가된 연료전지 하이브리드 자동차는 유연한 파워트레인 구조를 베이스로 하고 있어 차량의 디자인 변경없이, 신개발 연료나 선진 구동기술 적용이 가능하다는 것이 장점이다.

엣지 위즈 하이시리즈 드라이브에 탑재된 파워트레인은 시내 및 고속주행의 혼합수치로 리터당 17.3 km의 연비를 실현했으며 특히 속도가 시속 80 km 이하일 경우에는 연비가 리터당 33.8 km에 달한다. 엣지 위즈 하이시리즈 드라이브는 평상시에는 336볼트의 리튬이온 전지 팩으로 주행, 전지만으로 40 km까지 주행이 가능하며 그 후는 연료전지로 발전을 개시, 충전된 전지로 320 km까지 주행이 가능해, 전체적으로 360 km까지 가솔린 연료없이 주행할 수가 있다. 특히, 이용 상황에 따라 수행가능 거리가 크세 달라져 최고 640 km까지도 주행이 가능하다고 한다.

그림 7-13 포커스 FCEV

그림 7-14 포드 엣지 위즈 하이시리즈 드라이브

7-1-7 BMW

BMW는 수소를 현재 내연기관 연료로 사용하는 매우 독특한 전략을 내세우고 있다. 이것은 연료전지 자동차와는 다른 범주이며, 2000년에 수소엔진 사양인 'BMW 750hL'를 15대 생산하고 이듬해에는 'BMW 클린에너지 월드투어 2001'이라는 이름으로 동경을 포함한 세계 5개 도시를 돌며 그 이념과 기술을 홍보했다.

BMW는 향후에도 수소엔진을 주축으로 전개해나갈 계획이며, 열효율 문제에서는 현재 37% 정도지만 10년 후에는 연료전지와 등등한 50% 수준이 가능할 것이라고 한다. 그러나 NOx 문제는 촉매로 대처할 수밖에 없는 한계가 있어서 BMW도 내연기관으로서의 수소엔진을 궁극의 동력원으로서 생각하고 있는 것은 아니다. 양산용으로 2003년부터 테스트를 시작한 수소엔진 자동차 BMW 745h는 최고속도 215 km/h, 수소만의 항속거리 300 km 이상이며, 액체수소탱크를 트렁크에 탑재했다.

그림 7-15 BMW745h

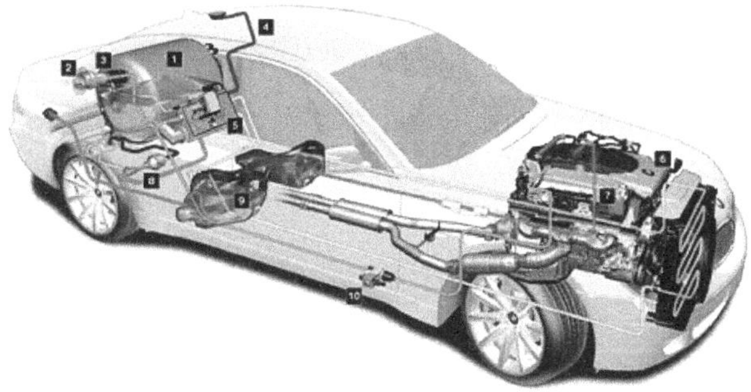

그림 7-16 BMW 수소엔진자동차-하이드로젠7

독일 BMW는 2006년에 수소엔진 자동차 '하이드로젠7'을 발표했다. 이 차는 BMW의 최고급 차종 '760Li'를 바탕으로 개발됐다. BMW의 '하이드로젠7'은 GM과 현대자동차가 개발한 '수소 연료전지 자동차'와 다른 점이 많다. 우선 수소를 직접 엔진에 분사, 폭발(연소)하는 힘을 동력으로 해서 달린다. 하이드로젠7의 출력은 260마력으로 BMW의 최고급 차종 760Li(258마력)과 차이가 거의 없다.

수소엔진차 하이드로젠7의 승차감은 기존 BMW 760Li 가솔린 모델과 거의 같다. 시동을 걸 때 엔진음이 나고, 가속을 할 때 약간의 소음과 진동도 들린다. 하이드로젠7의 또 다른 특징은 수소 외에 가솔린(휘발유)도 연료로 사용하는 '듀얼 모드 연소엔진'을 장착했다는 점이다. 수소탱크와 별도로 가솔린 연료탱크가 있다.

자동차 회사 '벤츠'의 수소연료전지자동차가 세계 일주를 시작했다. 이산화탄소 배출이 없는 수소연료전지자동차의 가능성을 알리기 위해서다.

그림 7-17 벤츠의 수소연료전지자동차 세계 일주

독일 BMW와 일본 토요타는 2013년 장기적인 전략적 협업 관계 구축의 일환으로 '연료 전지(FC) 시스템 공동 개발', '스포츠카 공동 개발', '경량화 기술의 공동 연구 개발'에 관한 정식 계약을 체결했다. 양사는 2012년에 시작한 차세대 리튬 이온 전지 기술에 관한 공동 연구에 이어, 제2단계로 포스트 리튬 전지인 리튬 공기 전지 기술의 공동 연구 시작에 관한 정식 계약을 체결했다.

먼저, 연료전지시스템의 경우 양사는 보유 기술을 상호 공유해 2020년을 연료전지 자동차 보급 확대를 목표로 FC스택 시스템을 비롯, 수소 탱크, 모터, 전지 등, FC차의 기본 시스템 전반의 공동 개발을 실시하기로 했다. 또한 FCEV의 보급에 필요한, 수소 인프라의 정비나 규격 및 기준의 책정에 대해서도 협력해 나갈 예정이다.

7-2 관련업체의 변화

7-2-1 업계 합종연횡 바람

연료전지 자동차(FCEV) 시장을 놓고 글로벌 자동차 업체들의 합종연횡이 속도를 내고 있다. 일본 도요타와 독일 BMW가 FCEV 개발 제휴를 발표한 직후, 르노닛산과 다임러, 포드는 FCEV 공동개발에 합의했다.

르노닛산-다임러-포드 연합은 이번 제휴를 통해 연구개발(R&D) 비용을 줄이고 일본, 유럽, 미국 정부에 연료전지 관련 인프라 정비를 요구할 계획이다.

[표 7-8 글로벌 수소연료전지자동차 동맹]

구분	비고
현대차-아우디	수소차 특허/부품 공유
도요다-BMW	2013년 수소차 플랫폼 공동 개발 협약
혼다-GM	2016년 연료전지 공동제작하는 합작법인 설립
닛산-포드-다일러	2013년 연료전지 공동생산 협약

현대자동차는 피아트-크라이슬러그룹(FCA)와 글로벌 파트너십을 구축한다. 현대차는 2세대 투싼을 베이스로 개발한 수소연료전지자동차를 세계 최초로 상용화에 성공했고 관련기술도 선두그룹에 속한다. 일본 메이커가 속속 수소연료전지자동차 기술을 앞세워 동맹을 확대하는 가운데 피아트-크라이슬러그룹과 현대차는 파트너십을 통하여 차세대 신형 수소 연료전지 자동차를 통해 이 시장의 선두주자로 올라선다는 계획이다.

(1) 가격 낮추고 인프라 정비 가속화

FCEV는 기존 가솔린 차량이나 전기자동차(EV)와는 차이가 있다. EV는 최초 동력을 만들기 위해 약간의 화석연료가 필요하지만 FCEV는 천연가스나 물을 사용하기 때문에 환경친화적이다. FCEV는 또 EV에 비해 충전시간이 짧은데다 주행가능거리가 길어 기존 가솔린 차량과 큰 차이가 없다. 다만 FCEV는 차량가격이 비싸고 수소 공급 인프라가 부족하다는 것이 해결과제다. 10년 전까지 1대당 약 10억원 대를 호가했다. 최근에는 하이브리드차(HV)의 전기 모터 등 부품을 공유하면서 가격을 빠르게 낮추고 있다.

세계적 자동차회사 르노닛산과 다임러, 포드는 FCV 공동개발에 합의했다. 이번 제휴는 관련 인프라 정비를 가속화한다는 의미에서도 중요하다. 정부와의 연계가 필수적인 만큼 미국 정부와 강한 유대관계를 갖고 있는 포드가 가세해 정책 측면에서 지지를 받기 쉬워질 것으로 예상된다.

한편 BMW를 파트너로 선택한 도요타는 지난 1992년 FCEV 연구개발(R&D)을 자체적으로 시작한 이후 처음으로 타사와 기술 제휴를 결정할 만큼 FCEV에 공을 들이고 있다.

세계 주요 국가들이 환경규제를 강화하면서 수소연료전지자동차 시장이 급성장하고 있다. 글로벌 완성차 업체들을 중심으로 수소연료전지자동차 시장을 선점하기 위한 차량 기술 및 가격 경쟁이 심화될 전망이다.

글로벌 분석업체에 따르면 2021년까지 현대, 기아, 도요타, 렉서스, 혼다, 벤츠, BMW 등 최소 11개의 완성차 업체가 수소연료전지자동차 시장에 진출할 것으로 전망된다.

현재 수소연료전지자동차 시장을 선점하기 위한 현대·도요타·혼다 3사 간 기술 경쟁이 치열하다. 양산에 성공한 대표적인 수소연료전지자동차는 현대의 투싼과 넥쏘다. 이외, 혼다 클래리티(Clarity), 도요타 미라이(Mirai)가 경쟁 중이다.

도요타사의 미라이는 최고 마력 151 및 충전 후 최장 502 km(312 mile/북미인증) 주행이 가능하다. 혼다의 대표 소수차는 클래리티로 최고 마력 170을 자랑하며 충전 후 최장 589 km(366 mile/북미인증)을 주행할 수 있다. 현대는 1세대 수소연료전지자동차인 투싼을 시작으로 최근 최고 마력 161에 1회 충전으로 주행거리가 609 km(북미인증전)에 이르는 차세대 수소연료전지자동차인 넥쏘를 출시했다.

(2) 세계 각국의 인프라 구축현황

글로벌 완성차 업체들의 시장 선점을 위한 주요 경쟁 요인 중 하나는 세계 주요 국가들을 중심으로 수소연료전지자동차 활성화를 위해 수소 충전 인프라를 늘리고 있다는 점이다.

미국 캘리포니아 주 정부를 중심으로 2020년까지 수소연료전지자동차 10만대 보급을 목표로 대당 1,300달러의 보조금을 지급한다. 또한, 수소 공급 인프라 지원을 위한 3,300만 달러 보조금 발표를 통해 2020년까지 최소 100개의 충전소를 구축할 예정이다.

한국정부의 미세먼지 관리 특별대책에 따르면 2020년까지 수소연료전지자동차 활성화를 위해 충전소 100곳을 설치함과 동시에 2018년 기준 구매보조금 2,750만 원 지원을 통해 수소연료전지자동차 판매량 1만 대 달성을 목표로 하고 있다.

일본은 도쿄올림픽이 개최되는 2020년까지 수소연료전지자동차 판매 4만 대, 충전소 160곳을 목표로 정부 출자기업에 도쿄가스, 오사카가스, 도호가스, 도요타 통상, JX, 이데미쓰고산, 도요타, 혼다, 닛산, 일본개발은행 등 총 11개의 업체가 참여할 예정이다.

중국의 수소연료전지자동차 로드맵에 따르면 2020년까지 수소연료전지자동차 5,000대, 충전소 100기가 보급될 전망이다. 또한, 중국 정부의 2016~2020년 신에너지차량 확대보급사용계획에 따르면 전기자동차 및 하이브리드차의 보조금을 단계적으로 축소하는 반면, 수소연료전지자동차의 보조금은 20만 위안으로 유지하는 계획을 발표했다.

우리나라의 경우, 첫 양산형 수소연료전지자동차를 발표하고도 부족한 수소충전소와, 보조금 지원으로 수소연료전지자동차 시장의 주도권을 도요타에게 넘겨준 만큼 수소연료전지자동차 선두국가가 되기 위해서는 일본을 포함한 타 국가의 정부지원 정책 등 관련 움직임을 예의주시하고 벤치마킹할 필요가 있다고 전문가 들은 조언한다.

7-2-2 자동차 산업의 신패러다임

세계 각국의 배기가스 규제로 친환경 차가 자동차 시장의 대세로 떠오르면서 미래 친환경차 패권을 차지하기 위한 전기자동차와 수소연료 전기자동차의 경쟁이 심화하고 있다. 둘 다 친환경 차로 분류되지만, 장단점이 뚜렷하고, 글로벌 자동차 업체마다 주력으로 삼은 차종이 달라 신경전도 치열하다.

수소연료전지자동차는 기존 석유를 사용하는 내연기관 자동차와는 개념부터 다른 신개념 미래형 친환경차로 수소를 사용해 순수한 물(수증기)만 배출되는 완전 무공해 자동차로 하이브리드, 전기자동차 등을 넘어서는 궁극적인 미래 자동차로 인식되고 있다. 까다로운 기술과 높은 안전성을 요구하기 때문에 GM, 도요타, 혼다, 벤츠 등 글로벌메이커들은 2020~21년 상용화를 목표로 차량을 개발 중이지만 연료전지 스택 개발 등 차량 독자 기술력, 양산을 위한 생산 기술 확보 등의 어려움으로 지금까지 양산에는 성공을 하지 못했다.

기존의 가솔린 내연기관이 석유(가솔린) 등 혼합연료를 폭발시킨 힘으로 구동축을 돌리는 데 비해, 연료전지는 전기모터가 구동축을 돌리게 되어 있다. 이 때 전기모터를 돌리는 에너지를 생산해 내는 것이 바로 연료전지이다.

연료전지 작동 원리는 전해질을 사이에 두고 두 전극이 샌드위치의 형태로 위치하며 두 전극을 통해 수소이온과 산소이온이 지나가면서 전기를 발생시키고 부산물로서 열과 물을 생성한다.

현재 주도권은 전기자동차가 갖고 있다. 배기가스가 없는 데다 소음도 적고, 변속기 같은 동력 변환 장치도 필요 없다. 가격도 내연기관 자동차와 견줄 정도로 낮아졌고, 충전 인프라도 어느 정도 구축됐다. 특히 전기자동차는 지금까지 힘이 부족하다는 평가를 받아왔으나 기술 수준 향상으로 가속력과 스피드도 끌어올렸다. 각국 정부의 보조금 지급으로 보급도 빠르게 늘고 있다. 당분간 전기자동차=친환경차라는 패러다임이 유지될 것이라는 예상이 많은 이유다.

전기자동차는 수소 연료전지 자동차와 부품의 70%가량 겹치지만, 수소 연료전지 자동차에 대한 이들의 전망은 냉혹하다. 하지만 전기자동차는 급속 충전기에서 20~30분, 가정에서 충전할 때(저속) 4시간 이상 걸린다는 단점이 있다. 한번 충전으로 갈 수 있는 거리는 300 km대이다. 전지 개발의 기술적 한계로 발전에 제한이 있다는 분석이 나온다.

에너지 위기는 최근 들어 더욱 본격화되고 있다. 수소연료전지의 대두도 이러한 시대의 요구와 맞물려 있다. 수소연료전지의 연료로 천연가스를 개질해 수소를 얻는 방법을 사용하고 있으며 한동안은 이러한 개질방식이 이어져갈 것이다. 그러므로 국내 천연가스 인프라 역시 '수소경제'라는 에너지 안보로 갈 수 있는 중요한 기반산업이 아닐 수 없다.

사실 수소 연료전지 자동차는 전기자동차보다 비싼 데다, 기술발전 수준이 더뎌 관심을 덜 받았다. 하지만 충전시간이 5분 내외로 짧고, 한 번 충전으로 400 km 이상을 갈 수 있다는 장점이 부각되면서 관심이 높아지고 있다. 수소 연료전지 자동차는 차량 내 고압 탱크에 저장한 수소와 공기 중의 산소를 반응시켜 만들어낸 전기로 모터를 돌려 움직인다. 매연 없이 순수한 물만 배출하기 때문에 궁극의 친환경차로 불린다.

수소 연료전지 자동차 개발에 적극적인 곳은 현대차와 일본 도요타·혼다 등이 꼽힌다. 현대차는 2013년 세계 최초로 투싼ix 수소 연료전지 자동차 양산에 성공했으며, 2018년에는 1회 충전 주행거리는 609 km인 미래형 SUV '넥쏘'를 공개했다. 도요타는 미라이, 혼다는 클래리티를 내놨다. BMW와 닛산·GM·포드 등도 2020년 최신형 수소 연료전지 자동차 출시를 앞두고 있다.

하지만 수소 연료전지 자동차는 제조비용이 많이 든다는 치명적인 단점이 있다. 연료전지에 들어가는 50~70 g의 백금 때문이다. 다른 부분은 기술이 올라가면서 가격을 낮출 수 있지만, 연료전지의 가격은 낮추기가 쉽지 않다. 인프라 구축도 만만찮다. 충전시설 설치비용이 한 곳당 수십억 원이나 든다.

당분간 두 차종은 경쟁 관계가 아니라 동반자 관계로 발전할 것이라는 게 전문가들의 시각이다. 지금 내연기관 자동차가 가솔린·디젤엔진으로 시장이 나뉜 것과 비슷하다. 더욱이 친환경차는 결국 정부 시책과 맞물려 돌아가기 때문에 어떤 차종이 미래 대세가 될지 현재로썬 예단하기가 쉽지 않다. 이에 한국의 현대·기아차는 투트랙 전략을 구사하고 있다. 경쟁업체보다 기술 개발이 늦었지만 최근 아이오닉 등의 전기자동차를 선보이며 보폭을 넓히고 있다. 다만 장기적으로는 수소 연료전지 자동차 쪽이 더 경쟁력이 있다고 보고 수소 연료전지 자동차에 무게 중심을 두고 있다. 2005년 수소 연료전지 자동차 개발에 성공한 현대차는 기술 수준에서 세계 최선두권에 있는 것으로 평가받고 있다. 아직 시장이 여물지 않은 만큼 먼저 시장을 선점하면 주도권을 쥘 수 있다는 판단이 나온다.

[표 7-9 수소연료전지차와 전기자동차 제원 비교]

	수소연료전지차		전기자동차

차량모델	**현대차 넥쏘**	**도요다 미라이**	**GM 볼트EV**
주행거리	609 km	502 km	383 km
충전시간	약 5분	약 5분	20분~8시간
차체(전장×전폭×전고mm)	4670×1860×1630	4890×1815×1535	4165×1765×1610
출시	2018.03(한국)	2014.12(일본)	2017.03(한국)

/ 주행거리는 국가별 인정기준이 다름

미국에서 다양한 용도의 연료전지기술이 모두 성숙되어 있을 것으로 예상되는 2035년을 기준으로 연료전지를 탑재한 자동차와 하이브리드자동차, 플러그인 하이브리드자동차, 전지 전기자동차, 내연기관 자동차 등의 수명주기 비용을 평가한 결과, 연료전지 자동차의 비용이 다른 자동차에 비해 높지 않고 전지 전기자동차보다는 훨씬 쌀 것으로 전망하고 있는데 이는 연료전지 및 연료전지 자동차의 개발과 산업 육성에 적극적으로 나서고 있는 한국으로서는 고무적인 결과이다.

또한 전지 전기자동차는 도시 출퇴근의 근거리용으로 용도가 한정될 것이며 장거리용 친환경 자동차의 궁극적인 모습은 연료전지 자동차가 될 것이라고 전문가들은 예상하고 있다. 따라서 전지 전기자동차용 대형 전지의 양산체제를 갖춘 LG화학, 삼성 SDI 및 SK 이노베이션 등의 우리나라 기업들은 재생에너지 저장시설의 개발에 더 많은 역량을 집중해야 할 것으로 보인다.

최근에 현대·기아자동차는 세계 최초로 연료전지자동차를 상용화하여 공급하기 시작하였다. 또한 향후 시장 개발을 위해서는 도요타·BMW, 르노·닛산·포드 등과 같이 각국 업체들이 연합전선을 구축하여 생산·판매량 증대를 꾀하는 전략을 검토해야할 것으로 보인다.

특히 일본의 도요타는 하이브리드자동차 분야에서 하이브리드시스템 II와 같이 절대적인 기술적 우위를 점하고 세계 시장을 개발하고 있는데 연료전지 자동차 분야에서는 우리나라 기업들도 그와 같은 기술적 우위전략을 구사해야만 향후 시장 개발에서 앞서나갈 수 있을 것으로 생각된다.

수소 연료전지 자동차의 본격적인 보급은 수소 충전소 같은 기반시설이 얼마나 빨리 갖춰질지에 달려 있다. 미국 및 독일 업체들도 수소 연료전지 자동차 개발에 동참하고 있어 업체들의 양산형 모델이 출시되는 시점인 2020년 이후 본격적인 수소 연료전지 자동차 경쟁이 시작될 전망이다.

이산화탄소를 없애는 동시에 전기와 수소를 생산하는 시스템

- UNIST 김건태 에너지 및 화학공학부 교수 연구팀이 이산화탄소를 활용해 전기·수소를 생산하는 기술인 '하이브리드 나트륨 금속-이산화탄소 시스템(Hybrid Na-CO_2 system)'을 개발했다
- 연구팀이 개발한 시스템은 물에 녹인 산화탄소를 활용하는 전지 시스템으로 작동 과정에서 이산화탄소는 제거하고 전기와 수소를 생산한다.

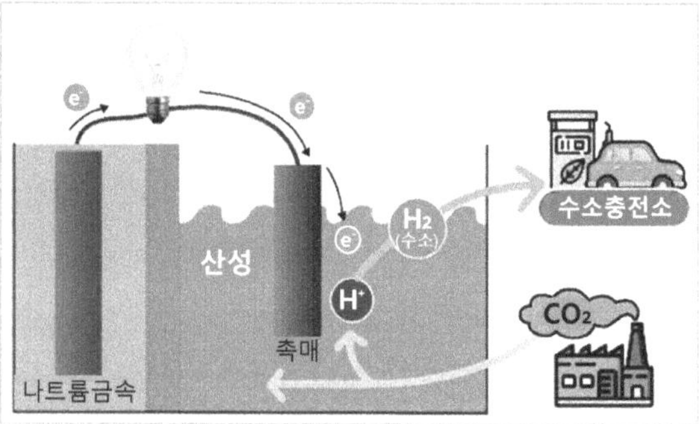

하이브리드 나트륨 금속-이산화탄소 시스템

7-3 비교차종의 분석

7-3-1 미래자동차 승자는 누가 될까

전기자동차(EV)와 수소연료전지자동차(FCEV)가 사활을 건 격돌을 예고하고 있다. 누가 미래 자동차 시장의 대세가 될지 주목된다. 수소연료전지자동차가 친환경차의 완결판이 될 것이라는 전망에도 이견이 없는 분위기이다. 수소연료전지자동차는 전기자동차와 비교해 충전 시간이 최대 5분의1 정도에 불과하다. 한 번 충전으로 주행할 수 있는 거리도 600 km 이상으로 아직 400 수준인 전기자동차를 크게 앞선다. 또 수소(H_2)와 산소(O)의 화학반응으로 동력을 일으키기 때문에 물(H_2O)만 배출될 뿐이다. 그런가 하면 수소연료전지자동차를 운행하는 것만으로 미세먼지까지 정화할 수 있어 진정한 친환경차라고 불릴 만하다.

한 분석가는 단기전에서는 전기자동차 시장이 우세하겠지만, 장기전으로 보면 결국에는 수소연료전지자동차가 승리를 거둘 것이라면서 리튬이온 전지를 이용한 전기자동차는 수소연료전지자동차로 가는 디딤돌에 그칠 것으로 본다고 진단했다.

[표 7-10 전기자동차와 수소연료전지자동차의 성능비교]

전기자동차(현대차 코나)		수소연료전지차(현대차 넥쏘)
390 km	주행거리	609 km
1시간	완충시간	5분
4650만원	가격	6890만원
25원	Km당 유지비	73원
7.6초	가속성능(제로백)	9.2초
오염물질 미배출	친환경성	물만배출, 미세먼지 정화기능
1억원	충전소 설치비	30억원
평균 200마력	최대출력	평균 150마력

하지만 수소연료전지자동차의 대량 양산이 아직 먼 미래의 얘기라는 점 때문에 회의론도 만만찮게 나온다. 운전자가 불편을 느끼지 못할 정도의 수소 충전 인프라가 구축되려면 최소 10년은 더 있어야 한다는 이유에서다. 또 수소연료전지자동차는 전기자동차보다 가격과 유지비가 비싸고, 수소 충전소를 설치하는 데에도 30억원이 드는 등 진입 장벽이 여전히 높은 상황이다.

게다가 전 세계 유수의 완성차 업체들이 최근 전기자동차 개발에 올인하며 시장을 키우고 있어 곧바로 수소연료전지자동차 시대로 접어드는 것이 시기상조라는 지적도 있다. 국내 1위 수입차 메르세데스벤츠는 올해를 전기자동차의 원년이 되도록 하겠다고 밝혔고, BMW, 폭스바겐, 재규어 등도 유럽의 까다로운 배출 규제에 맞서 전기자동차 투자에 집중하고 있다. 수소연료전지자동차 미라이를 출시하며 수소연료전지자동차 분야에서 앞서 나갔던 일본의 도요타도 최근 파나소닉과 손잡고 전기자동차 투자 쪽으로 전략을 선회하는 분위기다.

한 화학업체 관계자는 정부가 친환경차 보급 정책에 따라 지원할 수 있는 보조금 예산의 범위에서 전기자동차와 수소연료전지자동차가 '제로섬 게임'을 벌일 수밖에 없다면서 정부가 수소연료전지자동차 육성에 더 힘을 쏟으면 이제 막 걸음마를 떼기 시작한 국내 전기자동차 산업이 뒤처지게 될 것이라고 지적했다.

일각에서는 가솔린과 디젤 두 종류 엔진의 자동차가 공존했듯이 전기자동차와 수소연료전지자동차도 선의의 경쟁 속에 미래 자동차의 두 축을 이룰 것이란 전망도 나온다.

장거리를 이동하는 화물차나 시외버스는 '수소연료전지자동차'로, 충전 인프라를 잘 갖춘 도심 속 택시나 시내버스는 '전기자동차'로 활용하는 방안이다.

자동차 업계 관계자는 수소연료전지자동차의 인프라가 구축될 때까지는 전지 전기자동차를 사용하겠지만 수소연료전지자동차가 상용화되더라도 막대한 투자를 바탕으로 고도화된 전기자동차가 도태되진 않을 것이라고 전망했다.

7-3-2 친환경차 기술적 특장점 비교

유럽·미국 등 선진국은 물론 국내에서도 각종 환경 규제 벽이 높아지고 있다. 이에 자동차 업체는 더 이상 친환경 자동차 기술을 보유하지 않고선 생존이 불가능한 시대다.

최근 글로벌 자동차 메이커들이 선보이고 있는 친환경차는 주로 1) 수소연료전지자동차 2) 순수 전기자동차 3) 하이브리드 자동차 등 크게 세 갈래로 나뉜다.

수소연료전지자동차는 수소와 공기 중의 산소를 직접 반응시켜 전기를 생산하는 연료전지를 이용해 구동하는 자동차다. 물 이외의 배출 가스를 발생시키지 않는다. 때문에 각종 유해가스 및 지구 온실가스에 의한 환경 파괴와 에너지 고갈 문제를 동시에 해결할 수 있는 대안으로 꼽힌다.

수소가 연료 전지에 공급되면 전자와 수소이온으로 분리되고, 이때 발생한 전자들은 외부 회로로 전달돼 모터를 구동하는 동력원인 전기에너지로 쓰인다.

[표 7-11 전기자동차와 수소연료전지자동차의 비교]

구분	전기차(EV)	수소차(FCEV)
핵심요소	· 배터리	· 수소연료전지 사용 + 수소저장탱크
구동방식	· 외부에서 전기에너지 충전	· 부생수소와 산소를 결합해 전기에너지 생성
가격	· 3933만원(테슬러 모델3)	· 6890만원(현대차 넥쏘)
주행거리	· 354 km	· 609 km
충전방식	· 전기충전(콘센트 이용가능)	· 수소충전(충전소에서만 가능)
충전시간	· 20분~8시간	· 3~5분
운용비	· km당 25원	· km당 73원
최고속도	· 시속 209 ㎢m	· 시속 177 ㎢
장점	· 저렴한 가격 · 충전 인프라(상대적)	· 짧은 충전시간 · 긴 주행거리 · 무공해(대기중 미세먼지제거/상대적)
단점	· 배터리 한계(짧은주행거리) · 화석연료 전력생산 · 배터리용 원자재(리튬,코발트)고가 · 온도에 따른 성능 저하	· 높은 수소 생산단가 · 충전인프라 미비 · 고가의 차량 · 사회적 수용성 · 연료전지용 백금 촉매 가격

/ 주행거리는 국가별 인정기준이 다름

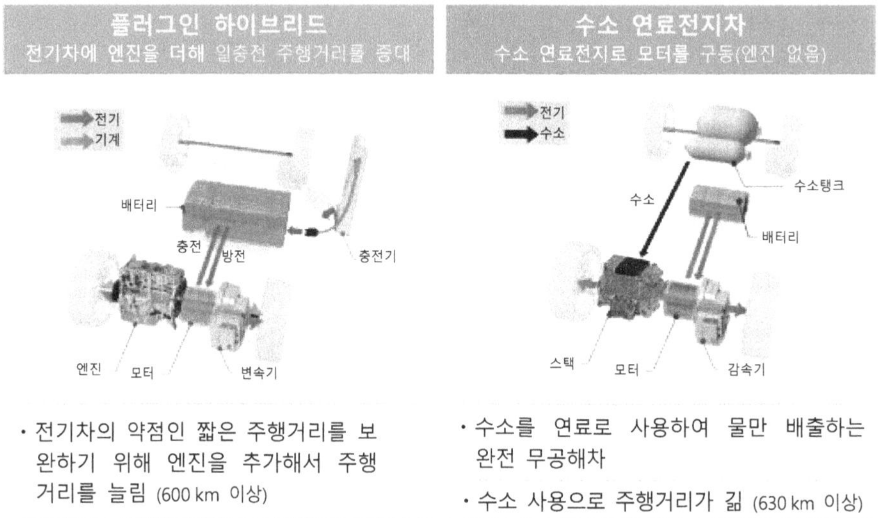

그림 7-18 환경자동차 시스템 개요

또 수소에서 분리된 수소 이온들은 전해질막을 통과해 막 반대편의 연료전지에 공급된 공기 중의 산소와 외부회로를 거쳐 돌아온 전자들과 만나 물을 생성하게 된다.

이 때 생성된 물은 수소연료전지자동차의 유일한 배출물로, 남은 공기와 함께 대기 중으로 배출된다. 전기자동차는 완충하는데 수 시간이 걸리는 반면 수소연료전지자동차는 단 몇 분이면 끝난다. 1회 충전에 주행거리도 길다. 현대차 넥쏘의 경우 단 5분 충전으로 600 km 가까이 달린다.

하지만 수소연료전지자동차는 수소충전소와 같은 인프라 구축이 요구된다. 주요 부품 가격도 매우 높은 편이어서 기술 혁신이 필요하다.

수소연료전지자동차와 함께 차세대 친환경차로 주목받는 게 전기자동차다. 전기자동차는 고전압 전지로부터 전기 에너지를 전기 모터로 공급해 차량에 구동력을 발생시킴으로써 화석 연료를 전혀 사용하지 않는 무공해 차량이다.

순수 전기자동차는 전지와 전기모터만으로 구동하는 만큼 전지의 수명과 저장 능력이 차량 성능에 큰 영향을 미친다. 하지만 전기자동차는 아직 1회 충전시 거리가 100~300 km대로 상대적으로 짧은 편이어서 장거리 이동엔 다소 어려움이 있다. 아직 충전 인프라 구축이 갖춰져 있지 않은 것도 단점이다. 따라서 전기자동차 보급의 가장 큰 변수는 전지 기술과 충전 인프라에 달려있다고 해도 과언이 아니다.

이와 함께 전기자동차와 기존 내연기관차의 중간 단계가 바로 하이브리드카(HEV)다. 하이브리드카는 화석연료와 전기의 힘을 사용한다. 내연기관과 전기자동차의 장점을 조합해, 연비 향상 및 배기가스 저감이라는 두 목표를 달성할 수 있는 '현실적 친환경차'로 불린다.

하이브리드카보다 한 단계 더 전기자동차에 가까운 차는 플러그인 하이브리드카(PHEV)다. 외부 전원을 사용할 수 있는 충전 장치를 내부에 탑재한 하이브리드카다.

7-3-3 세계 3대 수소연료전지자동차 비교(넥쏘-미라이-클래리티)

현대자동차가 수소연료전지자동차(FCEV) 넥쏘를 최근 공개했다. 내연기관차를 기반으로 개발한 첫 양산형 FCEV인 투싼 FCEV와는 달리 디자인, 차체, 플랫폼 등을 수소연료전지자동차 전용으로 구성한 최초의 현대차다.

그림 7-19 넥쏘-미라이-클래리티

[표 7-12 세계 3대 수소연료전지자동차 주요제원비교]

구분	**넥쏘**	**미라이**	**클래라티**
제작사	현대차	도요다	혼다
판매시기	2018.03	2014.12	2016.03
주행거리	609 km	502 km	589 km
수소탱크용량	6.33 Kg	5 Kg	5.46 Kg
행거리(수소1Kg당)	93.9 km	100.4 km	107.8 km
모터출력	120 Kw	113 Kw	130 Kw
최대토크	40.3 Kg· m	34.2 Kg· m	30.6 Kg· m
충전시간	약 5분	약 5분	약 5분
크기(전장×전폭×전고mm)	4670×1860×1630	4890×1815×1535	4165×1765×1610
배터리	리튬이온	니켈수소	리튬이온

/ 주행거리는 국가별 인정기준이 다름

글로벌 FCEV시장에선 토요타 미라이, 혼다 클래리티의 일본 FCEV가 이미 세력을 확장하고 있어 넥쏘는 이들 차와의 경쟁이 불가피하다. FCEV시장에서 각축을 벌일 세 제품을 비교한다.

(1) 성능 및 효율

세 차는 수소와 산소의 화학반응을 통해 발생시킨 전기로 모터를 구동하는 연료전지 시스템에서 동력을 얻는다. 넥쏘의 모터는 최고 163마력(120 kW), 최대 40.1 kg·m의 힘을 발휘한다. kg당 96.2 km의 효율(국내 복합 기준)로, 1회 충전 후 595 km(미국 EPA 기준, 국내 기준 609 km)를 달릴 수 있다. 수소 저장밀도와 용량을 높여 글로벌 시장에서 판매중인 수소연료전지자동차 중 주행 가능거리를 가장 길게 만들었다.

미라이는 최고 154마력(113 kW), 최대 34.2 kg·m를 낸다. 수소탱크 용량은 5 kg으로, 만충 시 502 km(미국 EPA 기준)를 달릴 수 있다. 클래리티는 최고 170마력(130 kW)으로 출력이 가장 높다. 충전 후 최장 589 km(미국 EPA 기준)를 주행할 수 있다.

(2) 편의 및 안전기능

넥쏘는 통합형 디스플레이를 통해 수소연료전지자동차에 특화한 사용자경험(UX) 컨텐츠를 제공한다. 주행가능거리, 수소충전소 위치, 수소탱크 온도/압력 상태, 공기정화량, 이산화탄소 절감량 등을 확인할 수 있다. 안전품목은 원격 스마트 주차보조, 차로유지보조, 고속도로주행보조 등 레벨2 수준의 반자율주행 시스템을 적용했다.

미라이는 세이프티 커넥트, 엔튠 수소충전소 검색 앱 등을 지원한다. 차선이탈경고, 자동긴급제동, 어댑티브크루즈컨트롤 등의 품목을 갖췄다. 클래리티는 헤드업 디스플레이, 공기청정, 홈링크 원격제어 시스템 등의 편의품목과 레인워치, 사각지대경보 등을 포함하는 능동형 안전 시스템 패키지 혼다 센싱을 장착했다.

(3) 판매가격

가격은 미라이가 북미 기준 6,000만 원대로 가장 낮다. 현대차는 넥쏘를 7,000만 원대의 클래리티와 비슷하다. 충전 인프라가 별로 없어 이용의 불편함을 고려하면 아직 FCEV의 가격경쟁력 자체는 큰 의미가 없다는 시각이 지배적이다. 그러나 토요타는 미라이 가격을 내년에는 5,000만 원대로 떨어뜨릴 계획이다. 이를 통해 현재 판매중인 전지기반의 전기자동차를 대체한다는 복안이다

7-3-4 도요타와 현대차는 왜 수소연료전지자동차에 주력하려는 걸까.

두 가지 측면을 봐야 한다. 첫 번째는 현재 자동차 회사의 고용을 유지하는 것과 산하부품 업체를 유지하는 것이다. 자동차 회사 개발 부문은 주로 공대 기계학과 출신이 장악하고 있다. 파워트레인(엔진·변속기) 중심이다. 그런데 전기자동차로 전면 이행하게 되면 이 인력의 상당 부분이 무용지물이 된다. 또 전기자동차로 가면 기존에 자동차 회사들이 길러놓은 부품 업체들의 능력을 활용하기도 어렵다. 전기자동차는 내연기관차에 비해 단순하기 때문에 부품 수도 훨씬 적다. 특히 기존 기계부품 업체들보다 외부에 있는 전자부품 업체들의 일감이 많다. 자동차 회사 휘하의 기존 부품 업체 일감이 사라지는 것이다.

[표 7-13 차종별 장단점 비교]

구분	장점	단점
ICV	· 가격이 가장 저렴하고 현재 점유율이 압도적 · 에너지로 석유를 쓰기 때문에 편리	· 배출가스가 많아 환경을 오염시킴 · 지구온난화에 악영향 디젤은 퇴출위기
HEV	· 전기모터가 구동을 도와 연비가 좋고 친환경적	· 가격이 내연기관차보다 높음. · 도요타 정도 빼고는 아직 채산성 없음
PHEV	· 하이브리드에 외부 충전 기능 더한 것 · 일정거리는 모터만 주행	· 내연기관+전기자동차시스템까지 이중의 동력 계통을 갖춰야 하기 때문에 하이브리드보다 비쌈
BEV	· 전지의 전기로 모터 돌려 주행 · 배출가스 없음 · 전지·모터의 배치 자유로워 자율주행차에 잘 맞음	· 급속충전/15-30분, 완속충전/8-9시간 · 한번 충전 후 주행거리 짧음(400 km)
FCEV	· 충전시간 5분 정도로 전기자동차보다 짧음. · 한번충전으로 600 km 이상 주행	· 대당 원가가 내연기관차의 3~5배 수준. · 수소충전소 아직 미비

반면 수소연료전지자동차는 부품이 아주 많이 들어가기 때문에 기존 부품 업체에 일감 주기가 쉽다. 수소연료전지자동차는 기존의 파워트레인을 만들던 인력을 상당 부분 전용하는 것도 가능하다. 실제로 수소연료전지자동차 연구 인력을 보면 기존의 파워트레인 출신이 많다. 자동차 업체 입장에서 전기자동차는 '게임체인저'이지만, 수소연료전지자동차는 '게임익스텐더'라고 할 수 있다.

두 번째는 수소연료전지를 아무리 개발·보급하려고 선전해봐야 사람들이 잘 봐주지 않기 때문이다. 역시 도로에 굴러다니고 뭔가 첨단 이미지를 주는 디자인의 실물을 만들어야 사람들이 수소연료전지자동차·수소경제에 대해 더 관심을 갖는다. 결국 지금 단계는 관심을 더 모아 수소연료전지자동차·수소경제의 당위성을 확보하기 위한 과정인 셈이다.

7-4 해결해야 할 과제

수소가 미래 경제의 핵심이 되는 새로운 성장동력이며 친환경 에너지 혁명을 이끌 원천이라고 많은 전문가들은 예견한다. 우주 물질의 75%를 차지할 정도로 풍부한 수소를 주요 에너지원으로 채택하기만 하면 다양한 새로운 산업이 생기고 국가 경제가 일어날 것처럼 느껴진다. 그러나 업계에는 우려 섞인 시선이 적지 않다. 그중 하나가 정부의 로드맵이 수소를 에너지원으로 활용하기 위한 구체적 계획보다는 수소연료전지자동차(Fuel Cell Electric Vehicle) 활성화에만 초점을 맞추고 있다는 지적이다.

정부는 수소경제로 가기 위한 모든 기술의 집합체인 수소연료전지자동차를 중심으로 수소경제를 구축하겠다는 계획이지만 이 같은 행보에는 기술적 난제들이 장애물처럼 겹겹이 쌓여 있다. 기술적인 문제들을 해결해 수소연료전지자동차 대량 생산에 성공한다고 하더라도 수소연료전지자동차가 대중의 선택을 받을지는 미지수다. 급속도로 에너지 효율, 주행 성능 등이 개선되고 있는 전기자동차를 제치고 여러 측면에서 뒤처지는 수소연료전지자동차가 시장의 선택을 받긴 어려울 것이라는 게 전문가들의 분석이다. 일반적으로 신생 산업은 정부가 보조금을 주면서 기업의 기술 개발을 촉진하고 기술 발전과 함께 시장이 커지면서 관련 업계가 자생력을 기르고 정부가 보조금을 줄여나가는 게 수순이다. 전기자동차는 보조금을 들여 산업을 키우는 단계를 넘어 자생력을 기르는 시기에 돌입했지만 수소연료전지자동차의 경우 전기자동차에 밀려 시장이 형성되지 않는다면 정부의 보조금 없이는 살아남을 수 없게 될 것이라고 많은 전문가들은 분석한다.

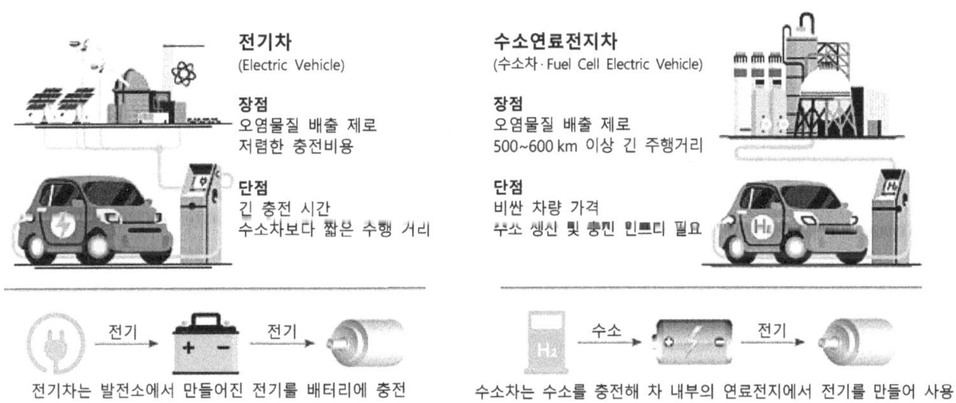

그림 7-20 전기자동차와 수소연료전지자동차의 구동원리

수소연료전지자동차 시대를 마냥 긍정적으로 보긴 어렵다. 넘어야 할 산이 많기 때문이다. 수소연료전지자동차를 둘러싼 기술적 한계점을 전문가들의 의견을 종합하여 하나씩 살펴본다.

1) 한계 봉착한 수소 저장 기술
2) 동력 성능 저하시키는 발열
3) 전기자동차보다 한참 낮은 에너지 효율
4) 장거리 대형 상용차엔 수소 연료가 대안

7-4-1 한계 봉착한 수소 저장 기술

전문가들이 주장하는 수소연료전지자동차의 가장 큰 한계는 '수소 저장탱크'다. 수소연료전지자동차는 수소 기체를 싣고 다니는데, 수소는 자연계에서 가장 작고 가벼운 물질이라 충분한 질량을 보관하려면 저장공간의 부피가 매우 커야 한다. 그래서 제한적인 자동차 구조상 수소를 고압으로 압축하는 방식으로 저장탱크에 보관하고 있다.

현대차의 초기 수소연료전지자동차 모델은 200기압 수준이었으나 최근에는 고압저장탱크 기술이 발전하면서 700기압까지 높아졌다. 이와 동시에 한 번 충전으로 갈 수 있는 주행 거리도 초기 160 km(싼타페)에서 400 km(투싼), 600 km(넥쏘)까지 늘어났다.

그러나 문제는 고압저장 기술로 수소연료전지자동차의 주행 거리를 늘리는 데 한계가 있다는 점이다. 고압으로 수소를 탱크에 주입하면 초기에는 저장 용량이 늘어나지만 700~800기압부터는 압력만 올라가고 수소 용량은 늘지 않는다. 주입 압력이 높아질수록

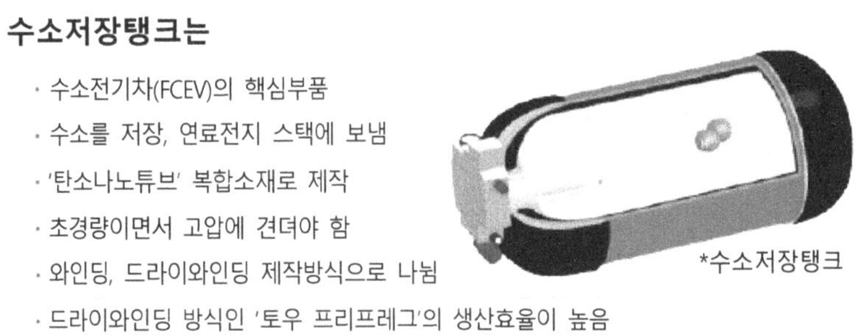

그림 7-21 수소저장탱크의 특징

수소 분자 사이의 운동에너지가 증가해 추가적인 수소 유입을 막기 때문이다. 즉 800기압이나 2000기압이나 수소 저장 용량엔 차이가 별로 없다. 또 수소는 폭발성이 크기 때문에 내부 온도를 85도 이하로 관리해야 한다. 이 때문에 고압저장이 더 어렵다.

한계점에 도달한 고압저장 기술 대신 현대차는 고압저장탱크 개수를 늘려 주행 거리를 향상시켰다. 현대차의 초기 수소연료전지자동차들은 1개의 탱크를 사용했고 최초 양산 모델인 투싼은 2개, 넥쏘는 3개를 사용하고 있다. 이는 고스란히 가격 상승으로 이어진다. 탱크 장치 1개당 300만원으로 계산하면 3개에 900만원이다. 수소연료전지자동차 전체 원가의 10% 이상을 차지한다.

고압저장탱크는 수소 분자의 손실을 막기 위해 고가의 탄소섬유로 용기 외부를 감는 복잡한 공정을 거치기 때문에 앞으로 대규모 양산이 되더라도 원가가 크게 떨어지지 않을 것이라는 게 전문가들의 분석이다. 자동차 업계 관계자는 테슬라의 전기자동차가 기술 발전으로 최대 주행 거리를 계속 늘려가고 있다는 점에서 수소연료전지자동차가 궁극적인 친환경차라는 논리 중 가장 설득력이 있었던 최대 주행 거리에서의 우위는 시간이 지날수록 퇴색되고 있다고 지적했다.

이에 대해 현대차 관계자는 수소 저장탱크 기술은 수소연료전지자동차 기술 중 가장 빠르게 고도화되고 있다며 수소 탱크를 동일한 크기와 형상으로 구성해 양산 효과를 극대화하면 제조 원가를 낮출 수 있다고 말했다. 또 탄소섬유가 고가이긴 하나 대량 구매로 원가를 낮출 수 있다고 밝혔다.

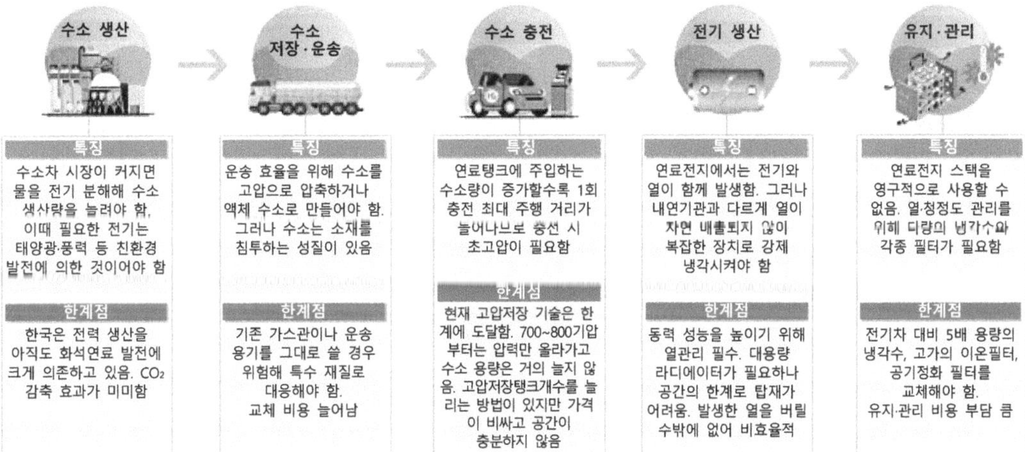

그림 7-22 수소연료전지차 단계별 기술적 한계점

7-4-2 동력 성능 저하시키는 발열

수소연료전지자동차의 두 번째 기술적 한계점은 연료전지의 발열 문제다. 발열 문제를 해결하기 위한 기술이 최대한 발전하더라도 전기자동차와의 동력 성능 경쟁에서 이길 수 없다는 게 전문가들의 분석이다. 발열 문제는 수소연료전지자동차에서 아주 핵심적인 부분을 차지하지만 현재 이 문제에 대한 논의는 거의 이뤄지지 않고 있다.

수소연료전지자동차의 동력원인 연료전지에서는 발열 반응이 일어나 전기와 함께 열이 발생한다. 내연기관차의 경우 연료가 연소한 후 발생한 열의 대부분이 배기가스와 함께 외부로 방출되지만 연료전지에서 발생한 열은 배출구가 없다. 그래서 수소연료전지자동차는 연료전지 수백 겹이 적층돼 있는 스택 내부로 냉각수를 강제 순환시켜 열을 흡수하고 라디에이터를 통해 방출하는 방식을 사용하고 있다.

또 스택은 발열량이 많은 데다 수명을 늘리기 위해 스택 내부 온도 차를 최소화해야 한다. 다량의 냉각수를 순환시킬 수 있는 대용량 라디에이터가 필수적인 이유다. 이론적으로 같은 출력에서 내연기관차에 비해 수소연료전지자동차 라디에이터의 면적은 4배로 늘어난다. 하지만 자동차 구조상 좁은 공간에 대용량의 라디에이터를 탑재하기 어렵다. 수소연료전지자동차의 성능을 높이기 위해 스택의 출력을 높이려니 이 같은 발열 문제가 발목을 잡는 것이다. 수소연료전지자동차가 동력 성능 면에서 전기자동차와 경쟁하기에 태생적으로 불리한 셈이다. 현대차 넥쏘도 큰 차체에 비해 출력이 매우 낮다. 내연기관차 중에서는 아반떼와 같은 준중형급 출력 수준이다. 결과적으로 차체는 무겁고 동력 성능은 나빠 운전자에게 즐거움을 줄 수 없다. 반면 전기자동차는 차체가 가볍고 출력이 높아 운전의 즐거움을 준다.

전문가는 먼 미래에 최첨단 기술이 적용된 차세대 연료전지가 개발되면 출력 밀도가 크게 높아질 수도 있겠지만 수소와 산소를 이용한 촉매 반응의 열효율은 열역학적으로 정해져 있기 때문에 발열 문제는 해결되지 않는다며 태생적인 약점인 열관리의 한계로 차세대 수소연료전지자동차가 전기자동차에 필적하는 동력 성능을 내기란 쉽지 않을 것이라고 전망했다.

이에 대해 현대차 관계자는 수소연료전지자동차의 연료전지 출력을 높이는 방법은 고전압 부스터 장착 등 다양한 방법이 있으며 기존의 내연기관과 전기자동차 기술을 적용해 최적화된 고성능 수소연료전지자동차 개발도 가능하다고 밝혔다. 또한 "차량을 보조 발전기로 활용할 경우 열에너지도 다양한 용도로 활용 가능하다고 말했다.

7-4-3 전기자동차보다 한참 낮은 에너지 효율

전기자동차보다 절대적으로 낮은 수소연료전지자동차의 열효율은 수소연료전지자동차가 미래 자동차 시장에서 시장성을 확보할 가능성을 크게 떨어뜨린다.

연료전지를 통해 전기에너지와 열에너지가 생성되는데 열에너지는 냉각수로 식히는 방식으로 없앤다. 이때 발생하는 열 손실로 고분자형 연료전지(PEMFC)가 내는 최대 효율은 83%다. 수소연료전지자동차의 열효율은 스택에서 발생되는 마찰저항과 열, 기타 연료전지 구동에 필수적인 장치들의 에너지 손실까지 감안하면 40%대까지 떨어진다. 전기자동차의 전지 열효율(약 90%)의 절반도 안 되는 수준이다. 게다가 연료탱크, 연료전지, 복잡한 열관리 장치 때문에 차량 중량도 전기자동차를 넘어서서 실주행 연비는 더욱 악화된다. 결국 같은 전기로 운행할 수 있는 거리는 전기자동차가 수소연료전지자동차보다 압도적으로 길다고 볼 수 있다.

현대차는 값싼 수소를 수입하면 수소연료전지자동차가 경쟁력을 가질 수 있다고 말한다. 그러나 수소연료전지자동차 연비는 최대로 봐도 전기자동차의 절반 수준밖에 안 된다. 수소 생산·운송·저장 등에서 불필요한 비용, 에너지 손실이 발생하는 점까지 고려하면 경쟁력은 더 떨어진다. 전문가는 수소연료전지자동차는 배기가스 대신 물이 배출될 뿐 힘들게 생산한 수소를 낭비하는 비효율적 운행 수단이라고 설명했다.

연료전지의 집합체인 스택이 제대로 작동하기 위해 복잡한 장치들이 필요하다. 그리고 이 장치들 대부분은 많은 에너지를 사용한다. 먼저 연료전지에 다량의 산소를 공급하는 압축기가 필요하다. 이 압축기는 최대 수십만rpm(회전 장치가 1분간 몇 번 회전하는지 나타내는 단위)으로 회전하면서 연료전지가 생산하는 전력의 최대 10%를 소비한다.

이뿐만이 아니다. COD 히터라는 장치는 일시적으로 스택이 생산하는 전력의 최대 20%가량을 쓴다. COD 히터는 전기 생산의 부산물로 생성되는 물이 겨울철에 얼지 않도록 관리하고 차를 운행하지 않을 때 스택 내부에 남은 물과 산소를 없애는 데 필요하다. 이외에도 스택 열관리를 위해 필요한 워터펌프, 고성능 냉각팬 등은 수소연료전지자동차에서만 발생하는 에너지 손실 요인들이다. 여기에다 전기자동차와 공통적으로 에너지 손실을 유발하는 PTC 히터(실내 난방용), 인버터, 컨버터, 메인 모터 등의 요인이 더해진다. 결과적으로 모든 에너지 손실을 고려하면 차량 시스템 효율이 30% 이하까지 떨어진다. FCEV 전문가는 미래에 기술이 발전하더라도 연료전지의 이론 열효율, 스택의 저항, 열 관리 등 근본적인 문제로 에너지 효율을 높이는 데 한계가 있다고 설명했다.

이에 대해 현대차 관계자는 구조적으로 단순한 전기자동차가 수소연료전지자동차보다 에너지 효율이 좋은 것은 당연하지만 연료주입 이후 차량 운행단계까지만을 비교하면 효율 차이는 10% 내외로 크지 않다고 말했다. 또한 연료전지 시스템 구현을 위해 공기공급계, 열관리계, 수소공급계 등 다양한 시스템이 필요한 것은 사실이지만 이 시스템이 단순한 에너지 손실 요인이 아니며 전체 차량의 효율 개선을 위한 최적의 시스템이라는 게 전문가의 설명이다.

7-4-4 장거리 대형 상용차엔 수소 연료가 대안

수소연료전지자동차의 기술적 한계점들이 보여주는 미래는 분명하다. 아무리 관련 기술이 최첨단 수준으로 발전하더라도 수소연료전지자동차가 가진 태생적 한계 때문에 전기자동차와 경쟁에서 밀릴 수 있다는 것이다. 지금으로선 투입 비용 대비 경제성이 현저하게 떨어진다.

수소연료전지자동차의 미래를 부정적으로 보는 사람들이 수소경제 자체를 반대하는 것은 아니다. 전문가들이 앞다퉈 말하는 대안은 수소연료전지자동차에 한정된 개발이 아닌 수소를 기반으로 한 경제 생태계를 만들려고 노력해야 한다는 것이다. 우리나라보다 앞서 수소경제로의 전환을 선언한 일본·독일 등은 수소를 기반으로 전기에너지를 만들어 공급하는 '친환경 에너지 생태계' 구축을 최우선 목표로 삼았다. 수소연료전지자동차 대량 생산과 충전 인프라 구축이 아니라 수소 생산과 저장·운반 등 수소 공급에 대한 기술 고도화에 먼저 초점을 맞췄다.

다만 수소연료전지자동차가 대형화에 유리해 버스·트럭 등 상용차와 기차·선박 시장에서는 경쟁력이 있을 것이라는 전망에는 비교적 의견이 모인다. FCEV 전문가는 수소 승용차는 시장성이 없을 수 있지만 버스·트럭·기차 등 공간이 넓어 수소 저장탱크를 여러 개 싣고 방열 면적을 확보할 수 있는 대형 장거리 운송수단에서는 수소 연료가 대안이 될 수 있다고 예상했다.

최근 들어 미래의 에너지 문제와 공해 문제를 해결할 수 있는 하나의 대안으로 연료 전지가 손꼽히고 있다. 외부로부터 전기를 충전, 저장해야 하는 전지는 수백 파운드의 무거운 전지팩이 필요한데다 운행거리에 제한이 따르고 3~6년에 한 번씩 전지를 교환해야 하며, 교환할 때 많은 돈이 든다. 그러나 수소연료전지는 전지에 비해 작고 가벼우며 빠른 시간에 재충전된다는 것이 장점이다. 또 수증기만을 방출하기 때문에 가장 깨끗한 미래형 동력원이 될 것으로 여겨진다.

참고문헌

1. 오인환, 홍성안, "연료전지자동차 실용화 전망", 한국과학기술연구원
2. 조만, "연료전지자동차의 기술 개발", 한국과학기술연구원
3. 수소전기차가 자동차의 미래가 될 수 있을까, 현대자동차 블러그, 2019.07.03.
4. 4차 산업혁명 시대 새로운 성장동력 미래車 주도할 커넥티드 카-매일경제, 2017.05.25.
5. 50년 뒤에는 정말 석유가 고갈될까?, GS칼텍스 공식 블로그 : 미디어허브, https://gscaltexmediahub.com
6. 석유 고갈 언제쯤? 100년째 써도 여전히 증가 중, GS칼텍스 공식 블로그 https://gscaltexmediahub.com
7. 더 강화되는 환경규제, 자동차업계 바빠진다, 글로벌오토뉴스, 2018.01.22.
8. 아이오닉·볼트EV, 전기차 탈수록 주행거리 짧아져 최대 단점, 최신 자동차 뉴스, 2016. 12. 8
9. 배터리가격 뚝.. 5년내 2000만원대 전기차 나온다, 디지털타임스, 2016.02.28.
10. 수소차 연료탱크에 총을 쏘면 폭발할까? 정답은 `NO`, Biz Focus, 2019.06.15.
11. 전기자동차가 몰고올 변화의 물결, LG경제연구원, http://www.lgeri.com
12. 이제는 전기자동차 혁명이다, 경남일보, 2014.12.16.
13. 정부와 현대차 왜 수소차를 택했나, 뉴데일리, 2019.03.05
14. 2018 FEBRUARY vol.107, 융합연구정책센터, https://crpc.kist.re.kr/
15. 수소차, 이미 다가온 수소 에너지 시대, https://blog.naver.com/oka98
16. 친환경 자동차 시대, 저공해 자동차 이야기 '수소차와 전기차', 환경부 공식 블로그, 2018.09.05.
17. 친환경차 패권 경쟁: 액셀 밟는 전기차, 추격하는 수소차, J report, https://news.joins.com

18. 5분 충전 서울~부산 달려도 연료 남네…넥쏘 주행거리 609㎞ 세계 최대, 이데일리 언론, 2018.02.06.
19. 현대차 '넥쏘', 1회 충전으로 609㎞ 간다, 월요신문, 2018.02.05.
20. 차세대에너지 연료전지의 모든 것, 한국석유공사, blog.naver.com, 2018.04.26.
21. EV vs. FCEV, 한국전기자동차협회, http://www.keva.or.kr, 2019.02.27.
22. 수소차는 자동차 제조사와 정부의 바램일뿐 미래의 자동차는 절대 아닙니다, 엠엘비 파크, 2018.11.04.
23. 수소 경제 : 국내외 수소·연료전지 시장전망과 핵심기술 개발동향, Fire korea, 2019.02.14.
24. 수소차 연료 `수소` 어떻게 만들까, 매일경제, 2018.10.07.
25. 에너지 저장이 담을 미래 배터리가 에너지 시장 바꾼다, 에너지 신산업, https://www.energynewbiz.or.kr
26. 수소전기차의 시대 PART 2자동차가 미세먼지를 없앤다, 현대자동차 https://news.hmgjournal.com
27. 수소차 저장용기 탄소섬유로 만들어…7300t 에펠탑을 올려놔도 끄떡 없다, 매일경제, 2019.05.31.
28. 전기차 비켜! 수소전기차 납신다, 주간동아, 2017.08.28.
29. 수소차 넥쏘가 나오기 이전, 수소차는 어떻게 발전해 왔나?, 다키, 2018.01.17
30. 연료전지기술 핸드북, 수소에너지단신-뉴스스크랩 / 수소에너지 소식
31. 세계 최고 수준을 자랑하는 수소 SUV, 넥쏘 파헤치기, DB손해보험, 2018.02.14.
32. 눈앞에 다가온 미래 더 멀리 가는 전기차 시대, 매일경제, 2017.12.29.
33. 현대車, 세계 최초 수소연료전지차 양산(투싼:iX35 Fuel Cell), 자동차뉴스 그리고 신차소식, 2013.02.27.
34. 현대차, 세계 최초 수소연료전지차 양산-행복매일신문
35. 투싼ix 수소연료전지차, 벨기에서 미래자동차 상 수상, 서울경제, 2013.01.11.
36. 수소차는 전기차보다 친환경일까?, 경향신문언론사 선정, 2019.02.10.

37. 미세먼지 걱정 뚝! '수소차' 원리는? 장점과 단점, 수소차 충전소와 연비까, FAM타임스, 2019.02.11.
38. 수소차, 사고나면 수소폭탄? 3가지 오해와 진실, 한국스포츠경제, 2019.01.23.
39. 고분자전해질 연료전지 기술개발 동향, 화학공학연구정보센터
40. 고체전해질 소재기술(1)-제3장 연료전지용 소재기술, 신소재경제신문·재료연구소, 2019.06.16.
41. 수소경제-고분자 전해질 연료전지(PEMPC), 2018.12.29.
42. 전기자동차 대세는 HEV? PHEV? BEV? FCEV?, by SNE Research (www.sneresearch.com), 2013.04.17.
43. 차세대자동차산업의 부품거래관계 변화와 정책과제, 산업연구원
44. 수소제조비용추정에 관한 연구 : 화석에너지를 중심으로, 에너지경제연구원
45. 수소연료전지산업의현황과 충남의 발전전략, 충남연구원 홈페이지
46. 다가오는 새로운 에너지, 미생물연료전지의 도전기, 2018.05.18.
47. 연료전지 기술개요와 사업화 전망, 한국과학기술정보연구원(KISTI), 2007.03.16.
48. [미래 자동차]10. 수소차, 수소연료전지 자동차란?, 자동차의 미래, 2018.12.25.
49. 경제수소차는 자동차 제조사와 정부의 바램 일 뿐 미래의 자동차는 절대 아닙니다, 018.11.04.
50. 수소연료자동차란?, 돌담소리, 2017.11.05.
51. 현대차 수소 사업! 공기청정 기술까지, https://brunch.co.kr
52. 정의선 현대차 부회장, 미래의 '자동차 혁명' 이끈다, 인사이트코리아, 2017.03.16.
53. 현대車-아우디 수소차 동맹 결성, 투데이에너지, 2018.06.21.
54. 현대차, 美 수소車 개발 참여, 동아일보, 2013.05.18
55. 기후변화협약에 대한 산업계 대응방안, 환경부
56. 수소 자동차. 수소연료전지차, 에너지, 2006.12.28
57. 수소연료전지차와 수소엔진차의 차이, 만물상, 2006.12.28.
58. Waymo는 르노-닛산 제휴를 통해 Robocar 계약 체결, Over the Vehicle, 2019.02.14.
59. 환경규제 강화로 급성장하는 수소연료전지차 시장, kotra, 2018.04.07.

60. '전기차 SUV' 원년…車시장 뜨겁게 달군다, 매일경제, 2018. 1. 11.
61. 2035년엔 전세계 신차 4대 중 1대가 완전 자율주행차, 연합뉴스, 2018. 1. 15.
62. 글로벌 100만대 성장한 전기차, 배터리업계 "가격 낮춰라", 디지털타임스, 2017.12. 26.
63. 용량 크고 충전 빠른 배터리 개발이 대중화 핵심 글로벌 경쟁 격화, 조선일보, 2018.01.01.
64. 전기자동차 시장 전망, Bloomberg 뉴에너지 파이낸스, 2017.07.22.
65. 10년후 전기차 빅뱅이 온다, 한겨레, 2017. 7. 19.
66. 커지는 전기차 시장…배터리 업체들 잇따라 대규모 투자, Chosunbiz, 2017.11. 27.
67. 전기차 vs 수소차…이제는 상용화 경쟁, 지디넷코리아, 2017. 4. 21
68. 기존 자동차·석유산업 2030년엔 무너진다, 중앙일보, 조인스, 2017. 5. 18.
69. 미국 전기차시장 최근 동향 및 전망, kotra 해외시장뉴스, 2017. 8. 10.
70. 전기차로 '글로벌 자동차 대국' 꿈꾸는 중국, 한국경제매거진, 2017. 9. 20
71. 전기자동차 시장동향과 전망, 아이씨엔 매거진, 2015.11.02
72. 2030년 자율주행 전기차가 도로 95% 점유, 로봇신문사, 2017. 5. 11
73. 미국, 전기 자동차 장밋빛 미래 내놓다, 인더스트리뉴스, 2017. 12. 7.
74. 국내 전기차 보급현황과 과제, KAMA 웹진, 2017.09
75. 전기자동차 개요, 대구경북연구원, 2015. 9. 10
76. 국내외 친환경 자동차 동향을 살펴보다, 오토모티브리포트, 2016. 2. 16
77. 지난해 전세계 친환경차 시장규모 234만대…한국은 1.8%, 연합뉴스, 2016.11.6.
78. 미래자동차 상상이 현실이 된다. '오토테크트렌드: 미래자동차' 출간, 전자신문, 2018. 1. 14.
79. CES 2018에서 놓쳐선 안될 '미래車 기술', ZD넷 코리아, 2017. 12. 24.
80. LG Business Insight 2009. 11. 25.
81. 이데일리, 현대차의 전기자동차 `블루온`, 日 자존심 꺾었다, 2010.09.09.
82. 하나금융경영연구소, 하이브리드자동차/전기자동차 전망 및 국내 완성차업체의 경쟁력 비교 분석, 2010.2.16.

83. 산업연구원이 발행하는 KIET 산업경제 6월호, 그린카 개발 및 상용화 전략의 추진 방향, 2010.07.07.

84. 대외경제정책연구원이 지난해 12월 29일 연구보고서, 일본의 주요 대체에너지 산업 정책과 현황-차세대 자동차 시장 및 개발 동향, 2010.05.13.

85. 유진투자증권, 친환경자동차 : 그린카와 2차전지는 천생연분, 2010.02.07.

86. 전국경제인연합회가 2009년 9월 전략산업리포트, 자동차산업의 미래-그린카 현황 및 전망, 2010.01.22

87. 교통신문, 2011년, 전기자동차 '세기의 전쟁' 시작 된다, 2010.11.24

88. 전기자동차용 니켈-금속수소(Ni-MH) 전지기술, 박성용, 김선욱

89. 정용일 박사, 자동차와 환경, 1997.

90. HEV용 리튬이차전지 기술동향, 한국과학기술정보연구원, 2004.

91. 과학동아

92. 김형섭, 자동차 공학개론, 골든벨출판사

93. 오인환, 홍성안, 연료전지자동차 실용화 전망, 한국과학기술연구원

94. 조만, 연료전지자동차의 기술 개발, 한국과학기술연구원

95. 하나금융경영연구소, 친환경차의 국내완성차 업체 경쟁력 비교, 2010.2.16.

96. 한국자동차공업협회, (1991), 미래의 자동차엔진 배출가스 감소세미나.

97. 대외경제정책연구원, 일본의 주요 대체에너지 산업 정책과 현황-차세대 자동차 시장 및 개발 동향, 2010/05/13

98. 조만, 리튬이온 이차전지 기술동향과 연료전지자동차에의 응용, 2003. 2. 21

99. 2차전지의 기술트랜드, 시장예측 및 전지구조 및 개요, 한국특허정보원, 민경필

100. 하이브리드자동차의 국내특허경향, 한국특허정보원, 황종환

101. 리튬이온이차전지 기술동향과 연료전지자동차에의 응용, 한국과학기술정보원, 조만

102. 하이브리드 전기자동차용 고출력 리튬 이차전지, 한국과학기술정보원, 조만

103. 특허검색사이트 WIPS, http://www.wips.co.kr

104. 리튬이온전지의 시장동향, 기술뉴스브리프, KISTI, 황선일

105. 유진투자증권, 친환경자동차 : 그린카와 2차전지는 천생연분, 2010/02/07

106. 자동차산업의 미래-그린카 현황 및 전망, 2010/01/22
107. 전기자동차와 리튬이온전지 에코프로 설비 증설 투자 하반기 250억 매출 전망 헤럴드경제, 2009.05.29
108. 전기자동차가 달린다, 전자신문, 2009.05.29
109. 상용화를 전제로 한 차량의 이상 체크… 휴대전화로 자동차 제어한다, 조선일보, 2009.05.29
110. KAIST '온라인 전기車' 개발 실효성 논란, 동아일보, 2009.05.29
111. 한국의 자동차 산업의 미래와 전기자동차 헤럴드 생생뉴스, 2009.05.28
112. 독자기술 속속 무장…중국 車의 매서운 추격 한국경제, 2009.05.28
113. 이정용 레오모터스 사장‥ 기아의 전기자동차 모닝, 최고 시속 160km로…, 한국경제, 2009.05.28
114. 수소연료전지차, 세상 밖으로…, 아시아투데이, 2009.05.28
115. 軍, 친환경 전기자동차 `관심, 연합뉴스, 2009.05.28
116. 전기로 으랏車車, 문화일보, 2009.05.27
117. 경쟁력 강화의 핵심 키워드, 한경비즈니스, 2009.05.27
118. 친환경차 개발 어디까지…, 매일경제, 2009.05.27
119. 車업계 경유차 감축에 SUV 판매 줄까 우려, 뉴스핌, 2018.11.08.
120. 수소자동차-나무위키, https://namu.wiki
121. 정용욱, 정구섭, 전기자동차 3판, GS인터비전

찾 아 보 기

2

A

B

C

D

E

F

G

H

I

M

N

P

S

T

Z

ㄱ

친환경
수소연료전지차

2019년 9월 1일 초판 인쇄
2019년 9월 6일 인쇄 발행

저 자 정용욱, 정구섭
발 행 인 송기수
발 행 처 도서출판 GS인터비전
편 집 처 도서출판 GS인터비전
편 집 인 공예서
인 쇄 처 대명프린팅
등 록 번 호 제 25100-2016-000050호
I S B N 979-11-5576-305-6(93550)

주 소 서울 은평구 증산로 15길 69 2층
전 화 02-976-7898, 02-3272-7898.
팩 스 02-6468-7898
홈페이지 gsintervision.co.kr
E-Mail gsinter7@gmail.com

정 가 27,000원